STUDENT SOLUTIONS MANUAL

to accompany

LINEAR ALGEBRA

with

APPLICATIONS
Seventh Edition

by

GARETH WILLIAMS

Prepared by

W. J. Mourant and Gareth Williams

World Headquarters
Jones and Bartlett Publishers
40 Tall Pine Drive
Sudbury, MA 01776
978-443-5000
info@jbpub.com
www.jbpub.com

Jones and Bartlett Publishers Canada
6339 Ormindale Way
Mississauga, Ontario L5V 1J2
Canada

Jones and Bartlett Publishers International
Barb House, Barb Mews
London W6 7PA
United Kingdom

Jones and Bartlett's books and products are available through most bookstores and online booksellers. To contact Jones and Bartlett Publishers directly, call 800-832-0034, fax 978-443-8000, or visit our website, www.jbpub.com.

Substantial discounts on bulk quantities of Jones and Bartlett's publications are available to corporations, professional associations, and other qualified organizations. For details and specific discount information, contact the special sales department at Jones and Bartlett via the above contact information or send an email to specialsales@jbpub.com.

Copyright © 2011 by Jones and Bartlett Publishers, LLC

ISBN-13: 9780763790912
ISBN-10: 0763790915

All rights reserved. No part of the material protected by this copyright may be reproduced or utilized in any form, electronic or mechanical, including photocopying, recording, or by any information storage and retrieval system, without written permission from the copyright owner.

Production Credits
Publisher: David Pallai
Acquisitions Editor: Timothy Anderson
Editorial Assistant: Melissa Potter
Senior Production Editor: Katherine Crighton
Senior Marketing Manager: Andrea DeFronzo
Associate Marketing Manager: Lindsay Ruggiero
V.P., Manufacturing and Inventory Control: Therese Connell
Cover Design: Kristin E. Parker
Cover and Title Page Image: © 2009 Santiago Calatrava/Artists Rights Society (ARS), New York/VEGAP, Madrid. Photo provided © Raventheskydiver/Dreamstime.com
Printing and Binding: Courier Stoughton
Cover Printing: Courier Stoughton

6048
Printed in the United States of America
14 13 12 11 10   10 9 8 7 6 5 4 3 2 1

CONTENTS

Preface iv

Part 1 Vectors and Matrices

1 Linear Equations and Vectors
1.1	Matrices and Systems of Linear Equations	1
1.2	Gauss-Jordan Elimination	5
1.3	The Vector Space $\mathbf{R}^n$	11
1.4	Subspaces of $\mathbf{R}^n$	12
1.5	Basis and Dimension	14
1.6	Dot Product, Norm, Angle, and Distance	16
1.7*	Curve Fitting, Electrical Networks, and Traffic Flow	21
	Chapter 1 Review Exercises	23

2 Matrices and Linear Transformations
2.1	Addition, Scalar Multiplication, and Multiplication of Matrices	30
2.2	Properties of Matrix Operations	33
2.3	Symmetric Matrices and Seriation in Archaeology	38
2.4	The Inverse of a Matrix and Cryptography	40
2.5	Matrix Transformations, Rotations, and Dilations	49
2.6	Linear Transformations, Graphics, and Fractals	52
2.7*	The Leontief Input-Output Model in Economics	56
2.8*	Markov Chains, Population Movements, and Genetics	57
2.9*	A Communication Model and Group Relationships in Sociology	59
	Chapter 2 Review Exercises	64

3 Determinants and Eigenvectors
3.1	Introduction to Determinants	72
3.2	Properties of Determinants	77
3.3	Determinants, Matrix Inverses, and Systems of Linear Equations	80

---

* Sections marked with an asterisk are optional. The instructor can use these sections to build around the core material to give the course the desired flavor.

3.4	Eigenvalues and Eigenvectors	85
3.5*	Google, Demography, and Weather Prediction	91
	Chapter 3 Review Exercises	93

Part 2 Vector Spaces

4 General Vector Spaces

4.1	General Vector Spaces and Subspaces	99
4.2	Linear Combinations	104
4.3	Linear Dependence and Independence	106
4.4	Properties of Bases	108
4.5	Rank	112
4.6	Orthonormal Vectors and Projections	116
4.7	Kernel, Range and The Rank/Nullity Theorem	122
4.8	One-to-One Transformations and Inverse Transformations	127
4.9*	Transformations and Systems of Linear Equations	129
	Chapter 4 Review Exercises	130

5 Coordinate Representations

5.1	Coordinate Vectors	142
5.2	Matrix Representations of Linear Transformations	145
5.3	Diagonalization of Matrices	150
5.4*	Quadratic Forms, Difference Equations, and Normal Modes	159
	Chapter 5 Review Exercises	164

6 Inner Product Spaces

6.1	Inner Product Spaces	169
6.2*	Non-Euclidean Geometry and Special Relativity	175
6.3*	Approximation of Functions and Coding Theory	177
6.4*	Least Squares Curves	182
	Chapter 6 Review Exercises	192

Part 3 Numerical Linear Algebra

7 Numerical Methods
- 7.1* Gaussian Elimination — 196
- 7.2* The Method of LU Decomposition — 200
- 7.3* Practical Difficulties in Solving Systems of Equations — 204
- 7.4* Iterative Methods for Solving Systems of Linear Equations — 209
- 7.5* Eigenvalues by Iteration and Connectivity of Networks — 210
- Chapter 7 Review Exercises — 217

8 Linear Programming
- 8.1* A Geometrical Introduction to Linear Programming — 223
- 8.2* The Simplex Method — 229
- 8.3* Geometrical Explanation of the Simplex Method — 235
- Chapter 8 Review Exercises — 237

Appendixes
- A Cross Product — 241
- B Equations of Planes and Lines in Three-Space — 243
- D MATLAB Manual — 247

Preface

This Student Solutions Manual contains worked-out solutions to selected exercises in the text *Linear Algebra with Applications, 7th Edition,* by Gareth Williams. These exercises are marked in red in the text. All references in this manual are to chapters, sections, and exercises in the text.

Chapter 1

Exercise Set 1.1

1. (a) 3 x 3   (c) 2 x 4   (e) 3 x 5   2. 1, 4, 9, −1, 3, 8

5. (a) $\begin{bmatrix} 1 & 3 \\ 2 & -5 \end{bmatrix}$ and $\begin{bmatrix} 1 & 3 & 7 \\ 2 & -5 & -3 \end{bmatrix}$

   (c) $\begin{bmatrix} -1 & 3 & -5 \\ 2 & -2 & 4 \\ 1 & 3 & 0 \end{bmatrix}$ and $\begin{bmatrix} -1 & 3 & -5 & -3 \\ 2 & -2 & 4 & 8 \\ 1 & 3 & 0 & 6 \end{bmatrix}$

   (e) $\begin{bmatrix} 5 & 2 & -4 \\ 0 & 4 & 3 \\ 1 & 0 & -1 \end{bmatrix}$ and $\begin{bmatrix} 5 & 2 & -4 & 8 \\ 0 & 4 & 3 & 0 \\ 1 & 0 & -1 & 7 \end{bmatrix}$

6. (a) $\begin{matrix} x_1 + 2x_2 = 3 \\ 4x_1 + 5x_2 = 6 \end{matrix}$

   (d) $\begin{matrix} 8x_1 + 7x_2 + 5x_3 = -1 \\ 4x_1 + 6x_2 + 2x_3 = 4 \\ 9x_1 + 3x_2 + 7x_3 = 6 \end{matrix}$

   (f) $\begin{matrix} -2x_2 = 4 \\ 5x_1 + 7x_2 = -3 \\ 6x_1 = 8 \end{matrix}$

   (h) $\begin{matrix} x_1 + 2x_2 - x_3 = 6 \\ x_2 + 4x_3 = 5 \\ x_3 = -2 \end{matrix}$

7. (a) $\begin{bmatrix} 1 & 3 & -2 & 0 \\ 1 & 2 & -3 & 6 \\ 8 & 3 & 2 & 5 \end{bmatrix}$ (c) $\begin{bmatrix} 1 & 2 & 3 & -1 \\ 0 & 3 & 10 & 0 \\ 0 & -8 & -1 & -1 \end{bmatrix}$ (e) $\begin{bmatrix} 1 & 0 & 0 & -23 \\ 0 & 1 & 0 & 17 \\ 0 & 0 & 1 & 5 \end{bmatrix}$

8. (a) Create zeros below the leading 1 in the first column.
   x_1 is eliminated from all equations except the first.

   (c) Need to have the leading 1 in row 2 to the left of leading 1 in row 3.
   The second equation now contains an x_2 term.

9. (a) Create zeros above the leading 1 in column 3.
   x_3 is eliminated from all equations except the third.

   (c) Normalize the (3,3) element, i.e. make the (3,3) element 1. This becomes a leading 1.
   The coefficient of x_3 in the third equation becomes 1.

Section 1.1

10. (a) $\begin{bmatrix} 1 & -2 & -8 \\ 2 & -3 & -11 \end{bmatrix} \underset{R2+(-2)R1}{\approx} \begin{bmatrix} 1 & -2 & -8 \\ 0 & 1 & 5 \end{bmatrix} \underset{R1+(2)R2}{\approx} \begin{bmatrix} 1 & 0 & 2 \\ 0 & 1 & 5 \end{bmatrix}$,

so the solution is $x_1 = 2$ and $x_2 = 5$.

(c) $\begin{bmatrix} 1 & 0 & 1 & 3 \\ 0 & 2 & -2 & -4 \\ 0 & 1 & -2 & 5 \end{bmatrix} \underset{(1/2)R2}{\approx} \begin{bmatrix} 1 & 0 & 1 & 3 \\ 0 & 1 & -1 & -2 \\ 0 & 1 & -2 & 5 \end{bmatrix} \underset{R3+(-1)R2}{\approx} \begin{bmatrix} 1 & 0 & 1 & 3 \\ 0 & 1 & -1 & -2 \\ 0 & 0 & -1 & 7 \end{bmatrix}$

$\underset{(-1)R3}{\approx} \begin{bmatrix} 1 & 0 & 1 & 3 \\ 0 & 1 & -1 & -2 \\ 0 & 0 & 1 & -7 \end{bmatrix} \underset{\substack{R1+(-1)R3 \\ R2+R3}}{\approx} \begin{bmatrix} 1 & 0 & 0 & 10 \\ 0 & 1 & 0 & -9 \\ 0 & 0 & 1 & -7 \end{bmatrix}$,

so the solution is $x_1 = 10$, $x_2 = -9$, $x_3 = -7$.

(e) $\begin{bmatrix} 1 & -1 & 3 & 3 \\ 2 & -1 & 2 & 2 \\ 3 & 1 & -2 & 3 \end{bmatrix} \underset{\substack{R2+(-2)R1 \\ R3+(-3)R1}}{\approx} \begin{bmatrix} 1 & -1 & 3 & 3 \\ 0 & 1 & -4 & -4 \\ 0 & 4 & -11 & -6 \end{bmatrix} \underset{\substack{R1+R2 \\ R3+(-4)R2}}{\approx} \begin{bmatrix} 1 & 0 & -1 & -1 \\ 0 & 1 & -4 & -4 \\ 0 & 0 & 5 & 10 \end{bmatrix}$

$\underset{(1/5)R3}{\approx} \begin{bmatrix} 1 & 0 & -1 & -1 \\ 0 & 1 & -4 & -4 \\ 0 & 0 & 1 & 2 \end{bmatrix} \underset{\substack{R1+R3 \\ R2+(4)R3}}{\approx} \begin{bmatrix} 1 & 0 & 0 & 1 \\ 0 & 1 & 0 & 4 \\ 0 & 0 & 1 & 2 \end{bmatrix}$,

so the solution is $x_1 = 1$, $x_2 = 4$, $x_3 = 2$.

11. (a) $\begin{bmatrix} 1 & 2 & 3 & 14 \\ 2 & 5 & 8 & 36 \\ 1 & -1 & 0 & -4 \end{bmatrix} \underset{\substack{R2+(-2)R1 \\ R3+(-1)R1}}{\approx} \begin{bmatrix} 1 & 2 & 3 & 14 \\ 0 & 1 & 2 & 8 \\ 0 & -3 & -3 & -18 \end{bmatrix} \underset{\substack{R1+(-2)R2 \\ R3+(3)R2}}{\approx} \begin{bmatrix} 1 & 0 & -1 & -2 \\ 0 & 1 & 2 & 8 \\ 0 & 0 & 3 & 6 \end{bmatrix}$

$\underset{(1/3)R3}{\approx} \begin{bmatrix} 1 & 0 & -1 & -2 \\ 0 & 1 & 2 & 8 \\ 0 & 0 & 1 & 2 \end{bmatrix} \underset{\substack{R1+R3 \\ R2+(-2)R3}}{\approx} \begin{bmatrix} 1 & 0 & 0 & 0 \\ 0 & 1 & 0 & 4 \\ 0 & 0 & 1 & 2 \end{bmatrix}$,

so the solution is $x_1 = 0$, $x_2 = 4$, $x_3 = 2$.

(c) $\begin{bmatrix} 2 & 2 & -4 & 14 \\ 3 & 1 & 1 & 8 \\ 2 & -1 & 2 & -1 \end{bmatrix} \underset{(1/2)R1}{\approx} \begin{bmatrix} 1 & 1 & -2 & 7 \\ 3 & 1 & 1 & 8 \\ 2 & -1 & 2 & -1 \end{bmatrix} \underset{\substack{R2+(-3)R1 \\ R3+(-2)R1}}{\approx} \begin{bmatrix} 1 & 1 & -2 & 7 \\ 0 & -2 & 7 & -13 \\ 0 & -3 & 6 & -15 \end{bmatrix}$

$$\underset{R2\Leftrightarrow R3}{\approx}\begin{bmatrix}1&1&-2&7\\0&-3&6&-15\\0&-2&7&-13\end{bmatrix}\underset{(-1/3)R2}{\approx}\begin{bmatrix}1&1&-2&7\\0&1&-2&5\\0&-2&7&-13\end{bmatrix}$$

$$\underset{\substack{R1+(-1)R2\\R3+(2)R2}}{\approx}\begin{bmatrix}1&0&0&2\\0&1&-2&5\\0&0&3&-3\end{bmatrix}\underset{(1/3)R3}{\approx}\begin{bmatrix}1&0&0&2\\0&1&-2&5\\0&0&1&-1\end{bmatrix}\underset{R2+(2)R3}{\approx}\begin{bmatrix}1&0&0&2\\0&1&0&3\\0&0&1&-1\end{bmatrix},$$

so the solution is $x_1 = 2$, $x_2 = 3$, $x_3 = -1$.

(d) $\begin{bmatrix}0&2&4&8\\2&2&0&6\\1&1&1&5\end{bmatrix}\underset{R1\Leftrightarrow R2}{\approx}\begin{bmatrix}2&2&0&6\\0&2&4&8\\1&1&1&5\end{bmatrix}\underset{(1/2)R1}{\approx}\begin{bmatrix}1&1&0&3\\0&2&4&8\\1&1&1&5\end{bmatrix}$

$\underset{R3+(-1)R1}{\approx}\begin{bmatrix}1&1&0&3\\0&2&4&8\\0&0&1&2\end{bmatrix}\underset{(1/2)R2}{\approx}\begin{bmatrix}1&1&0&3\\0&1&2&4\\0&0&1&2\end{bmatrix}\underset{R1+(-1)R2}{\approx}\begin{bmatrix}1&0&-2&-1\\0&1&2&4\\0&0&1&2\end{bmatrix}$

$\underset{\substack{R1+(2)R3\\R2+(-2)R3}}{\approx}\begin{bmatrix}1&0&0&3\\0&1&0&0\\0&0&1&2\end{bmatrix}$, so the solution is $x_1 = 3$, $x_2 = 0$, $x_3 = 2$.

12. (a) $\begin{bmatrix}3/2&0&3&15\\-1&7&-9&-45\\2&0&5&22\end{bmatrix}\underset{(2/3)R1}{\approx}\begin{bmatrix}1&0&2&10\\-1&7&-9&-45\\2&0&5&22\end{bmatrix}\underset{\substack{R2+R1\\R3+(-2)R1}}{\approx}\begin{bmatrix}1&0&2&10\\0&7&-7&-35\\0&0&1&2\end{bmatrix}$

$\underset{(1/7)R2}{\approx}\begin{bmatrix}1&0&2&10\\0&1&-1&-5\\0&0&1&2\end{bmatrix}\underset{\substack{R1+(-2)R3\\R2+R3}}{\approx}\begin{bmatrix}1&0&0&6\\0&1&0&-3\\0&0&1&2\end{bmatrix}$,

so the solution is $x_1 = 6$, $x_2 = -3$, $x_3 = 2$.

(b) $\begin{bmatrix}-3&-6&-15&-3\\2&3&9&1\\-4&-7&-17&-4\end{bmatrix}\underset{(-1/3)R1}{\approx}\begin{bmatrix}1&2&5&1\\2&3&9&1\\-4&-7&-17&-4\end{bmatrix}\underset{\substack{R2+(-2)R1\\R3+(4)R1}}{\approx}\begin{bmatrix}1&2&5&1\\0&-1&-1&-1\\0&1&3&0\end{bmatrix}$

$$\underset{(-1)R2}{\approx} \begin{bmatrix} 1 & 2 & 5 & 1 \\ 0 & 1 & 1 & 1 \\ 0 & 1 & 3 & 0 \end{bmatrix} \underset{R3+(-1)R2}{\overset{R1+(-2)R2}{\approx}} \begin{bmatrix} 1 & 0 & 3 & -1 \\ 0 & 1 & 1 & 1 \\ 0 & 0 & 2 & -1 \end{bmatrix} \underset{(1/2)R3}{\approx} \begin{bmatrix} 1 & 0 & 3 & -1 \\ 0 & 1 & 1 & 1 \\ 0 & 0 & 1 & -1/2 \end{bmatrix}$$

$$\underset{R2+(-1)R3}{\overset{R1+(-3)R3}{\approx}} \begin{bmatrix} 1 & 0 & 0 & 1/2 \\ 0 & 1 & 0 & 3/2 \\ 0 & 0 & 1 & -1/2 \end{bmatrix}, \text{ so the solution is } x_1 = 1/2, x_2 = 3/2, x_3 = -1/2.$$

(d) $\begin{bmatrix} 1 & 2 & 2 & 5 & 11 \\ 2 & 4 & 2 & 8 & 14 \\ 1 & 3 & 4 & 8 & 19 \\ 1 & -1 & 1 & 0 & 2 \end{bmatrix} \underset{R4+(-1)R1}{\overset{R2+(-2)R1}{\underset{R3+(-1)R1}{\approx}}} \begin{bmatrix} 1 & 2 & 2 & 5 & 11 \\ 0 & 0 & -2 & -2 & -8 \\ 0 & 1 & 2 & 3 & 8 \\ 0 & -3 & -1 & -5 & -9 \end{bmatrix}$

$$\underset{R2 \Leftrightarrow R3}{\approx} \begin{bmatrix} 1 & 2 & 2 & 5 & 11 \\ 0 & 1 & 2 & 3 & 8 \\ 0 & 0 & -2 & -2 & -8 \\ 0 & -3 & -1 & -5 & -9 \end{bmatrix} \underset{R4+(3)R2}{\overset{R1+(-2)R2}{\approx}} \begin{bmatrix} 1 & 0 & -2 & -1 & -5 \\ 0 & 1 & 2 & 3 & 8 \\ 0 & 0 & -2 & -2 & -8 \\ 0 & 0 & 5 & 4 & 15 \end{bmatrix}$$

$$\underset{(-1/2)R3}{\approx} \begin{bmatrix} 1 & 0 & -2 & -1 & -5 \\ 0 & 1 & 2 & 3 & 8 \\ 0 & 0 & 1 & 1 & 4 \\ 0 & 0 & 5 & 4 & 15 \end{bmatrix} \underset{R4+(-5)R3}{\overset{R1+(2)R3}{\underset{R2+(-2)R3}{\approx}}} \begin{bmatrix} 1 & 0 & 0 & 1 & 3 \\ 0 & 1 & 0 & 1 & 0 \\ 0 & 0 & 1 & 1 & 4 \\ 0 & 0 & 0 & -1 & -5 \end{bmatrix}$$

$$\underset{(-1)R4}{\approx} \begin{bmatrix} 1 & 0 & 0 & 1 & 3 \\ 0 & 1 & 0 & 1 & 0 \\ 0 & 0 & 1 & 1 & 4 \\ 0 & 0 & 0 & 1 & 5 \end{bmatrix} \underset{R3+(-1)R4}{\overset{R1+(-1)R4}{\underset{R2+(-1)R4}{\approx}}} \begin{bmatrix} 1 & 0 & 0 & 0 & -2 \\ 0 & 1 & 0 & 0 & -5 \\ 0 & 0 & 1 & 0 & -1 \\ 0 & 0 & 0 & 1 & 5 \end{bmatrix},$$

so the solution is $x_1 = -2, x_2 = -5, x_3 = -1, x_4 = 5$.

13. (a) $\begin{bmatrix} 1 & 2 & 3 & 4 & 3 \\ 3 & 5 & 8 & 9 & 7 \end{bmatrix} \underset{R2+(-3)R1}{\approx} \begin{bmatrix} 1 & 2 & 3 & 4 & 3 \\ 0 & -1 & -1 & -3 & -2 \end{bmatrix} \underset{(-1)R2}{\approx} \begin{bmatrix} 1 & 2 & 3 & 4 & 3 \\ 0 & 1 & 1 & 3 & 2 \end{bmatrix} \underset{R1-2R2}{\approx}$

$\begin{bmatrix} 1 & 0 & 1 & -2 & -1 \\ 0 & 1 & 1 & 3 & 2 \end{bmatrix}$, so $x_1 = 1, x_2 = 1$; $x_1 = -2, x_2 = 3$; and $x_1 = -1, x_2 = 2$.

$$\text{(c)} \begin{bmatrix} 1 & -2 & 3 & 6 & -5 & 4 \\ 1 & -1 & 2 & 5 & -3 & 3 \\ 2 & -3 & 6 & 14 & -8 & 9 \end{bmatrix} \begin{matrix} \approx \\ R2+(-1)R1 \\ R3+(-2)R1 \end{matrix} \begin{bmatrix} 1 & -2 & 3 & 6 & -5 & 4 \\ 0 & 1 & -1 & -1 & 2 & -1 \\ 0 & 1 & 0 & 2 & 2 & 1 \end{bmatrix}$$

$$\begin{matrix} \approx \\ R1+(2)R2 \\ R3+(-1)R2 \end{matrix} \begin{bmatrix} 1 & 0 & 1 & 4 & -1 & 2 \\ 0 & 1 & -1 & -1 & 2 & -1 \\ 0 & 0 & 1 & 3 & 0 & 2 \end{bmatrix} \begin{matrix} \approx \\ R1+(-1)R3 \\ R2+R3 \end{matrix} \begin{bmatrix} 1 & 0 & 0 & 1 & -1 & 0 \\ 0 & 1 & 0 & 2 & 2 & 1 \\ 0 & 0 & 1 & 3 & 0 & 2 \end{bmatrix},$$

so the solutions are in turn $x_1 = 1$, $x_2 = 2$, $x_3 = 3$; $x_1 = -1$, $x_2 = 2$, $x_3 = 0$; and $x_1 = 0$, $x_2 = 1$, $x_3 = 2$.

Exercise Set 1.2

1. (a) Yes.

   (c) No. The second column contains a leading 1, so other elements in that column should be zero.

   (e) Yes.

   (h) No. The second row does not have 1 as the first nonzero number.

2. (a) No. The leading 1 in row 3 is not to the right of the leading 1 in row 2.

   (c) Yes.

   (e) No. The row containing all zeros should be at the bottom of the matrix.

   (g) No. The leading 1 in row 3 is not to the right of the leading 1 in row 2. Also, since column 3 contains a leading 1, all other numbers in that column should be zero.

   (i) Yes.

3. (a) $x_1 = 2$, $x_2 = 4$, $x_3 = -3$.

   (c) $x_1 = -3r + 6$, $x_2 = r$, $x_3 = -2$.

   (e) $x_1 = -5r + 3$, $x_2 = -6r - 2$, $x_3 = -2r - 4$, $x_4 = r$.

Section 1.2

4. (a) $x_1 = -2r - 4s + 1$, $x_2 = 3r - 5s - 6$, $x_3 = r$, $x_4 = s$.

   (c) $x_1 = 2r - 3s + 4$, $x_2 = r$, $x_3 = -2s + 9$, $x_4 = s$, $x_5 = 8$.

5. (a) $\begin{vmatrix} 1 & 4 & 3 & 1 \\ 2 & 8 & 11 & 7 \\ 1 & 6 & 7 & 3 \end{vmatrix} \underset{R3+(-1)R1}{\overset{R2+(-2)R1}{\approx}} \begin{vmatrix} 1 & 4 & 3 & 1 \\ 0 & 0 & 5 & 5 \\ 0 & 2 & 4 & 2 \end{vmatrix} \underset{R2 \Leftrightarrow R3}{\approx} \begin{vmatrix} 1 & 4 & 3 & 1 \\ 0 & 2 & 4 & 2 \\ 0 & 0 & 5 & 5 \end{vmatrix}$

$\underset{(1/2)R2}{\approx} \begin{vmatrix} 1 & 4 & 3 & 1 \\ 0 & 1 & 2 & 1 \\ 0 & 0 & 5 & 5 \end{vmatrix} \underset{R1+(-4)R2}{\approx} \begin{vmatrix} 1 & 0 & -5 & -3 \\ 0 & 1 & 2 & 1 \\ 0 & 0 & 5 & 5 \end{vmatrix} \underset{(1/5)R3}{\approx} \begin{vmatrix} 1 & 0 & -5 & -3 \\ 0 & 1 & 2 & 1 \\ 0 & 0 & 1 & 1 \end{vmatrix}$

$\underset{R2+(-2)R3}{\overset{R1+(5)R3}{\approx}} \begin{vmatrix} 1 & 0 & 0 & 2 \\ 0 & 1 & 0 & -1 \\ 0 & 0 & 1 & 1 \end{vmatrix}$, so the solution is $x_1 = 2$, $x_2 = -1$, $x_3 = 1$.

(c) $\begin{vmatrix} 1 & 1 & 1 & 7 \\ 2 & 3 & 1 & 18 \\ -1 & 1 & -3 & 1 \end{vmatrix} \underset{R3+R1}{\overset{R2+(-2)R1}{\approx}} \begin{vmatrix} 1 & 1 & 1 & 7 \\ 0 & 1 & -1 & 4 \\ 0 & 2 & -2 & 8 \end{vmatrix} \underset{R3+(-2)R3}{\overset{R1+(-1)R2}{\approx}} \begin{vmatrix} 1 & 0 & 2 & 3 \\ 0 & 1 & -1 & 4 \\ 0 & 0 & 0 & 0 \end{vmatrix}$,

so $x_1 + 2x_3 = 3$ and $x_2 - x_3 = 4$.
Thus the general solution is $x_1 = 3 - 2r$, $x_2 = 4 + r$, $x_3 = r$.

(e) $\begin{vmatrix} 1 & -1 & 1 & 3 \\ 2 & -1 & 4 & 7 \\ 3 & -5 & -1 & 7 \end{vmatrix} \underset{R3+(-3)R1}{\overset{R2+(-2)R1}{\approx}} \begin{vmatrix} 1 & -1 & 1 & 3 \\ 0 & 1 & 2 & 1 \\ 0 & -2 & -4 & -2 \end{vmatrix} \underset{R3+(2)R2}{\overset{R1+R2}{\approx}} \begin{vmatrix} 1 & 0 & 3 & 4 \\ 0 & 1 & 2 & 1 \\ 0 & 0 & 0 & 0 \end{vmatrix}$,

so $x_1 + 3x_3 = 4$ and $x_2 + 2x_3 = 1$.
Thus the general solution is $x_1 = 4 - 3r$, $x_2 = 1 - 2r$, $x_3 = r$.

6. (a) $\begin{vmatrix} 3 & 6 & -3 & 6 \\ -2 & -4 & -3 & -1 \\ 3 & 6 & -2 & 10 \end{vmatrix} \underset{(1/3)R1}{\approx} \begin{vmatrix} 1 & 2 & -1 & 2 \\ -2 & -4 & -3 & -1 \\ 3 & 6 & -2 & 10 \end{vmatrix} \underset{R3+(-3)R1}{\overset{R2+(2)R1}{\approx}} \begin{vmatrix} 1 & 2 & -1 & 2 \\ 0 & 0 & -5 & 3 \\ 0 & 0 & 1 & 4 \end{vmatrix}$

It is now clear that there is no solution. The last two rows give $-5x_3 = 3$ and $x_3 = 4$.

(c) $\begin{bmatrix} 1 & 2 & -1 & 3 \\ 2 & 4 & -2 & 6 \\ 3 & 6 & 2 & -1 \end{bmatrix} \begin{matrix} \\ R2+(-2)R1 \\ R3+(-3)R1 \end{matrix} \approx \begin{bmatrix} 1 & 2 & -1 & 3 \\ 0 & 0 & 0 & 0 \\ 0 & 0 & 5 & -10 \end{bmatrix} \underset{R2 \Leftrightarrow R3}{\approx} \begin{bmatrix} 1 & 2 & -1 & 3 \\ 0 & 0 & 5 & -10 \\ 0 & 0 & 0 & 0 \end{bmatrix}$

$\underset{(1/5)R2}{\approx} \begin{bmatrix} 1 & 2 & -1 & 3 \\ 0 & 0 & 1 & -2 \\ 0 & 0 & 0 & 0 \end{bmatrix} \underset{R1+R2}{\approx} \begin{bmatrix} 1 & 2 & 0 & 1 \\ 0 & 0 & 1 & -2 \\ 0 & 0 & 0 & 0 \end{bmatrix}$, so $x_1 + 2x_2 = 1$, $x_3 = -2$.

Thus the general solution is $x_1 = 1 - 2r$, $x_2 = r$, $x_3 = -2$.

(e) $\begin{bmatrix} 0 & 1 & 2 & 5 \\ 1 & 2 & 5 & 13 \\ 1 & 0 & 2 & 4 \end{bmatrix} \underset{R1 \Leftrightarrow R2}{\approx} \begin{bmatrix} 1 & 2 & 5 & 13 \\ 0 & 1 & 2 & 5 \\ 1 & 0 & 2 & 4 \end{bmatrix} \underset{R3+(-1)R1}{\approx} \begin{bmatrix} 1 & 2 & 5 & 13 \\ 0 & 1 & 2 & 5 \\ 0 & -2 & -3 & -9 \end{bmatrix}$

$\begin{matrix} \approx \\ R1+(-2)R2 \\ R3+(2)R2 \end{matrix} \begin{bmatrix} 1 & 0 & 1 & 3 \\ 0 & 1 & 2 & 5 \\ 0 & 0 & 1 & 1 \end{bmatrix} \begin{matrix} \approx \\ R1+(-1)R3 \\ R2+(-2)R3 \end{matrix} \begin{bmatrix} 1 & 0 & 0 & 2 \\ 0 & 1 & 0 & 3 \\ 0 & 0 & 1 & 1 \end{bmatrix}$,

7. (a) $\begin{bmatrix} 1 & 1 & -3 & 10 \\ -3 & -2 & 4 & -24 \end{bmatrix} \underset{R2+(3)R1}{\approx} \begin{bmatrix} 1 & 1 & -3 & 10 \\ 0 & 1 & -5 & 6 \end{bmatrix} \underset{R1+(-1)R2}{\approx} \begin{bmatrix} 1 & 0 & 2 & 4 \\ 0 & 1 & -5 & 6 \end{bmatrix}$,

so $x_1 + 2x_3 = 4$ and $x_2 - 5x_3 = 6$. Thus the general solution is
$x_1 = 4 - 2r$, $x_2 = 6 + 5r$, $x_3 = r$.

(c) $\begin{bmatrix} 1 & 2 & -1 & -1 & 0 \\ 1 & 2 & 0 & 1 & 4 \\ -1 & -2 & 2 & 4 & 5 \end{bmatrix} \begin{matrix} \\ R2+(-1)R1 \\ R3+R1 \end{matrix} \approx \begin{bmatrix} 1 & 2 & -1 & -1 & 0 \\ 0 & 0 & 1 & 2 & 4 \\ 0 & 0 & 1 & 3 & 5 \end{bmatrix} \begin{matrix} R1+R2 \\ \\ R3+(-1)R2 \end{matrix} \begin{bmatrix} 1 & 2 & 0 & 1 & 4 \\ 0 & 0 & 1 & 2 & 4 \\ 0 & 0 & 0 & 1 & 1 \end{bmatrix}$

$\begin{matrix} \approx \\ R1+(-1)R3 \\ R2+(-2)R3 \end{matrix} \begin{bmatrix} 1 & 2 & 0 & 0 & 3 \\ 0 & 0 & 1 & 0 & 2 \\ 0 & 0 & 0 & 1 & 1 \end{bmatrix}$, so $x_1 + 2x_2 = 3$ and $x_3 = 2$, and $x_4 = 1$.

Thus the general solution is $x_1 = 3 - 2r$, $x_2 = r$, $x_3 = 2$, and $x_4 = 1$.

(e) $\begin{bmatrix} 0 & 1 & -3 & 1 & 0 \\ 1 & 1 & -1 & 4 & 0 \\ -2 & -2 & 2 & -8 & 0 \end{bmatrix} \underset{R1 \Leftrightarrow R2}{\approx} \begin{bmatrix} 1 & 1 & -1 & 4 & 0 \\ 0 & 1 & -3 & 1 & 0 \\ -2 & -2 & 2 & -8 & 0 \end{bmatrix}$

$\underset{R3+(2)R1}{\approx} \begin{bmatrix} 1 & 1 & -1 & 4 & 0 \\ 0 & 1 & -3 & 1 & 0 \\ 0 & 0 & 0 & 0 & 0 \end{bmatrix} \underset{R1+(-1)R2}{\approx} \begin{bmatrix} 1 & 0 & 2 & 3 & 0 \\ 0 & 1 & -3 & 1 & 0 \\ 0 & 0 & 0 & 0 & 0 \end{bmatrix}$,

so $x_1 + 2x_3 + 3x_4 = 0$ and $x_2 - 3x_3 + x_4 = 0$. Thus the general solution is $x_1 = -2r - 3s$, $x_2 = 3r - s$, $x_3 = r$, $x_4 = s$.

8. (a) $\begin{bmatrix} 1 & 1 & 1 & -1 & -3 \\ 2 & 3 & 1 & -5 & -9 \\ 1 & 3 & -1 & -6 & -7 \\ -1 & -1 & -1 & 0 & 1 \end{bmatrix} \underset{\substack{R2+(-2)R1 \\ R3+(-1)R1 \\ R4+R1}}{\approx} \begin{bmatrix} 1 & 1 & 1 & -1 & -3 \\ 0 & 1 & -1 & -3 & -3 \\ 0 & 2 & -2 & -5 & -4 \\ 0 & 0 & 0 & -1 & -2 \end{bmatrix}$

$\underset{\substack{R1+(-1)R2 \\ R3+(-2)R2}}{\approx} \begin{bmatrix} 1 & 0 & 2 & 2 & 0 \\ 0 & 1 & -1 & -3 & -3 \\ 0 & 0 & 0 & 1 & 2 \\ 0 & 0 & 0 & -1 & -2 \end{bmatrix} \underset{\substack{R1+(-2)R3 \\ R2+(3)R3 \\ R4+R3}}{\approx} \begin{bmatrix} 1 & 0 & 2 & 0 & -4 \\ 0 & 1 & -1 & 0 & 3 \\ 0 & 0 & 0 & 1 & 2 \\ 0 & 0 & 0 & 0 & 0 \end{bmatrix}$,

so $x_1 + 2x_3 = -4$, $x_2 - x_3 = 3$, $x_4 = 2$.

The general solution is $x_1 = -2r - 4$, $x_2 = r + 3$, $x_3 = r$, $x_4 = 2$.

(c) $\begin{bmatrix} 2 & -4 & 16 & -14 & 10 \\ -1 & 5 & -17 & 19 & -2 \\ 1 & -3 & 11 & -11 & 4 \\ 3 & -4 & 18 & -13 & 17 \end{bmatrix} \underset{(1/2)R1}{\approx} \begin{bmatrix} 1 & -2 & 8 & -7 & 5 \\ -1 & 5 & -17 & 19 & -2 \\ 1 & -3 & 11 & -11 & 4 \\ 3 & -4 & 18 & -13 & 17 \end{bmatrix}$

$\underset{\substack{R2+R1 \\ R3+(-1)R1 \\ R4+(-3)R1}}{\approx} \begin{bmatrix} 1 & -2 & 8 & -7 & 5 \\ 0 & 3 & -9 & 12 & 3 \\ 0 & -1 & 3 & -4 & -1 \\ 0 & 2 & -6 & 8 & 2 \end{bmatrix} \underset{(1/3)R1}{\approx} \begin{bmatrix} 1 & -2 & 8 & -7 & 5 \\ 0 & 1 & -3 & 4 & 1 \\ 0 & -1 & 3 & -4 & -1 \\ 0 & 2 & -6 & 8 & 2 \end{bmatrix}$

$\underset{\substack{R1+(2)R2 \\ R3+R2 \\ R4+(-2)R2}}{\approx} \begin{bmatrix} 1 & 0 & 2 & 1 & 7 \\ 0 & 1 & -3 & 4 & 1 \\ 0 & 0 & 0 & 0 & 0 \\ 0 & 0 & 0 & 0 & 0 \end{bmatrix}$, so $x_1 + 2x_3 + x_4 = 7$ and $x_2 - 3x_3 + x_4 = 1$.

Thus the general solution is $x_1 = 7 - 2r - s$, $x_2 = 1 + 3r - 4s$, $x_3 = r$, $x_4 = s$.

(d)
$$\begin{vmatrix} 1 & -1 & 2 & 0 & 7 \\ 2 & -2 & 2 & -4 & 12 \\ -1 & 1 & -1 & 2 & -4 \\ -3 & 1 & -8 & -10 & -29 \end{vmatrix} \begin{matrix} \\ R2+(-2)R1 \\ R3+R1 \\ R4+(3)R1 \end{matrix} \approx \begin{vmatrix} 1 & -1 & 2 & 0 & 7 \\ 0 & 0 & -2 & -4 & -2 \\ 0 & 0 & 1 & 2 & 3 \\ 0 & -2 & -2 & -10 & -8 \end{vmatrix}$$

$$\approx \begin{matrix} \\ \\ R2 \Leftrightarrow R4 \end{matrix} \begin{vmatrix} 1 & -1 & 2 & 0 & 7 \\ 0 & -2 & -2 & -10 & -8 \\ 0 & 0 & 1 & 2 & 3 \\ 0 & 0 & -2 & -4 & -2 \end{vmatrix} \begin{matrix} \\ (-1/2)R2 \\ \\ \end{matrix} \approx \begin{vmatrix} 1 & -1 & 2 & 0 & 7 \\ 0 & 1 & 1 & 5 & 4 \\ 0 & 0 & 1 & 2 & 3 \\ 0 & 0 & -2 & -4 & -2 \end{vmatrix}$$

$$\approx \begin{matrix} \\ \\ R4+(2)R3 \\ \end{matrix} \begin{vmatrix} 1 & -1 & 2 & 0 & 7 \\ 0 & 1 & 1 & 5 & 4 \\ 0 & 0 & 1 & 2 & 3 \\ 0 & 0 & 0 & 0 & 4 \end{vmatrix}.$$ The last row gives $0 = 4$, so there is no solution.

(g)
$$\begin{vmatrix} 1 & 1 & 2 \\ 2 & 3 & 3 \\ 1 & 3 & 0 \\ 1 & 2 & 1 \end{vmatrix} \begin{matrix} \\ R2+(-2)R1 \\ R3+(-1)R1 \\ R4+(-1)R1 \end{matrix} \approx \begin{vmatrix} 1 & 1 & 2 \\ 0 & 1 & -1 \\ 0 & 2 & -2 \\ 0 & 1 & -1 \end{vmatrix} \begin{matrix} R1+(-1)R2 \\ \\ R3+(-2)R2 \\ R4+(-1)R2 \end{matrix} \approx \begin{vmatrix} 1 & 0 & 3 \\ 0 & 1 & -1 \\ 0 & 0 & 0 \\ 0 & 0 & 0 \end{vmatrix},$$

so $x_1 = 3$, $x_2 = -1$.

9. (a) The system of equations

$$3x_1 + 2x_2 - x_3 + x_4 = 4$$
$$3x_1 + 2x_2 - x_3 + x_4 = 1$$

clearly has no solution, since the equations are inconsistent. To make a system that is less obvious, add another equation to the system and replace the second equation by the sum of the second equation and some multiple (2, in the example below) of the third equation:

$$3x_1 + 2x_2 - x_3 + x_4 = 4$$
$$5x_1 + 4x_2 - x_3 - x_4 = 1$$
$$x_1 + x_2 \quad\quad - x_4 = 0$$

(b) Choose a solution, e.g., $x_1 = 1$, $x_2 = 2$. Now make up equations thinking of

Section 1.3

x_1 as 1 and x_2 as 2:

$$x_1 + x_2 = 3$$
$$x_1 + 2x_2 = 5$$
$$x_1 - 2x_2 = -3$$

An easy way to ensure that there are no additional solutions is to include $x_1 = 1$ or $x_2 = 2$ as an equation in the system.

13. (a) and (b) If the first system of equations has a unique solution then the reduced echelon form of the matrix $[A:B_1]$ will be $[I_3:X]$. The reduced echelon form of $[A:B_2]$ must therefore be $[I_3:Y]$. So the second system must also have a unique solution.

14. (a)
$$\begin{vmatrix} 1 & 1 & 5 & 2 & 3 \\ 1 & 2 & 8 & 5 & 2 \\ 2 & 4 & 16 & 10 & 4 \end{vmatrix} \underset{R2+(-1)R1}{\approx} \begin{vmatrix} 1 & 1 & 5 & 2 & 3 \\ 0 & 1 & 3 & 3 & -1 \\ 0 & 2 & 6 & 6 & -2 \end{vmatrix} \underset{R3+(-2)R2}{\overset{R1+(-1)R2}{\approx}} \begin{vmatrix} 1 & 0 & 2 & -1 & 4 \\ 0 & 1 & 3 & 3 & -1 \\ 0 & 0 & 0 & 0 & 0 \end{vmatrix},$$
$R3+(-2)R1$

so the general solution to the first system is $x_1 = -1 - 2r$, $x_2 = 3 - 3r$, $x_3 = r$, and the general solution to the second system is $x_1 = 4 - 2r$, $x_2 = -1 - 3r$, $x_3 = r$.

16. A 3x4 matrix represents the equations of three planes. In order for there to be many solutions, the three planes must have at least one line in common. For there to be no solutions, either at least two of the three planes must be parallel or the line of intersection of two of the planes must lie in a plane that is parallel to the third plane. It is more likely that the three planes will meet in a single point, i.e., that there will be a unique solution. The reduced echelon form therefore will be $[I_3:X]$.

Exercise Set 1.3

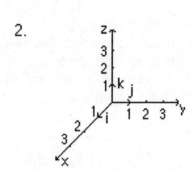

Section 1.3

3. (a) 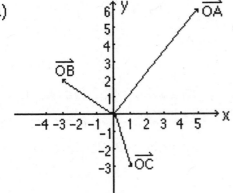   (c)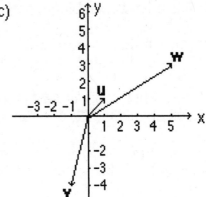

5. (a) 3(1,4) = (3,12).   (c) (1/2)(2,6) = (1,3).

   (d) (−1/2)(2,4,2) = (−1,−2,−1).   (g) −5(1,−4,3,−2,5) = (−5,20,−15,10,−25).

6. (a) **u** + **w** = (1,2) + (−3,5) = (−2,7).

   (b) **u** + 3**v** = (1,2) + 3(4,−1) = (13,−1).

   (d) 2**u** + 3**v** − **w** = 2(1,2) + 3(4,−1) − (−3,5) = (17,−4).

7. (a) **u** + **w** = (2,1,3) + (2,4,−2) = (4,5,1).   (b) 2**u** + **v** = 2(2,1,3) + (−1,3,2) = (3,5,8).

   (d) 5**u** − 2**v** + 6**w** = 5(2,1,3) − 2(−1,3,2) + 6(2,4,−2) = (24,23,−1).

8. (a) $\mathbf{u} + \mathbf{v} = \begin{bmatrix} 2 \\ 3 \end{bmatrix} + \begin{bmatrix} -1 \\ -4 \end{bmatrix} = \begin{bmatrix} 1 \\ -1 \end{bmatrix}.$

   (b) $2\mathbf{v} - 3\mathbf{w} = 2\begin{bmatrix} -1 \\ -4 \end{bmatrix} - 3\begin{bmatrix} 4 \\ -6 \end{bmatrix} = \begin{bmatrix} -14 \\ 10 \end{bmatrix}.$

9. (a) $\mathbf{u} + 2\mathbf{v} = \begin{bmatrix} 1 \\ 2 \\ -1 \end{bmatrix} + 2\begin{bmatrix} 3 \\ 0 \\ 1 \end{bmatrix} = \begin{bmatrix} 7 \\ 2 \\ 1 \end{bmatrix}.$

   (c) $3\mathbf{u} - 2\mathbf{v} + 4\mathbf{w} = 3\begin{bmatrix} 1 \\ 2 \\ -1 \end{bmatrix} - 2\begin{bmatrix} 3 \\ 0 \\ 1 \end{bmatrix} + 4\begin{bmatrix} -1 \\ 0 \\ 5 \end{bmatrix} = \begin{bmatrix} -7 \\ 6 \\ 15 \end{bmatrix}.$

10. (a) a(1,2) + b(−1,3) = (1,7). a−b=1, 2a+3b=7. Unique solution a=2, b=1. 2(1,2) + (−1,3) = (1,7).

11

(1,7) is a linear combination of (1,2) and (-1,3).

(c) $a(1,-3) + b(-2,6) = (3,5)$. $a-2b=3$, $-3a+6b=5$. No solution.
(3,5) is not a linear combination of (1,-3) and (-2,6).

11. (a) $a(1,1,2) + b(1,2,1) + c(2,3,4) = (7,9,15)$. $a+b+2c = 7$, $a+2b+3c = 9$, $2a+b+4c = 15$.
Unique solution, $a=2$, $b=-1$, $c=3$. Is a linear combination.

(c) $a(1,2,0) + b(-1,-1,2) + c(1,3,2) = (1,2,-1)$. $a-b+c = 1$, $2a-b+3c = 2$, $2b+2c = -1$.
No solution. Not a linear combination.

(f) $a(1,1,2) + b(2,2,4) + c(1,-1,1) = (5,-1,7)$. $a+2b+c = 5$, $a+2b-c = -1$, $2a+4b+c = 7$.
Many solutions, $a=-2r+2$, $b=r$, $c=3$. $(5,-1,7) = (-2r+2)(1,1,2) + r(2,2,4) + 3(1,-1,1)$.
There are many linear combinations.
For example, when $r=1$ we get $(5,-1,7) = 0(1,1,2) + (2,2,4) + 3(1,-1,1)$.
When $r=2$, $(5,-1,7) = -2(1,1,2) + 2(2,2,4) + 3(1,-1,1)$.

12. (b) $\mathbf{u} + (-\mathbf{u}) = (u_1, u_2, \ldots, u_n) + (-1)(u_1, u_2, \ldots, u_n)$
$= (u_1, u_2, \ldots, u_n) + (-u_1, -u_2, \ldots, -u_n) = (u_1-u_1, u_2-u_2, \ldots, u_n-u_n)$
$= (0, 0, \ldots, 0) = \mathbf{0}$.

(d) $1\mathbf{u} = 1(u_1, u_2, \ldots, u_n) = (1 \times u_1, 1 \times u_2, \ldots, 1 \times u_n) = (u_1, u_2, \ldots, u_n) = \mathbf{u}$.

Exercise Set 1.4

1. (a) Let W be the subset of vectors of the form $(a,3a)$. Let $\mathbf{u}=(a,3a)$, $\mathbf{v}=(b,3b)$ and k be a scalar. Then $\mathbf{u}+\mathbf{v}=((a+b), 3(a+b))$ and $k\mathbf{u}=(ka,3ka)$.
The second component of both $\mathbf{u}+\mathbf{v}$ and $k\mathbf{u}$ is 3 times the first component. Thus W is closed under addition and scalar multiplication – it is a subspace.

(c) Let W be the subset of vectors of the form $(a,0)$. Let $\mathbf{u}=(a,0)$, $\mathbf{v}=(b,0)$ and k be a scalar. Then $\mathbf{u}+\mathbf{v}=((a+b), 0)$ and $k\mathbf{u}=(ka,0)$.
The second component of both $\mathbf{u}+\mathbf{v}$ and $k\mathbf{u}$ is zero. Thus W is closed under addition and scalar multiplication – it is a subspace.

2. (a) Let W be the subset of vectors of the form (a,b,b). Let $\mathbf{u}=(a,b,b)$, $\mathbf{v}=(c,d,d)$ and k be a scalar. Then $\mathbf{u}+\mathbf{v}=(a+c, b+d, b+d)$ and $k\mathbf{u}=(ka,kb,kb)$.
The second and third components of $\mathbf{u}+\mathbf{v}$ are the same; so are those of $k\mathbf{u}$. Thus W is closed under addition and scalar multiplication – it is a subspace.

(c) Let W be the subset of vectors of the form $(a,2a,-a)$. Let $\mathbf{u}=(a,2a,-a)$, $\mathbf{v}=(b,2b,-b)$ and k be a scalar. Then $\mathbf{u}+\mathbf{v}=(a+b,2(a+b),-(a+b))$ and $k\mathbf{u}=(ka,2ka,-ka)$.
The second component of $\mathbf{u}+\mathbf{v}$ is twice the first, and the third component is minus the first; and same for $k\mathbf{u}$. Thus W is closed under addition and scalar multiplication – it is a subspace.

3. (a) Let W be the subset of vectors of the form (a,b,2a+3b). Let **u**=(a,b,2a+3b), **v**=(c,d,2c+3d) and k be a scalar. Then **u+v**=(a+c, b+d,2(a+c)+3(b+d)) and k**u**=(ka,kb,2ka+3kb). The third component of **u+v** is twice the first plus three times the second;
same for k**u**. Thus W is closed under addition and scalar multiplication – it is a subspace.

(c) Let W be the subset of vectors of the form (a,a+2,b). Let **u**=(a,a+2,b), **v**=(c,c+2,d) and k be a scalar. Then **u+v**=(a+c,a+c+4,b+d). Second component is not the first plus 2. Thus **u+v** is not in W. W is not a subspace. Let us check closure under scalar multiplication. k**u**=(ka,ka+2k,kb). Thus unless k=1 k**u** is not in W. W not closed under scalar multiplication either.

4. $\begin{vmatrix} 1 & 3 & 1 & 0 \\ 0 & 1 & 1 & 0 \\ 2 & 7 & 3 & 0 \end{vmatrix} \approx \begin{bmatrix} 1 & 3 & 1 & 0 \\ 0 & 1 & 1 & 0 \\ 0 & 1 & 1 & 0 \end{bmatrix} \approx \begin{bmatrix} 1 & 0 & -2 & 0 \\ 0 & 1 & 1 & 0 \\ 0 & 0 & 0 & 0 \end{bmatrix}$. General solution (2r,-r,r).

Let W be the subset of vectors of the form (2r,-r,r). Let **u**=(2r,-r,r), **v**=(2s,-s,s) and k be a scalar. Then **u+v**=(2(r+s),-(r+s),r+s) and k**u**=(2kr, -kr, kr). The first component of **u+v** is twice the last component, and the second component is minus the last component; same for k**u**. Thus W is closed under addition and scalar multiplication – it is a subspace. Line defined by vector (2, -1, 1).

6. $\begin{vmatrix} 1 & -2 & 3 & 0 \\ -1 & 2 & 1 & 0 \\ 1 & -2 & 4 & 0 \end{vmatrix} \approx \begin{bmatrix} 1 & -2 & 3 & 0 \\ 0 & 0 & 4 & 0 \\ 0 & 0 & 1 & 0 \end{bmatrix} \approx \begin{bmatrix} 1 & -2 & 0 & 0 \\ 0 & 0 & 1 & 0 \\ 0 & 0 & 0 & 0 \end{bmatrix}$. General solution (2r, r, 0).

Let W be the subset of vectors of the form (2r,r,0). Let **u**=(2r,r,0), **v**=(2s,s,0) and k be a scalar. Then **u+v**=(2(r+s),r+s,0) and k**u**=(2kr, kr, 0). The first component of **u+v** is twice the second component, and the last component is zero; same for k**u**. Thus W is closed under addition and scalar multiplication - it is a subspace. Line defined by vector (2, 1, 0).

9. General solution is (3r + s, -r - 4s, r, s). (a) Two specific solutions: r=1, s=1, **u**(4, -5, 1, 1); r=-1, s=2, **v**(-1, -7, -1, 2). (b) Other solutions: **u+v**=(3, -12, 0, 3), and say, -2**u**=(-8, 10, -2, -2), 4**v**=(-4, -28, -4, 8). (-2**u**)+(4**v**)=(-5, -2, -2, 1). (c) Are solutions for r=0,s=3; r=-2,s=-2; r=-4,s=8; r=-2,s=1 respectively.

Exercise Set 1.5

1. Standard basis for $\mathbf{R}^2$: {(1, 0), (0, 1)}. (a) Let (a, b) be an arbitrary vector in $\mathbf{R}^2$. We can write (a, b) = a(1, 0) + b(0, 1). Thus vectors (1, 0) and (0, 1) span $\mathbf{R}^2$. (b) Let us examine the identity p(1, 0) + q(0, 1) = (0, 0). This gives (p, 0) + (0, q) = 0, (p, q) = (0, 0). Thus p=0 and q=0. The vectors are linearly independent.

3. (a) $(a, a, b) + (c, c, d) = (a+c, a+c, b+d)$. 1st components same. Closed under addition. $k(a, a, b) = (ka, ka, kb)$. 1st components same. Closed under scalar multiplication. Subspace. $(a, a, b) = a(1, 1, 0) + b(0, 0, 1)$. Vectors $(1, 1, 0)$ and $(0, 0, 1)$ span space and are linearly independent. $\{(1, 1, 0), (0, 0, 1)\}$ is a basis. Dimension is 2.

(c) $(a, 2a, 4a) + (b, 2b, 4b) = (a+b, 2a+2b, 4a+4b) = (a+b, 2(a+b), 4(a+b))$. 2nd component is twice 1st, 3rd component four times 1st. Closed under addition. $k(a, 2a, 4a) = (ka, 2ka, 4ka)$. 2nd component is twice 1st, 3rd component four times 1st. Closed under scalar multiplication. Subspace. $(a, 2a, 4a) = a(1, 2, 4)$. $\{(1, 2, 4)\}$ is a basis. Dimension is 1. Space is a line defined by the vector $(1, 2, 4)$.

4. (a) $(a, b, a) + (c, d, c) = (a+c, b+d, a+c)$. 3rd component same as 1st. Closed under addition. $k(a, b, a) = (ka, kb, ka)$. 3rd component same as 1st. Closed under scalar multiplication. Subspace. $(a, b, a) = a(1, 0, 1) + b(0, 1, 0)$. $\{(1, 0, 1), (0, 1, 0)\}$ is a basis. Dimension is 2.

(c) $(a, b, 2) + (c, d, 2) = (a+c, b+d, 4)$. Last component is not 2. Not closed under addition. Not a subspace.

5. (a) $a(1, 2, 3) + b(1, 2, 3) = (a+b)(1, 2, 3)$. Sum is a scalar multiple of $(1, 2, 3)$. Closed under addition. $ka(1, 2, 3) = (ka)(1, 2, 3)$. It is a scalar multiple of $(1, 2, 3)$. Closed under scalar multiplication. Subspace of $\mathbf{R}^3$. Basis $\{(1, 2, 3)\}$. Dimension is 1. Space is line defined by vector $(1, 2, 3)$.

(c) $(a, 2a) + (b, 2b) = (a+b, 2a+2b) = (a+b, 2(a+b))$. 2nd component is twice 1st. Closed under addition. $k(a, 2a) = (ka, 2ka)$. 2nd component is twice 1st. Closed under scalar multiplication. Subspace. Basis $\{(1, 2)\}$. Dimension is 1. Space is line defined by vector $(1, 2)$ in $\mathbf{R}^2$.

6. (a) True: Arbitrary vector can be expressed as a linear combination of $(1, 0)$ and $(0, 1)$. $(a, b) = a(1, 0) + b(0, 1)$.

(c) True: $p(1, 0) + q(0, 1) = (0, 0)$ has the unique solution $p=0, q=0$.

e) True: $(x, y) = x(1, 0) - y(0, -1)$. Thus $(1, 0)$ and $(0, -1)$ span $\mathbf{R}^2$. Further, $p(1, 0) + q(0, -1) = (0, 0)$ has the unique solution $p=0, q=0$. Vectors linearly independent.

7. (a) True: $(1, 0, 0)$ and $(0, 1, 0)$ span the subset of vectors of the form $(a, b, 0)$. Further, $p(1, 0, 0) + q(0, 1, 0) = (0, 0, 0)$ has the unique solution $p=0, q=0$. Vectors are linearly independent. Subspace is 2D since 2 base vectors. The subspace is the xy plane.

(c) True: Can write $(a, 2a, b)$ in the form $(a, 2a, b) = a(1, 2, 0) + b(0, 0, 1)$.

(e) False: $1(1, 0, 0) + 1(0, 1, 0) - 1(1, 1, 0) = (0, 0, 0)$. Thus vectors not linearly independent.

Section 1.6

8. (a) Let (x, y) be an arbitrary vector in $\mathbf{R}^2$. Then (x, y) = x(1, 0) + y(0, 1). Thus (1, 0), (0, 1) span $\mathbf{R}^2$. Notice that both vectors are needed to span $\mathbf{R}^2$ - we cannot just use one of them. Further, a(1, 0) + b(0, 1) = (0, 0) => (a, b) = (0, 0) => a=0, and b=0. Thus (1, 0) and (0, 1) are linearly independent. They form a basis for $\mathbf{R}^2$.

   (b) (x, y) can be expressed (x, y) = x(1, 0) + 3y(0, 1) - y(0, 2), or (x, y) = x(1, 0) + 5y(0, 1) - 2y(0, 2); there are many ways. Thus (1, 0), (0, 1), (0, 2) spans $\mathbf{R}^2$. But it is not an efficient spanning set. The vector (0, 2) is not really needed.

   (c) 0(1, 0) + 2(0, 1) - (0, 2) = (0, 0). Thus {(1, 0), (0, 1), (0, 2)} is linearly dependent. It is not a basis.

11. (a) Vectors (1, 0, 0), (0, 1, 0), (0, 0, 1) and (1, 1, 1) span $\mathbf{R}^3$ but are not linearly independent.

12. Separate the variables in the general solution, (2r - 2s, r - 3s, r, s)=r(2, 1, 1, 0)+s(-2, -3, 0, 1). Vectors (2, 1, 1, 0) and (-2, 3, 0, 1) thus span W.
    Also, identity p(2, 1, 1, 0) + q(-2, 3, 0, 1) = (0, 0, 0, 0) leads to p=0, q=0. The two vectors are thus linearly independent. Set {(2, 1, 1, 0), (-2, 3, 0, 1)} is therefore a basis for W.
    Dimension of W is 2. Solutions form a plane through the origin in $\mathbf{R}^4$.

14. (2r, 3r, r) = r(2, 3, 1). The set of solutions form the line through the origin in $\mathbf{R}^3$ defined by the vector (2, 3, 1). Set {(2, 3, 1)} is a basis. Dimension of W is 1.

17. Separate the variables in the solution, (3r-s, r, s)= r(3, 1, 0) + s(-1, 0, 1). Vectors (3, 1, 0) and (-1, 0, 1) thus span W.
    Also, identity p(3, 1, 0) + q(-1, 0, 1) = (0, 0, 0) leads to p=0, q=0. The two vectors are thus linearly independent. The set {(3, 1, 0), (-1, 0, 1)} is therefore a basis for W.
    Dimension of W is 2. Solutions form a plane through the origin in $\mathbf{R}^3$.

19. (a) a(1, 0, 2) + b(1, 1, 0) + c(5, 3, 6)=**0** gives a+b+5c=0, b+3c=0, 2a+6c=0. Unique solution a=0, b=0, c=0. Thus linearly independent.

    (c) a(1, -1, 1) +b(2, 1, 0)+c(4, -1, 2)=**0** gives a+2b+4c=0, -a+b-c=0, a+2c=0. Many solutions, a=-2r, b=-r, c=r, where r is a real number. Thus linearly dependent.

Section 1.6

(e) $a(-2,0,3) + b(5,2,1) + c(10,6,9)=0$ gives $-2a+5b+10c=0$, $2b+6c=0$, $3a+b+9c=0$.
Unique solution $a=0$, $b=0$, $c=0$. Thus linearly independent.

Exercise Set 1.6

1. (a) $(2,1) \cdot (3,4) = 2 \times 3 + 1 \times 4 = 6 + 4 = 10$

   (c) $(2,0) \cdot (0,-1) = 2 \times 0 + 0 \times -1 = 0$

2. (a) $(1,2,3) \cdot (4,1,0) = 1 \times 4 + 2 \times 1 + 3 \times 0 = 4 + 2 + 0 = 6$

   (c) $(7,1,-2) \cdot (3,-5,8) = 7 \times 3 + 1 \times -5 + -2 \times 8 = 21 - 5 - 16 = 0$

3. (a) $(5,1) \cdot (2,-3) = 5 \times 2 + 1 \times -3 = 10 - 3 = 7$

   (c) $(7,1,2,-4) \cdot (3,0,-1,5) = 7 \times 3 + 1 \times 0 + 2 \times -1 + -4 \times 5 = 21 + 0 - 2 - 20 = -1$

   (e) $(1,2,3,0,0,0) \cdot (0,0,0,-2,-4,9) = 1 \times 0 + 2 \times 0 + 3 \times 0 + 0 \times -2 + 0 \times -4 + 0 \times 9 = 0$

4. (a) $\begin{bmatrix} 1 \\ 3 \end{bmatrix} \cdot \begin{bmatrix} -2 \\ 5 \end{bmatrix} = 1 \times -2 + 3 \times 5 = -2 + 15 = 13$

   (c) $\begin{bmatrix} 2 \\ 0 \\ -5 \end{bmatrix} \cdot \begin{bmatrix} 3 \\ 6 \\ -4 \end{bmatrix} = 2 \times 3 + 0 \times 6 + -5 \times -4 = 6 + 0 + 20 = 26$

5. (a) $\|(1,2)\| = \sqrt{1^2 + 2^2} = \sqrt{5}$ (c) $\|(4,0)\| = \sqrt{4^2 + 0^2} = \sqrt{16} = 4$

   (e) $\|(0,27)\| = \sqrt{0^2 + 27^2} = 27$

6. (a) $\|(1,3,-1)\| = \sqrt{1^2 + 3^2 + (-1)^2} = \sqrt{11}$

   (c) $\|(5,1,1)\| = \sqrt{5^2 + 1^2 + 1^2} = \sqrt{27} = 3\sqrt{3}$

   (e) $\|(7,-2,-3)\| = \sqrt{7^2 + (-2)^2 + (-3)^2} = \sqrt{62}$

7. (a) $\|(5,2)\| = \sqrt{5^2 + 2^2} = \sqrt{29}$

   (c) $\|(1,2,3,4)\| = \sqrt{1^2 + 2^2 + 3^2 + 4^2} = \sqrt{30}$

Section 1.6

(e) $\|(-3,0,1,4,2)\| = \sqrt{(-3)^2 + 0^2 + 1^2 + 4^2 + 2^2} = \sqrt{30}$

8. (a) $\left\|\begin{bmatrix}3\\4\end{bmatrix}\right\| = \sqrt{3^2 + 4^2} = \sqrt{25} = 5$ (c) $\left\|\begin{bmatrix}1\\2\\3\end{bmatrix}\right\| = \sqrt{1^2 + 2^2 + 3^2} = \sqrt{14}$

(e) $\left\|\begin{bmatrix}2\\3\\5\\9\end{bmatrix}\right\| = \sqrt{2^2 + 3^2 + 5^2 + 9^2} = \sqrt{119}$

9. (a) $\dfrac{(1,3)}{\|(1,3)\|} = \left(\dfrac{1}{\sqrt{10}}, \dfrac{3}{\sqrt{10}}\right)$ (c) $\dfrac{(1,2,3)}{\|(1,2,3)\|} = \left(\dfrac{1}{\sqrt{14}}, \dfrac{2}{\sqrt{14}}, \dfrac{3}{\sqrt{14}}\right)$

(d) $\dfrac{(-2,4,0)}{\|(-2,4,0)\|} = \left(\dfrac{-2}{\sqrt{20}}, \dfrac{4}{\sqrt{20}}, 0\right) = \left(\dfrac{-1}{\sqrt{5}}, \dfrac{2}{\sqrt{5}}, 0\right)$

10. (a) $\dfrac{(4,2)}{\|(4,2)\|} = \left(\dfrac{4}{2\sqrt{5}}, \dfrac{2}{2\sqrt{5}}\right) = \left(\dfrac{2}{\sqrt{5}}, \dfrac{1}{\sqrt{5}}\right)$

(c) $\dfrac{(7,2,0,1)}{\|(7,2,0,1)\|} = \left(\dfrac{7}{3\sqrt{6}}, \dfrac{2}{3\sqrt{6}}, 0, \dfrac{1}{3\sqrt{6}}\right)$ (e) $\dfrac{(0,0,0,7,0,0)}{\|(0,0,0,7,0,0)\|} = (0,0,0,1,0,0)$

11. (a) $\begin{bmatrix}4\\3\end{bmatrix} / \left\|\begin{bmatrix}4\\3\end{bmatrix}\right\| = \begin{bmatrix}4/5\\3/5\end{bmatrix}$ (c) $\begin{bmatrix}3\\4\\0\end{bmatrix} / \left\|\begin{bmatrix}3\\4\\0\end{bmatrix}\right\| = \begin{bmatrix}3/5\\4/5\\0\end{bmatrix}$

(e) $\begin{bmatrix}3\\0\\1\\8\end{bmatrix} / \left\|\begin{bmatrix}3\\0\\1\\8\end{bmatrix}\right\| = \begin{bmatrix}3/\sqrt{74}\\0\\1/\sqrt{74}\\8/\sqrt{74}\end{bmatrix}$

12. (a) $\cos\theta = \dfrac{(-1,1)\cdot(0,1)}{\|(-1,1)\| \|(0,1)\|} = \dfrac{1}{\sqrt{2}}, \theta = \dfrac{\pi}{4} = 45°$

(b) $\cos\theta = \dfrac{(2,0)\cdot(1,\sqrt{3})}{\|(2,0)\| \|(1,\sqrt{3})\|} = \dfrac{2}{4} = \dfrac{1}{2}, \theta = \dfrac{\pi}{3} = 60°$

13. (a) $\cos\theta = \dfrac{(4,-1)\cdot(2,3)}{\|(4,-1)\| \|(2,3)\|} = \dfrac{5}{\sqrt{17}\sqrt{13}}$ $(\theta = 70.3462°)$

Section 1.6

(b) $\cos \theta = \dfrac{(3,-1,2)\cdot(4,1,1)}{\|(3,-1,2)\|\,\|(4,1,1)\|} = \dfrac{13}{\sqrt{14}\sqrt{18}} = \dfrac{13}{6\sqrt{7}}$ ($\theta = 35.0229^0$)

(d) $\cos \theta = \dfrac{(7,1,0,0)\cdot(3,2,1,0)}{\|(7,1,0,0)\|\,\|(3,2,1,0)\|} = \dfrac{23}{\sqrt{50}\sqrt{14}} = \dfrac{23}{10\sqrt{7}}$ ($\theta = 29.6205^0$)

14. (a) $\cos \theta = \dfrac{\begin{bmatrix}1\\2\end{bmatrix}\cdot\begin{bmatrix}-1\\4\end{bmatrix}}{\left\|\begin{bmatrix}1\\2\end{bmatrix}\right\|\,\left\|\begin{bmatrix}-1\\4\end{bmatrix}\right\|} = \dfrac{7}{\sqrt{5}\sqrt{17}}$ ($\theta = 40.6013^0$)

(c) $\cos \theta = \dfrac{\begin{bmatrix}1\\-3\\0\end{bmatrix}\cdot\begin{bmatrix}2\\5\\-1\end{bmatrix}}{\left\|\begin{bmatrix}1\\-3\\0\end{bmatrix}\right\|\,\left\|\begin{bmatrix}2\\5\\-1\end{bmatrix}\right\|} = \dfrac{-13}{\sqrt{10}\sqrt{30}} = \dfrac{-13}{10\sqrt{3}}$ ($\theta = 138.6385^0$)

15. (a) $(1,3)\cdot(3,-1) = 1\times 3 + 3\times -1 = 0$, thus the vectors are orthogonal.

16. (a) $(3,-5)\cdot(5,3) = 3\times 5 + -5\times 3 = 0$, thus the vectors are orthogonal.

(c) $(7,1,0)\cdot(2,-14,3) = 7\times 2 + 1\times -14 + 0\times 3 = 0$, thus the vectors are orthogonal.

17. (a) $\begin{bmatrix}1\\2\end{bmatrix}\cdot\begin{bmatrix}-6\\3\end{bmatrix} = 1\times -6 + 2\times 3 = 0$, thus the vectors are orthogonal.

(c) $\begin{bmatrix}4\\-1\\0\end{bmatrix}\cdot\begin{bmatrix}2\\8\\-1\end{bmatrix} = 4\times 2 + -1\times 8 + 0\times -1 = 0$, thus the vectors are orthogonal.

18. (a) If (a,b) is orthogonal to (1,3), then $(a,b)\cdot(1,3) = a + 3b = 0$, so $a = -3b$. Thus any vector of the form (-3b,b) is orthogonal to (1,3).

(c) If (a,b) is orthogonal to (-4,-1), then $(a,b)\cdot(-4,-1) = -4a - b = 0$, so $b = -4a$. Thus any vector of the form (a,-4a) is orthogonal to (-4,-1).

19. (a) If (a,b) is orthogonal to (5,-1), then $(a,b)\cdot(5,-1) = 5a - b = 0$, so $b = 5a$. Thus any vector of the form (a,5a) is orthogonal to (5,-1).

(c) If (a,b,c) is orthogonal to (5,1,-1), then $(a,b,c)\cdot(5,1,-1) = 5a + b - c = 0$, so $c = 5a+b$. Thus any vector of the form (a,b,5a+b) is orthogonal to (5,1,-1).

Section 1.6

(e) If (a,b,c,d) is orthogonal to (6,−1,2,3), then (a,b,c,d)·(6,−1,2,3) = 6a − b + 2c + 3d = 0, so b = 6a+2c+3d. Thus any vector of the form (a,6a+2c+3d, c,d) is orthogonal to (6,−1,2,3).

20. If (a,b,c) is orthogonal to both (1,2,−1) and (3,1,0), then (a,b,c)·(1,2,−1) = a + 2b − c = 0
and (a,b,c)·(3,1,0) = 3a + b = 0. These equations yield the solution b = −3a and c = −5a, so any vector of the form (a,−3a,−5a) is orthogonal to both (1,2,−1) and (3,1,0).

21. Let (a,b,c) be in W. Then (a,b,c) is orthogonal to (−1,1,1). (a,b,c)·(−1,1,1)=0, −a+b+c=0, c=a−b. W consists of vectors of the form (a,b,a−b). Separate the variables. (a,b,a−b)=a(1,0,1)+b(0,1,−1). (1,0,1), (0,1,−1) span W. Vectors are also linearly independent. {(1,0,1),(0,1,−1)} is a basis for W. The dimension of W is 2. It is a plane spanned by (1,0,1) and (0,1,−1).

23. Let (a,b,c) be in W. Then (a,b,c) is orthogonal to (1,−2,5). (a,b,c)·(1,−2,5)=0, a−2b+5c=0,
a=2b−5c. W consists of vectors of the form (2b−5c,b,c). Separate the variables. (2b−5c,b,c)=b(2,1,0)+c(−5,0,1). {(2,1,0), ((−5,0,1)} is a basis for W. The dimension of W is 2. It is a plane spanned by (2,1,0) and (−5,0,1).

25. (a) $d = \sqrt{(6-2)^2+(5-2)^2} = 5$. (c) $d = \sqrt{(7-2)^2+(-3-2)^2} = \sqrt{50} = 5\sqrt{2}$.

26. (a) $d = \sqrt{(4-2)^2+(1+3)^2} = \sqrt{20} = 2\sqrt{5}$.

(c) $d = \sqrt{(-3-4)^2+(1+1)^2+(2-1)^2} = \sqrt{54} = 3\sqrt{6}$.

(e) $d^2 = (-3-2)^2 +(1-1)^2 +(1-4)^2 +(0-1)^2 +(2+1)^2 = 44$, so $d = \sqrt{44} = 2\sqrt{11}$.

28. **u** is a scalar multiple of **v** so it has the same direction as **v**. The magnitude of **u** is

$$\|u\| = \frac{1}{\|v\|}\sqrt{(v_1)^2+(v_2)^2+...+(v_n)^2} = \frac{\|v\|}{\|v\|} = 1$$, so **u** is a unit vector.

30. If **u**·**v** = **u**·**w** then **u**·(**v**−**w**) = 0 for all vectors **u** in U. Since **v**−**w** is a vector in U this means that (**v**−**w**)·(**v**−**w**) = 0. Therefore **v**−**w** = **0**, so **v** = **w**.

32. (a) vector (c) not valid (f) scalar (h) not valid

33. $\|c(3,0,4)\| = \sqrt{3c \times 3c+4c \times 4c} = |c|\sqrt{9+16} = 5|c| = 15$, so $|c| = 3$ and $c = \pm 3$.

35. (a,b)·(−b,a) = a×−b + b×a = 0, so (−b,a) is orthogonal to (a,b).

36. $(\mathbf{u} + \mathbf{v}) \cdot (\mathbf{u} - \mathbf{v}) = (u_1 + v_1)(u_1 - v_1) + (u_2 + v_2)(u_2 - v_2) + \ldots + (u_n + v_n)(u_n - v_n)$

$$= u_1^2 - v_1^2 + u_2^2 - v_2^2 + \ldots + u_n^2 - v_n^2$$

$$= u_1^2 + u_2^2 + \ldots + u_n^2 - v_1^2 - v_2^2 - \ldots - v_n^2 = \|\mathbf{u}\| - \|\mathbf{v}\|.$$

Thus $\|\mathbf{u}\| - \|\mathbf{v}\| = 0$ if and only if $(\mathbf{u} + \mathbf{v}) \cdot (\mathbf{u} - \mathbf{v}) = 0$. That is $\|\mathbf{u}\| = \|\mathbf{v}\|$ if and only if $\mathbf{u} + \mathbf{v}$ and $\mathbf{u} - \mathbf{v}$ are orthogonal.

38. (a) $\|(1,2)\| = |1| + |2| = 3$, $\|(-3,4)\| = |-3| + |4| = 7$, $\|(1,2,-5)\| = |1| + |2| + |-5| = 8$,

    and $\|(0,-2,7)\| = |0| + |-2| + |7| = 9$.

    (b) $\|(1,2)\| = |2| = 2$, $\|(-3,4)\| = |4| = 4$, $\|(1,2,-5)\| = |-5| = 5$, and $\|(0,-2,7)\| = |7| = 7$.

39. (a) $d(\mathbf{x},\mathbf{y}) = \|\mathbf{x}-\mathbf{y}\| \geq 0$.

    (c) $d(\mathbf{x},\mathbf{z}) = \|\mathbf{x}-\mathbf{y}+\mathbf{y}-\mathbf{z}\| \leq \|\mathbf{x}-\mathbf{y}\| + \|\mathbf{y}-\mathbf{z}\| = d(\mathbf{x},\mathbf{y}) + d(\mathbf{y},\mathbf{z})$, from the triangle inequality.

Exercise Set 1.7

Exercises 1, 2, and 3 can be solved simultaneously since the coefficient matrices are the same for all three.

$$\begin{aligned} a_0 + a_1 + a_2 &= b_1 \\ a_0 + 2a_1 + 4a_2 &= b_2 \\ a_0 + 3a_1 + 9a_2 &= b_3 \end{aligned}$$, where b_1, b_2, b_3 are the y values 2, 2, 4 in Exercise 1;

14, 22, 32 in Exercise 2; and 5, 7, 9 in Exercise 3.

$$\begin{bmatrix} 1 & 1 & 1 & 2 & 14 & 5 \\ 1 & 2 & 4 & 2 & 22 & 7 \\ 1 & 3 & 9 & 4 & 32 & 9 \end{bmatrix} \underset{R3+(-1)R1}{\overset{R2+(-1)R1}{\approx}} \begin{bmatrix} 1 & 1 & 1 & 2 & 14 & 5 \\ 0 & 1 & 3 & 0 & 8 & 2 \\ 0 & 2 & 8 & 2 & 18 & 4 \end{bmatrix} \underset{R3+(-2)R2}{\overset{R1+(-1)R2}{\approx}} \begin{bmatrix} 1 & 0 & -2 & 2 & 6 & 3 \\ 0 & 1 & 3 & 0 & 8 & 2 \\ 0 & 0 & 2 & 2 & 2 & 0 \end{bmatrix}$$

$$\underset{(1/2)R3}{\approx} \begin{bmatrix} 1 & 0 & -2 & 2 & 6 & 3 \\ 0 & 1 & 3 & 0 & 8 & 2 \\ 0 & 0 & 1 & 1 & 1 & 0 \end{bmatrix} \underset{R2+(-3)R3}{\overset{R1+(2)R3}{\approx}} \begin{bmatrix} 1 & 0 & 0 & 4 & 8 & 3 \\ 0 & 1 & 0 & -3 & 5 & 2 \\ 0 & 0 & 1 & 1 & 1 & 0 \end{bmatrix}$$, so the values of a_0, a_1, a_2

are 4, −3, 1 for Exercise 1; 8, 5, 1 for Exercise 2; and 3, 2, 0 for Exercise 3. Thus the

Section 1.7

equations of the polynomials for Exercises 1 and 3 are:
1. $4 - 3x + x^2 = y$ 3. $3 + 2x = y$

4. $a_0 + a_1 + a_2 = 8$
   $a_0 + 3a_1 + 9a_2 = 26$
   $a_0 + 5a_1 + 25a_2 = 60$

$$\begin{vmatrix} 1 & 1 & 1 & 8 \\ 1 & 3 & 9 & 26 \\ 1 & 5 & 25 & 60 \end{vmatrix} \begin{array}{c} \\ R2+(-1)R1 \\ R3+(-1)R1 \end{array} \approx \begin{vmatrix} 1 & 1 & 1 & 8 \\ 0 & 2 & 8 & 18 \\ 0 & 4 & 24 & 52 \end{vmatrix} (1/2)R2$$

$$\begin{vmatrix} 1 & 1 & 1 & 8 \\ 0 & 1 & 4 & 9 \\ 0 & 4 & 24 & 52 \end{vmatrix} \begin{array}{c} R1+(-1)R2 \\ \\ R3+(-4)R2 \end{array} \approx \begin{vmatrix} 1 & 0 & -3 & -1 \\ 0 & 1 & 4 & 9 \\ 0 & 0 & 8 & 16 \end{vmatrix} (1/8)R3 \approx \begin{vmatrix} 1 & 0 & -3 & -1 \\ 0 & 1 & 4 & 9 \\ 0 & 0 & 1 & 2 \end{vmatrix} \begin{array}{c} R1+(3)R3 \\ \\ R2+(-4)R3 \end{array} \begin{vmatrix} 1 & 0 & 0 & 5 \\ 0 & 1 & 0 & 1 \\ 0 & 0 & 1 & 2 \end{vmatrix},$$

so $a_0 = 5$, $a_1 = 1$, $a_2 = 2$, and the equation is $5 + x + 2x^2 = y$.
When $x = 2$, $y = 5 + 2 + 8 = 15$.

6. $a_0 + a_1 + a_2 + a_3 = -3$
   $a_0 + 2a_1 + 4a_2 + 8a_3 = -1$
   $a_0 + 3a_1 + 9a_2 + 27a_3 = 9$
   $a_0 + 4a_1 + 16a_2 + 64a_3 = 33$

$$\begin{vmatrix} 1 & 1 & 1 & 1 & -3 \\ 1 & 2 & 4 & 8 & -1 \\ 1 & 3 & 9 & 27 & 9 \\ 1 & 4 & 16 & 64 & 33 \end{vmatrix} \begin{array}{c} \\ R2+(-1)R1 \\ R3+(-1)R1 \\ R4+(-1)R1 \end{array} \approx \begin{vmatrix} 1 & 1 & 1 & 1 & -3 \\ 0 & 1 & 3 & 7 & 2 \\ 0 & 2 & 8 & 26 & 12 \\ 0 & 3 & 15 & 63 & 36 \end{vmatrix}$$

$$\approx \begin{array}{c} R1+(-1)R2 \\ R3+(-2)R2 \\ R4+(-3)R2 \end{array} \begin{vmatrix} 1 & 0 & -2 & -6 & -5 \\ 0 & 1 & 3 & 7 & 2 \\ 0 & 0 & 2 & 12 & 8 \\ 0 & 0 & 6 & 42 & 30 \end{vmatrix} \begin{array}{c} \\ (1/2)R3 \\ (1/6)R4 \end{array} \begin{vmatrix} 1 & 0 & -2 & -6 & -5 \\ 0 & 1 & 3 & 7 & 2 \\ 0 & 0 & 1 & 6 & 4 \\ 0 & 0 & 1 & 7 & 5 \end{vmatrix} \begin{array}{c} R1+(2)R3 \\ R2+(-3)R3 \\ \\ R4+(-1)R3 \end{array} \begin{vmatrix} 1 & 0 & 0 & 6 & 3 \\ 0 & 1 & 0 & -11 & -10 \\ 0 & 0 & 1 & 6 & 4 \\ 0 & 0 & 0 & 1 & 1 \end{vmatrix}$$

$$\approx \begin{array}{c} R1+(-6)R4 \\ R2+(11)R4 \\ R3+(-6)R4 \end{array} \begin{vmatrix} 1 & 0 & 0 & 0 & -3 \\ 0 & 1 & 0 & 0 & 1 \\ 0 & 0 & 1 & 0 & -2 \\ 0 & 0 & 0 & 1 & 1 \end{vmatrix}, \text{ so } a_0 = -3, a_1 = 1, a_2 = -2, a_3 = 1 \text{ and the equation}$$

is $-3 + x - 2x^2 + x^3 = y$.

7. $I_1 + I_2 - I_3 = 0$
   $2I_1 + 4I_3 = 34$
   $4I_2 + 4I_3 = 28$
   so that $I_1 = 5$, $I_2 = 1$, $I_3 = 6$.

9. $I_1 + I_2 - I_3 = 0$
   $3I_3 = 9$
   $4I_2 + 3I_3 = 13$
   so that $I_1 = 2$, $I_2 = 1$, $I_3 = 3$.

Chapter 1   Review Exercises

11. $I_1 - I_2 - I_3 = 0$
$I_1 + 3I_2 = 31$
$I_1 + 7I_3 = 31$
so that $I_1 = 10, I_2 = 7, I_3 = 3$.

13. $I_1 - I_2 - I_3 = 0$
$I_3 - I_4 + I_5 = 0$
$I_1 + I_2 = 4$
$I_1 + 2I_4 = 4$
$2I_4 + 2I_5 = 2$
so that $I_1 = 7/3, I_2 = 5/3, I_3 = 2/3, I_4 = 5/6, I_5 = 1/6$.

17. A: $x_1 - x_4 = 100$ B: $x_1 - x_2 = 200$

C: $-x_2 + x_3 = 150$ D: $x_3 - x_4 = 50$

Solving these equations simultaneously gives

$$x_1 = x_4 + 100, \; x_2 = x_4 - 100, \; x_3 = x_4 + 50.$$

$x_2 = 0$ is theoretically possible. In that case, $x_4 = 100, x_1 = 200, x_3 = 150$.

This flow is not likely to be realized in practice unless branch BC is completely closed.

20. Let $y = a_0 + a_1 x + a_2 x^2$. These polynomials must pass through (1, 2) and (3, 4). Thus,

$\begin{array}{l} a_0 + a_1 + a_2 = 2 \\ a_0 + 3a_1 + 9a_2 = 4 \end{array}$ · $\begin{bmatrix} 1 & 1 & 1 & 2 \\ 1 & 3 & 9 & 4 \end{bmatrix} \approx \begin{bmatrix} 1 & 0 & -3 & 1 \\ 0 & 1 & 4 & 1 \end{bmatrix}$. $a_0 = 3a_2 + 1, \; a_1 = -4a_2 + 1$.

Let $a_2 = r$. The family of polynomials is $y = (3r+1) + (-4r+1)x + rx^2$. $r=0$ gives the line $y=1+x$ that passes through these points. When $r>0$ the polynomials open up and when $r<0$ the polynomials open down.

Chapter 1 Review Exercises

1. (a) 2 x 3   (b) 2 x 2   (c) 1 x 4   (d) 3 x 1   (e) 4 x 6

2. 0, 6, 5, 1, 9

Chapter 1   Review Exercises

3. $I_5 = \begin{bmatrix} 1 & 0 & 0 & 0 & 0 \\ 0 & 1 & 0 & 0 & 0 \\ 0 & 0 & 1 & 0 & 0 \\ 0 & 0 & 0 & 1 & 0 \\ 0 & 0 & 0 & 0 & 1 \end{bmatrix}$

4. (a) $\begin{bmatrix} 1 & 2 \\ 4 & -3 \end{bmatrix}, \begin{bmatrix} 1 & 2 & 6 \\ 4 & -3 & -1 \end{bmatrix}$ (b) $\begin{bmatrix} 2 & 1 & -4 \\ 1 & -2 & 8 \\ 3 & 5 & -7 \end{bmatrix}, \begin{bmatrix} 2 & 1 & -4 & 1 \\ 1 & -2 & 8 & 0 \\ 3 & 5 & -7 & -3 \end{bmatrix}$

   (c) $\begin{bmatrix} -1 & 2 & -7 \\ 3 & -1 & 5 \\ 4 & 3 & 0 \end{bmatrix}, \begin{bmatrix} -1 & 2 & -7 & -2 \\ 3 & -1 & 5 & 3 \\ 4 & 3 & 0 & 5 \end{bmatrix}$ (d) $\begin{bmatrix} 1 & 0 & 0 \\ 0 & 1 & 0 \\ 0 & 0 & 1 \end{bmatrix}, \begin{bmatrix} 1 & 0 & 0 & 1 \\ 0 & 1 & 0 & 5 \\ 0 & 0 & 1 & -3 \end{bmatrix}$

   (e) $\begin{bmatrix} -2 & 3 & -8 & 5 \\ 1 & 5 & 0 & -6 \\ 0 & -1 & 2 & 3 \end{bmatrix}, \begin{bmatrix} -2 & 3 & -8 & 5 & -2 \\ 1 & 5 & 0 & -6 & 0 \\ 0 & -1 & 2 & 3 & 5 \end{bmatrix}$

5. (a) $4x_1 + 2x_2 = 0$ (b) $x_1 + 9x_2 = -3$ (c) $x_1 + 2x_2 + 3x_3 = 4$
       $-3x_1 + 7x_2 = 8$ $3x_2 = 2$ $5x_1 \quad\quad -3x_3 = 6$

   (d) $x_1 \quad\quad = 5$ (e) $x_1 + 4x_2 - x_3 = 7$
       $x_2 \quad\quad = -8$ $x_2 + 3x_3 = 8$
       $x_3 = 2$ $x_3 = -5$

6. (a) Yes.   (b) Yes.

    (c) No. There is a 2 (a non zero element) above the leading 1 of row 2.

    (d) Yes.

    (e) No. The leading 1 in row 3 is not positioned to the right of the leading 1 in row 2.

7. (a) $\begin{vmatrix} 2 & 4 & 2 \\ 3 & 7 & 2 \end{vmatrix} (1/2)R1 \begin{vmatrix} 1 & 2 & 1 \\ 3 & 7 & 2 \end{vmatrix} R2+(-3)R1 \begin{vmatrix} 1 & 2 & 1 \\ 0 & 1 & -1 \end{vmatrix} R1+(-2)R2 \begin{vmatrix} 1 & 0 & 3 \\ 0 & 1 & -1 \end{vmatrix}$,

    so the solution is $x_1 = 3$ and $x_2 = -1$.

    (b) $\begin{vmatrix} 1 & -2 & -6 & -17 \\ 2 & -6 & -16 & -46 \\ 1 & 2 & -1 & -5 \end{vmatrix} \begin{matrix} \\ R2+(-2)R1 \\ R3+(-1)R1 \end{matrix} \approx \begin{vmatrix} 1 & -2 & -6 & -17 \\ 0 & -2 & -4 & -12 \\ 0 & 4 & 5 & 12 \end{vmatrix} \begin{matrix} \\ (-1/2)R2 \\ \end{matrix} \approx \begin{vmatrix} 1 & -2 & -6 & -17 \\ 0 & 1 & 2 & 6 \\ 0 & 4 & 5 & 12 \end{vmatrix}$

Chapter 1   Review Exercises

$$\underset{\substack{R1+(2)R2\\R3+(-4)R2}}{\approx}\begin{vmatrix}1&0&-2&-5\\0&1&2&6\\0&0&-3&-12\end{vmatrix}\underset{(-1/3)R3}{\approx}\begin{vmatrix}1&0&-2&-5\\0&1&2&6\\0&0&1&4\end{vmatrix}\underset{\substack{R1+(2)R3\\R2+(-2)R3}}{\approx}\begin{vmatrix}1&0&0&3\\0&1&0&-2\\0&0&1&4\end{vmatrix},$$

so that $x_1 = 3$, $x_2 = -2$, $x_3 = 4$.

(c) $\begin{vmatrix}0&1&2&6&21\\1&-1&1&5&12\\1&-1&-1&-4&-9\\3&-2&0&-6&-4\end{vmatrix}\underset{R1\Leftrightarrow R2}{\approx}\begin{vmatrix}1&-1&1&5&12\\0&1&2&6&21\\1&-1&-1&-4&-9\\3&-2&0&-6&-4\end{vmatrix}\underset{\substack{R3+(-1)R1\\R4+(-3)R1}}{\approx}\begin{vmatrix}1&-1&1&5&12\\0&1&2&6&21\\0&0&-2&-9&-21\\0&1&-3&-21&-40\end{vmatrix}$

$\underset{\substack{R1+R2\\R4+(-1)R2}}{\approx}\begin{vmatrix}1&0&3&11&33\\0&1&2&6&21\\0&0&-2&-9&-21\\0&0&-5&-27&-61\end{vmatrix}\underset{(-1/2)R3}{\approx}\begin{vmatrix}1&0&3&11&33\\0&1&2&6&21\\0&0&1&9/2&21/2\\0&0&-5&-27&-61\end{vmatrix}$

$\underset{\substack{R1+(-3)R3\\R2+(-2)R3\\R4+(5)R3}}{\approx}\begin{vmatrix}1&0&0&-5/2&3/2\\0&1&0&-3&0\\0&0&1&9/2&21/2\\0&0&0&-9/2&-17/2\end{vmatrix}\underset{(-2/9)R4}{\approx}\begin{vmatrix}1&0&0&-5/2&3/2\\0&1&0&-3&0\\0&0&1&9/2&21/2\\0&0&0&1&17/9\end{vmatrix}$

$\underset{\substack{R1+(5/2)R4\\R2+(3)R4\\R3+(-9/2)R4}}{\approx}\begin{vmatrix}1&0&0&0&56/9\\0&1&0&0&17/3\\0&0&1&0&2\\0&0&0&1&17/9\end{vmatrix}$, so that $x_1 = 56/9$, $x_2 = 17/3$, $x_3 = 2$, $x_4 = 17/9$.

8. (a) $\begin{vmatrix}1&-1&1&3\\-2&3&1&-8\\4&-2&10&10\end{vmatrix}\underset{\substack{R2+(2)R1\\R3+(-4)R1}}{\approx}\begin{vmatrix}1&-1&1&3\\0&1&3&-2\\0&2&6&-2\end{vmatrix}\underset{\substack{R1+R2\\R3+(-2)R2}}{\approx}\begin{vmatrix}1&0&4&1\\0&1&3&-2\\0&0&0&2\end{vmatrix}$

There is no need to continue. The last row gives $0 = 2$ so there is no solution.

(b) $\begin{vmatrix}1&3&6&-2&-7\\-2&-5&-10&3&10\\1&2&4&0&0\\0&1&2&-3&-10\end{vmatrix}\underset{\substack{R2+(2)R1\\R3+(-1)R1}}{\approx}\begin{vmatrix}1&3&6&-2&-7\\0&1&2&-1&-4\\0&-1&-2&2&7\\0&1&2&-3&-10\end{vmatrix}$

$$
\underset{\substack{R1+(-3)R2 \\ R3+R2 \\ R4+(-1)R2}}{\approx} \begin{vmatrix} 1 & 0 & 0 & 1 & 5 \\ 0 & 1 & 2 & -1 & -4 \\ 0 & 0 & 0 & 1 & 3 \\ 0 & 0 & 0 & -2 & -6 \end{vmatrix} \underset{\substack{R1+(-1)R3 \\ R2+R3 \\ R4+(2)R3}}{\approx} \begin{vmatrix} 1 & 0 & 0 & 0 & 2 \\ 0 & 1 & 2 & 0 & -1 \\ 0 & 0 & 0 & 1 & 3 \\ 0 & 0 & 0 & 0 & 0 \end{vmatrix},
$$

so there are many solutions, and the general solution is

$x_1 = 2, x_2 = -1 - 2r, x_3 = r, x_4 = 3$.

9. If a matrix A is in reduced echelon form, it is clear from the definition that the leading 1 in any row cannot be to the left of the diagonal element in that row. Therefore if $A \neq I_n$, there must be some row that has its leading 1 to the right of the diagonal element in that row. Suppose row j is such a row and the leading 1 is in position (j, k) where j < k ≤ n. Then, if rows j + 1, j + 2, . . . , j + (n − k) < n all contain nonzero terms, the leading 1 in these rows must be at least as far to the right as columns k + 1, k + 2, . . . , k + (n − k) = n, respectively. The leading 1 in row j + (n − k) + 1 must then be to the right of column n. But there is no column to the right of column n, so row j + (n − k) + 1 must consist of all zeros.

10. Let E be the reduced echelon form of A. Since B is row equivalent to A, B is also row equivalent to E. But since E is in reduced echelon form, it must be the reduced echelon form of B.

11.

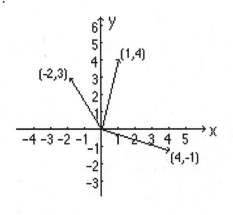

12.

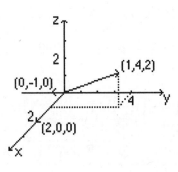

13. (a) u + w = (3,−1,5) + (0,1,−3) = (3,0,2).

(b) 3u + v = 3(3,−1,5) + (2,3,7) = (11,0,22).

(c) u − 2w = (3,−1,5) − 2(0,1,−3) = (3,−3,11).

(d) 4u − 2v + 3w = 4(3,−1,5) − 2(2,3,7) + 3(0,1,−3) = (8,−7,−3).

(e) 2**u** − 5**v** − **w** = 2(3,−1,5) − 5(2,3,7) − (0,1,−3) = (−4,−18,−22).

14. $a(1, 2, 0) + b(0, 1, 4) + c(-3, 2, 7) = (-1, 3, -5)$. $a-3c = -1$, $2a+b+2c=3$, $4b+7c=-5$.
    Unique solution, $a=2$, $b=-3$, $c=1$. Is a linear combination.

15. (a) Let W be the subset of vectors of the form (a,b,a+2b). Let **u**=(a,b,a+2b), **v**=(c,d,c+2d) and k be a scalar. Then **u**+**v**=(a+c, b+d,(a+c)+2(b+d)) and k**u**=(ka,kb,ka+2kb). The third component of **u**+**v** is the first plus two times the second; same for k**u**. Thus W is closed
    under addition and scalar multiplication - it is a subspace.

    (b) Let W be the subset of vectors of the form (a,b,a+4). Let **u**=(a,b,a+4), **v**=(c,d,c+4) and k be a scalar. Then **u**+**v**=(a+c,b+d,(a+c)+8). Third component is not (a+c)+4. Thus **u**+**v** is not in W. W is not a subspace. Let us check closure under scalar multiplication. k**u**=(ka,kb,ka+4k)). Unless k=1 the 4th component is not the first component plus 4. k**u** is not in general in W. W not closed under scalar multiplication either.

16. Separate the variables in the general solution, (2r + s, 3s, r, s)= r(2, 0, 1, 0) + s(1, 3, 0, 1).
    Vectors (2, 0, 1, 0) and (1, 3, 0, 1) thus span W.
    Also, identity p(2, 0, 1, 0) + q(1, 3, 0, 1) = (0, 0, 0, 0) leads to p=0, q=0. The two vectors are thus linearly independent. The set {(2, 0, 1, 0), (1, 3, 0, 1)} is therefore a basis for W.

17. $a(1, -1, 2) + b(1, 0, 1) + c(6, -2, 10)=0$ gives $a+b+6c=0$, $-a-2c=0$, $2a+b+10c=0$.
    Unique solution $a=0$, $b=0$, $c=0$. Thus linearly independent.

18. (a) (1,2)·(3,−4) = 1×3 + 2×−4 = 3 − 8 = −5.

    (b) (1,−2,3)·(4,2,−7) = 1×4 + −2×2 + 3×−7 = 4 − 4 − 21 = −21.

    (c) (2,2,−5)·(3,2,−1) = 2×3 + 2×2 + −5×−1 = 6 + 4 + 5 = 15.

19. (a) $\|(1,-4)\| = \sqrt{(1,-4)\cdot(1,-4)} = \sqrt{1\times 1 + -4\times -4} = \sqrt{17}$.
    (b) $\|(-2,1,3)\| = \sqrt{(-2,1,3)\cdot(-2,1,3)} = \sqrt{-2\times -2 + 1\times 1 + 3\times 3} = \sqrt{14}$.
    (c) $\|(1,-2,3,4)\| = \sqrt{(1,-2,3,4)\cdot(1,-2,3,4)} = \sqrt{1\times 1 + -2\times -2 + 3\times 3 + 4\times 4} = \sqrt{30}$.

20. (a) $\cos\theta = \dfrac{(-1,1)\cdot(2,3)}{\|(-1,1)\|\,\|(2,3)\|} = \dfrac{1}{\sqrt{2}\sqrt{13}} = \dfrac{1}{\sqrt{26}}$.

    (b) $\cos\theta = \dfrac{(1,2,-3)\cdot(4,1,2)}{\|(1,2,-3)\|\,\|(4,1,2)\|} = 0$.

21. The vector (1,2,0) is orthogonal to (−2,1,5).

Chapter 1   Review Exercises

22. (a) $d = \sqrt{(1-5)^2+(-2-3)^2} = \sqrt{16+25} = \sqrt{41}$.
    (b) $d = \sqrt{(3-7)^2+(2-1)^2+(1-2)^2} = \sqrt{18} = 3\sqrt{2}$.
    (c) $d^2 = (3-4)^2 +(1-1)^2 +(-1-6)^2 +(2-2)^2 = 50$, so $d = \sqrt{50} = 5\sqrt{2}$.

23. $\|c(1,2,3)\| = |c|\, \|(1,2,3)\| = |c|\sqrt{(1,2,3)\cdot(1,2,3)} = |c|\sqrt{1\times1+2\times2+3\times3} = |c|\sqrt{14}$, so if $\|c(1,2,3)\| = 196$ then $c = \pm\dfrac{196}{\sqrt{14}} = \pm14\sqrt{14}$.

24. Let (a,b,c) be in W. Then (a,b,c) is orthogonal to (-3,5,1). (a,b,c)·(-3,5,1)=0, -3a+5b+c=0, c=3a-5b. W consists of vectors of the form (a,b,3a-5b). Separate the variables. (a,b,3a-5b)=a(1,0,3)+b(0,1,-5). {(1,0,3), (0,1,-5)} is a basis for W. The dimension of W is 2. It is the plane defined by (1,0,3) and (0,1,-5).

25. The equation is of the form $a_0 + a_1 x + a_2 x^2 = y$, so the system of equations to be solved is

$$a_0 + a_1 + a_2 = 3$$
$$a_0 + 2a_1 + 4a_2 = 6$$
$$a_0 + 3a_1 + 9a_2 = 13$$

$$\begin{bmatrix} 1 & 1 & 1 & 3 \\ 1 & 2 & 4 & 6 \\ 1 & 3 & 9 & 13 \end{bmatrix} \underset{R3+(-1)R1}{\overset{R2+(-1)R1}{\approx}} \begin{bmatrix} 1 & 1 & 1 & 3 \\ 0 & 1 & 3 & 3 \\ 0 & 2 & 8 & 10 \end{bmatrix} \underset{R3+(-2)R2}{\overset{R1+(-1)R2}{\approx}} \begin{bmatrix} 1 & 0 & -2 & 0 \\ 0 & 1 & 3 & 3 \\ 0 & 0 & 2 & 4 \end{bmatrix}$$

$$\underset{(1/2)R3}{\approx} \begin{bmatrix} 1 & 0 & -2 & 0 \\ 0 & 1 & 3 & 3 \\ 0 & 0 & 1 & 2 \end{bmatrix} \underset{R2+(-3)R3}{\overset{R1+(2)R3}{\approx}} \begin{bmatrix} 1 & 0 & 0 & 4 \\ 0 & 1 & 0 & -3 \\ 0 & 0 & 1 & 2 \end{bmatrix}$$, so $a_0=4$, $a_1=-3$, $a_2=2$, and the

equation is $4 - 3x + 2x^2 = y$.

26. $\begin{array}{rcl} I_1 - I_2 - I_3 &=& 0 \\ 2I_1 \phantom{{}-I_2} + I_3 &=& 7 \\ 3I_2 - I_3 &=& 5 \end{array}$, gives $I_1 = 3$, $I_2 = 2$, $I_3 = 1$.

27. $x_1 = x_8+160$, $x_1=x_2+100$, $x_3=x_2+80$, $x_3=x_4+120$, $x_5=x_4+90$, $x_5=x_6+130$, $x_7=x_6+100$, $x_7=x_8+80$. Since a flow cannot be negative these equs give:
$x_1≥160$, $x_1≥100$, $x_3≥80$, $x_3≥120$, $x_5≥90$, $x_5≥130$, $x_7≥100$, $x_7≥80$.
Thus, must have $x_1≥160$, $x_3≥120$, $x_5≥130$, $x_7≥100$.
Let us look at the equs involving x_8, in the light of these restrictions;
$x_1 = x_8+160$ and $x_7=x_8+80$.
For $x_7≥100$, must have $x_8≥20$. Is $x_8=20$ possible, i.e., does it result in nonneg flows?

Chapter 1 Review Exercises

Yes, $x_8=20$ implies that $x_1=180$, $x_2=80$, $x_3=160$, $x_4=40$, $x_5=130$, $x_6=0$, $x_7=100$. Minimum flow allowable along x_8 is 20. Note that this is attained by closing x_6 to traffic. Alternative routes (clearly labelled diversions!) will then have to be provided for the x_5 traffic wanting to get to some of the towns that are accessed from other exits of the roundabout.

Chapter 2

Exercise Set 2.1

1. (a) $A + B = \begin{bmatrix} 5-3 & 4+0 \\ -1+4 & 7+2 \\ 9+5 & -3-7 \end{bmatrix} = \begin{bmatrix} 2 & 4 \\ 3 & 9 \\ 14 & -10 \end{bmatrix}$.   (c) $-D = \begin{bmatrix} -9 & 5 \\ -3 & 0 \end{bmatrix}$.

   (e) $A + D$ does not exist.   (g) $A - B = \begin{bmatrix} 8 & 4 \\ -5 & 5 \\ 4 & 4 \end{bmatrix}$.

2. (a) $A + B$ does not exist.

   (d) $B - 3C = \begin{bmatrix} 0-3 & -1-6 & 4+15 \\ 6+21 & -8-27 & 2-9 \\ -4-15 & 5+12 & 9-0 \end{bmatrix} = \begin{bmatrix} -3 & -7 & 19 \\ 27 & -35 & -7 \\ -19 & 17 & 9 \end{bmatrix}$.

   (f) $3A + 2D = \begin{bmatrix} 27-6 \\ 6+0 \\ -3+4 \end{bmatrix} = \begin{bmatrix} 21 \\ 6 \\ 1 \end{bmatrix}$.

3. (a) $AB = \begin{bmatrix} (1 \times 0)+(0 \times -2) & (1 \times 1)+(0 \times 5) \\ (0 \times 0)+(1 \times -2) & (0 \times 1)+(1 \times 5) \end{bmatrix} = \begin{bmatrix} 0 & 1 \\ -2 & 5 \end{bmatrix} = B$.

   (d) CA does not exist.   (e) $AD = D$.

   (g) $BD = \begin{bmatrix} (0 \times -1)+(1 \times 5) & (0 \times 0)+(1 \times 7) & (0 \times 3)+(1 \times 2) \\ (-2 \times -1)+(5 \times 5) & (-2 \times 0)+(5 \times 7) & (-2 \times 3)+(5 \times 2) \end{bmatrix} = \begin{bmatrix} 5 & 7 & 2 \\ 27 & 35 & 4 \end{bmatrix}$.

4. (a) $BA = \begin{bmatrix} 27 \\ 23 \\ 9 \end{bmatrix}$.   (d) $CA = [27]$.   (f) DB does not exist.

Section 2.1

(h) $B^2 = \begin{bmatrix} (0\times 0)+(1\times 3)+(5\times 2) & (0\times 1)+(1\times -7)+(5\times 3) & (0\times 5)+(1\times 8)+(5\times 1) \\ (3\times 0)+(-7\times 3)+(8\times 2) & (3\times 1)+(-7\times -7)+(8\times 3) & (3\times 5)+(-7\times 8)+(8\times 1) \\ (2\times 0)+(3\times 3)+(1\times 2) & (2\times 1)+(3\times -7)+(1\times 3) & (2\times 5)+(3\times 8)+(1\times 1) \end{bmatrix}$

$= \begin{bmatrix} 13 & 8 & 13 \\ -5 & 76 & -33 \\ 11 & -16 & 35 \end{bmatrix}.$

5. (a) $2A - 3(BC) = \begin{bmatrix} -12 & 2 \\ -9 & -24 \\ -20 & -24 \end{bmatrix}.$ (c) $AC - BD = \begin{bmatrix} 8 & 2 \\ 4 & 1 \\ 0 & 6 \end{bmatrix}.$

 (e) BA does not exist.   (g) $C^3 + 2(D^2) = \begin{bmatrix} -14 & 0 \\ 12 & 10 \end{bmatrix}.$

7. (a) $AX = X$. $A\begin{bmatrix} 1 \\ \vdots \\ 1 \end{bmatrix} = \begin{bmatrix} 1 \\ \vdots \\ 1 \end{bmatrix}$. Thus $\begin{bmatrix} \text{sum of elements in row 1} \\ \vdots \\ \text{sum of elements in row n} \end{bmatrix} = \begin{bmatrix} 1 \\ \vdots \\ 1 \end{bmatrix}$

The sum of the elements in each row of A is 1.

8. (a) 3x2   (c) does not exist   (e) 4x2   (g) does not exist

9. (a) 2x2   (b) 2x3   (d) does not exist   (e) 3x2   (g) does not exist

10. (a) $c_{31} = (1\times -1)+(0\times 5)+(-2\times 0) = -1.$ (c) $d_{12} = (-1\times 3)+(2\times 6)+(-3\times 0) = 9.$

11. (a) $r_{21} = (4\times 0)+(6\times 0) = 0.$ (c) $s_{11} = (0\times 1)+(1\times 4)+(3\times -1) = 1.$

12. (a) $d_{12} = (1\times 2)+(-3\times 0) + 2\times -4 = -6.$

13. (a) $d_{11} = 2[(1\times 1)+(-3\times 3)+(0\times -1)] + (2\times 2)+(0\times 4)+(-2\times 1) = -14.$

Section 2.1

14. (a) $AB_1 = \begin{bmatrix} 1 & 2 \\ 3 & 0 \end{bmatrix} \begin{bmatrix} -2 \\ 4 \end{bmatrix} = \begin{bmatrix} 6 \\ -6 \end{bmatrix}$, $AB_2 = \begin{bmatrix} 1 & 2 \\ 3 & 0 \end{bmatrix} \begin{bmatrix} 3 \\ 1 \end{bmatrix} = \begin{bmatrix} 5 \\ 9 \end{bmatrix}$. $AB = \begin{bmatrix} 6 & 5 \\ -6 & 9 \end{bmatrix}$.

15. (a) $AB = 4 \begin{bmatrix} 3 \\ 4 \\ 8 \end{bmatrix} + 3 \begin{bmatrix} -2 \\ 2 \\ -5 \end{bmatrix} - 5 \begin{bmatrix} 0 \\ 7 \\ 6 \end{bmatrix}$.

16. row2 of AB = (row2 of A)×B = $\begin{bmatrix} 4 & 0 & 3 \end{bmatrix} \begin{bmatrix} 8 & 1 & 3 \\ 2 & 1 & 0 \\ 4 & 6 & 3 \end{bmatrix} = \begin{bmatrix} 44 & 22 & 21 \end{bmatrix}$.

17. The third row of AB is the third row of A times each of the columns of B in turn. Since the third row of A is all zeros, each of the products is zero.

21. (a) Submatrix products: $\begin{bmatrix} 2 \\ -1 \end{bmatrix} \begin{bmatrix} 3 & 0 \end{bmatrix} + \begin{bmatrix} 1 \\ 0 \end{bmatrix} \begin{bmatrix} 2 & 1 \end{bmatrix} = \begin{bmatrix} 6 & 0 \\ -3 & 0 \end{bmatrix} + \begin{bmatrix} 2 & 1 \\ 0 & 0 \end{bmatrix} = \begin{bmatrix} 8 & 1 \\ -3 & 0 \end{bmatrix}$,

$\begin{bmatrix} 3 \end{bmatrix} \begin{bmatrix} 3 & 0 \end{bmatrix} + \begin{bmatrix} 1 \end{bmatrix} \begin{bmatrix} 2 & 1 \end{bmatrix} = \begin{bmatrix} 9 & 0 \end{bmatrix} + \begin{bmatrix} 2 & 1 \end{bmatrix} = \begin{bmatrix} 11 & 1 \end{bmatrix}$. $AB = \begin{bmatrix} 8 & 1 \\ -3 & 0 \\ 11 & 1 \end{bmatrix}$.

22. (a) $B = \begin{bmatrix} -1 & -2 \\ 0 & 3 \\ 4 & 1 \end{bmatrix}$ or $\begin{bmatrix} -1 & -2 \\ 0 & 3 \\ 4 & 1 \end{bmatrix}$.

24. (a) Partition: $\begin{bmatrix} 2 & 3 & 2 & 1 \\ 4 & 0 & 0 & 0 \\ 1 & 0 & 0 & 0 \\ 5 & 0 & 0 & 0 \end{bmatrix} \begin{bmatrix} 1 & 2 \\ -1 & 3 \\ 4 & 0 \\ 2 & 5 \end{bmatrix}$. $[2][1\ 2] + [3\ 2\ 1] \begin{bmatrix} -1 & 3 \\ 4 & 0 \\ 2 & 5 \end{bmatrix} = [2\ 4] + [7\ 14] = [9\ 18]$.

$\begin{bmatrix} 4 \\ 1 \\ 5 \end{bmatrix} [1\ 2] + \begin{bmatrix} 0 & 0 & 0 \\ 0 & 0 & 0 \\ 0 & 0 & 0 \end{bmatrix} \begin{bmatrix} -1 & 3 \\ 4 & 0 \\ 2 & 5 \end{bmatrix} = \begin{bmatrix} 4 & 8 \\ 1 & 2 \\ 5 & 10 \end{bmatrix} + \begin{bmatrix} 0 & 0 \\ 0 & 0 \\ 0 & 0 \end{bmatrix} = \begin{bmatrix} 4 & 8 \\ 1 & 2 \\ 5 & 10 \end{bmatrix}$. Product is $\begin{bmatrix} 9 & 18 \\ 4 & 8 \\ 1 & 2 \\ 5 & 10 \end{bmatrix}$

25. (a) True: If A+B exists then A and B are same size. If B+C exists B and C are the same size.
Thus A and C are the same size. A+C exists.

(c) False: For example, let A and B be square with A being the identity matrix I. Then AB=B and BA=B. This is called a counter example.

Exercise Set 2.2

1. (a) $AB = \begin{bmatrix} 4 & 7 & 10 \\ 0 & -5 & -4 \end{bmatrix}$. BA does not exist.

   (c) $AD = \begin{bmatrix} 4 & 4 \\ -2 & 2 \end{bmatrix}$. $DA = \begin{bmatrix} 4 & 4 \\ -2 & 2 \end{bmatrix}$.

2. $A(BC) = \begin{bmatrix} 1 & 2 \\ -1 & 0 \\ 1 & 1 \end{bmatrix} \begin{bmatrix} 10 \\ 4 \end{bmatrix} = \begin{bmatrix} 18 \\ -10 \\ 14 \end{bmatrix}$. $(AB)C = \begin{bmatrix} -2 & 10 \\ -2 & -4 \\ 0 & 7 \end{bmatrix} \begin{bmatrix} 1 \\ 2 \end{bmatrix} = \begin{bmatrix} 18 \\ -10 \\ 14 \end{bmatrix}$.

4. (a) $2A + 3B = 2\begin{bmatrix} 1 & 2 \\ 3 & 4 \end{bmatrix} + 3\begin{bmatrix} 2 & -3 \\ 0 & 1 \end{bmatrix} = \begin{bmatrix} 2 & 4 \\ 6 & 8 \end{bmatrix} + \begin{bmatrix} 6 & -9 \\ 0 & 3 \end{bmatrix} = \begin{bmatrix} 8 & -5 \\ 6 & 11 \end{bmatrix}$.

   (c) $3A + B - 2C = 3\begin{bmatrix} 1 & 2 \\ 3 & 4 \end{bmatrix} + \begin{bmatrix} 2 & -3 \\ 0 & 1 \end{bmatrix} - 2\begin{bmatrix} -2 & 0 \\ 3 & 4 \end{bmatrix} = \begin{bmatrix} 3 & 6 \\ 9 & 12 \end{bmatrix} + \begin{bmatrix} 2 & -3 \\ 0 & 1 \end{bmatrix} - \begin{bmatrix} -4 & 0 \\ 6 & 8 \end{bmatrix}$

   $= \begin{bmatrix} 9 & 3 \\ 3 & 5 \end{bmatrix}$.

5. (a) $(AB)^2 = \begin{bmatrix} -2 & 2 \\ 11 & 19 \end{bmatrix}^2 = \begin{bmatrix} 26 & 34 \\ 187 & 383 \end{bmatrix}$.

   (c) $A^2 B + 2C^3 = \begin{bmatrix} 4 & 0 \\ -7 & 25 \end{bmatrix} \begin{bmatrix} -1 & 1 \\ 2 & 4 \end{bmatrix} + 2\begin{bmatrix} 27 & 76 \\ 0 & 8 \end{bmatrix}$

   $= \begin{bmatrix} -4 & 4 \\ 57 & 93 \end{bmatrix} + \begin{bmatrix} 54 & 152 \\ 0 & 16 \end{bmatrix} = \begin{bmatrix} 50 & 156 \\ 57 & 109 \end{bmatrix}$.

6. (a) does not exist   (c) 3x6

Section 2.2

7. (a) 3x3 (c) does not exist, since PR does not exist

   (e) 2x3

9. (a) The (i,j)th element of $A + (B + C)$ is $a_{ij} + (b_{ij} + c_{ij})$. The (i,j)th element of $(A + B) + C$ is $(a_{ij} + b_{ij}) + c_{ij} = a_{ij} + (b_{ij} + c_{ij})$. Since their elements are the same, $A + (B + C) = (A + B) + C$.

11. The (i,j)th element of cA is ca_{ij}. If $cA = O_{mn}$, then $ca_{ij} = 0$ for all i and j. So either $c = 0$ or all $a_{ij} = 0$, in which case $A = O_{mn}$.

12. (a) $A(A - 4B) + 2B(A + B) - A^2 + 7B^2 + 3AB$
    $= A^2 - 4AB + 2BA + 2B^2 - A^2 + 7B^2 + 3AB = 9B^2 - AB + 2BA$.

    (c) $(A - B)(A + B) - (A + B)^2 = A^2 - BA + AB - B^2 - (A^2 + AB + BA + B^2)$
    $= -2BA - 2B^2$.

13. (a) $A(A + B) - B(A + B) = A^2 + AB - BA - B^2$

    (c) $(A + B)^3 - 2A^3 - 3ABA - A3B^2 - B^3$
    $= A^3 + A^2B + BA^2 + BAB + ABA + AB^2 + B^2A + B^3 - 2A^3 - 3ABA - 3AB^2 - B^3$
    $= -A^3 + A^2B + BA^2 + BAB - 2ABA - 2AB^2 + B^2A$.

14. (a) $\begin{bmatrix} 1 & 0 \\ -1 & 0 \end{bmatrix} \begin{bmatrix} a & b \\ c & d \end{bmatrix} = \begin{bmatrix} a & b \\ -a & -b \end{bmatrix}$ and $\begin{bmatrix} a & b \\ c & d \end{bmatrix} \begin{bmatrix} 1 & 0 \\ -1 & 0 \end{bmatrix} = \begin{bmatrix} a-b & 0 \\ c-d & 0 \end{bmatrix}$.

    For equality it is necessary to have $a = a-b$, $b = 0$, and $-a = c-d$. Thus those matrices that commute with the given matrix are all matrices of the form

    $$\begin{bmatrix} a & 0 \\ c & c+a \end{bmatrix}$$

    where a and c can take any real values.

15. $AX_1 = AX_2$ does not imply that $X_1 = X_2$.

16. (a) $A^2 = AA$. Both matrices are nxn, so the number of columns in the first is the same as the number of rows in the second and they can be multiplied. The product matrix will have n rows because the first matrix has n rows, and it will have n columns because the second matrix has n columns.

17. $(A + B)^2 = (A + B)(A + B) = A(A + B) + B(A + B)$ (distributive law)
$$= A^2 + AB + BA + B^2.$$

If $AB = BA$ then $(A + B)^2 = A^2 + 2AB + B^2$.

21. (a) The (i,j)th element of $A + B$ is $a_{ij} + b_{ij} = 0 + 0$ if $i \neq j$, so $A + B$ is a diagonal matrix.

22. The nondiagonal elements of AB and of BA are zero. (See Exercise 21(c).)
The diagonal elements of AB are the elements $a_{i1}b_{1i} + a_{i2}b_{2i} + \ldots + a_{in}b_{ni} = a_{ii}b_{ii}$ and the diagonal elements of BA are $b_{i1}a_{1i} + b_{i2}a_{2i} + \ldots + b_{in}a_{ni} = b_{ii}a_{ii} = a_{ii}b_{ii}$.
Thus, $AB = BA$.

24. (a) Yes, $\begin{bmatrix} 1 & 0 \\ 0 & 1 \end{bmatrix}^2 = \begin{bmatrix} 1 & 0 \\ 0 & 1 \end{bmatrix}$. (c) No, $\begin{bmatrix} 0 & 1 \\ 1 & 0 \end{bmatrix}^2 = \begin{bmatrix} 1 & 0 \\ 0 & 1 \end{bmatrix}$.

(e) Yes, $\begin{bmatrix} 1 & 2 & 2 \\ 0 & 0 & -1 \\ 0 & 0 & 1 \end{bmatrix}^2 = \begin{bmatrix} 1 & 2 & 2 \\ 0 & 0 & -1 \\ 0 & 0 & 1 \end{bmatrix}$

25. $\begin{bmatrix} 1 & b \\ c & d \end{bmatrix}^2 = \begin{bmatrix} 1+bc & b+bd \\ c+cd & bc+d^2 \end{bmatrix}$, so the matrix will be idempotent if

$1 = 1 + bc$, $b = b + bd$, $c = c + cd$, and $d = bc + d^2$.

The first equation implies that $bc = 0$ and substituting $bc = 0$ in the last equation gives

$d = d^2$. Thus d must be either zero or 1. If one of b and c is nonzero, the second and third equations give $d = 0$. If both b and c are zero then d can be either zero or 1. Thus, the idempotent matrices of the given form are

$$\begin{bmatrix} 1 & 0 \\ 0 & 0 \end{bmatrix}, \begin{bmatrix} 1 & 0 \\ 0 & 1 \end{bmatrix}, \begin{bmatrix} 1 & b \\ 0 & 0 \end{bmatrix}, \text{ and } \begin{bmatrix} 1 & 0 \\ c & 0 \end{bmatrix}.$$

27. $(AB)^2 = (AB)(AB) = A(BA)B$. If $AB = BA$, then $(AB)^2 = A(AB)B = A^2 B^2 = AB$. Thus, AB is idempotent.

31. (a) $\begin{bmatrix} 2 & 3 \\ 3 & -8 \end{bmatrix} \begin{bmatrix} x_1 \\ x_2 \end{bmatrix} = \begin{bmatrix} 4 \\ -1 \end{bmatrix}$

32. (a) $\begin{bmatrix} 1 & 8 & -2 \\ 4 & -7 & 1 \\ -2 & -5 & -2 \end{bmatrix} \begin{bmatrix} x_1 \\ x_2 \\ x_3 \end{bmatrix} = \begin{bmatrix} 3 \\ -3 \\ 1 \end{bmatrix}$. (b) $\begin{bmatrix} 5 & 2 \\ 4 & -3 \\ 3 & 1 \end{bmatrix} \begin{bmatrix} x_1 \\ x_2 \end{bmatrix} = \begin{bmatrix} 6 \\ -2 \\ 9 \end{bmatrix}$.

33. Since X_1 is a solution then the scalar multiple of X_1 by a is a solution. aX_1 is a solution. Similarly bX_2 is a solution. Since the sum of two solutions is a solution $aX_1 + bX_2$ is a solution.

34. e.g., $X_3 = \begin{bmatrix} 5 \\ -2 \\ 1 \\ 0 \end{bmatrix} + \begin{bmatrix} 11 \\ -4 \\ 1 \\ 1 \end{bmatrix} = \begin{bmatrix} 16 \\ -6 \\ 2 \\ 1 \end{bmatrix}$. $X_4 = 2 \begin{bmatrix} 5 \\ -2 \\ 1 \\ 0 \end{bmatrix} = \begin{bmatrix} 10 \\ -4 \\ 2 \\ 0 \end{bmatrix}$. $X_5 = 3 \begin{bmatrix} 11 \\ -4 \\ 1 \\ 1 \end{bmatrix} = \begin{bmatrix} 33 \\ -12 \\ 3 \\ 3 \end{bmatrix}$. $X_6 = X_4 + X_5 = \begin{bmatrix} 10 \\ -4 \\ 2 \\ 0 \end{bmatrix} + \begin{bmatrix} 33 \\ -12 \\ 3 \\ 3 \end{bmatrix} = \begin{bmatrix} 43 \\ -16 \\ 5 \\ 3 \end{bmatrix}$.

By exercise 33 the linear combinations $a \begin{bmatrix} 5 \\ -2 \\ 1 \\ 0 \end{bmatrix} + b \begin{bmatrix} 11 \\ -4 \\ 1 \\ 1 \end{bmatrix}$ are solutions for all values of a and b.

Want $x_1 = 1$, $x_2 = 0$ in solution. Thus $5a + 11b = 1$. $-2a - 4b = 0$. Gives $a = -2$, $b = 1$.

The solution is $-2\begin{bmatrix}5\\-2\\1\\0\end{bmatrix}+1\begin{bmatrix}11\\-4\\1\\1\end{bmatrix}=\begin{bmatrix}1\\0\\-1\\1\end{bmatrix}$.

36. (a) Corresponding system of homogeneous linear equations:
$$x_1 + x_3 = 0$$
$$x_1 + x_2 - 2x_3 = 0$$
$$2x_1 + x_2 - x_3 = 0$$
General solution of nonhomogeneous system is $(-r+2, 3r+3, r) = (-r, 3r, r) + (2, 3, 0)$.
Thus general solution of homogeneous system is $(-r, 3r, r)$.
(Check that it satisfies equations.)
   (b) Homog system: Write general solution as $r(-1, 3, 1)$. Basis $\{(-1, 3, 1)\}$.
Subspace of solutions is a line through the origin defined by the vector $(-1, 3, 1)$.
   (c) Nonhomog system: $(-r+2, 3r+3, r) = r(-1, 3, 1) + (2, 3, 0)$. Solution is the line defined by the vector $(-1, 3, 1)$ slid in a manner defined by the vector $(2, 3, 0)$. i.e. it is the line through the point $(2, 3, 0)$ parallel to the line defined by the vector $(-1, 3, 1)$.

38. (a) Corresponding system of homogeneous linear equations:
$$x_1 + x_2 + x_3 = 0$$
$$2x_1 - x_2 - 4x_3 = 0$$
$$x_1 - x_2 - 3x_3 = 0$$
General solution of nonhomogeneous system is $(r-1, -2r+3, r) = (r, -2r, r) + (-1, 3, 0)$.
Thus general solution of homogeneous system is $(r, -2r, r)$.
   (b) Homog system: Write general solution as $r(1, -2, 1)$. Basis $\{(1, -2, 1)\}$.
Subspace of solutions is a line through the origin defined by the vector $(1, -2, 1)$.
   (c) Nonhomog system: $(r-1, -2r+3, r) = r(1, -2, 1) + (-1, 3, 0)$. Solution is the line defined by the vector $(1, -2, 1)$ slid in a manner defined by the vector $(-1, 3, 0)$. i.e. it is the line through the point $(-1, 3, 0)$ parallel to the line defined by the vector $(1, -2, 1)$.

43. (a) False: $(A+B)(A-B) = A^2 + BA - AB - B^2 = A^2 - B^2$ only if $BA - AB = 0$; that is $AB = BA$.

   (c) False: ABC is mq matrix; m rows, q columns. Thus mq elements.

44. (a) Since the terminals are connected directly, $V_1 = V_2$ (1st equ). Voltage drop across the resistance is V_1. The current through the resistance is $I_1 - I_2$. Thus $V_1 = (I_1 - I_2)R$ (2nd equ). Have two equations, $V_2 = V_1 + 0I_1$ and $I_2 = -V_1/R + I_1$. Combine into matrix form
$\begin{bmatrix}V_2\\I_2\end{bmatrix}=\begin{bmatrix}1 & 0\\-1/R & 1\end{bmatrix}\begin{bmatrix}V_1\\I_1\end{bmatrix}$. Transmission matrix is $\begin{bmatrix}1 & 0\\-1/R & 1\end{bmatrix}$.

45. (a) Transmission matrix = $\begin{bmatrix}1 & -1\\0 & 1\end{bmatrix}\begin{bmatrix}1 & 0\\1 & 1\end{bmatrix}\begin{bmatrix}3 & -1\\-1 & 1\end{bmatrix}=\begin{bmatrix}1 & -1\\2 & 0\end{bmatrix}$.

Section 2.3

Exercise Set 2.3

1. (a) $A^t = \begin{bmatrix} -1 & 2 \\ 2 & -3 \end{bmatrix}$. symmetric   (c) $C^t = \begin{bmatrix} 3 & 2 \\ -1 & 4 \end{bmatrix}$. not symmetric

   (d) $D^t = \begin{bmatrix} 4 & -2 & 7 \\ 5 & 3 & 0 \end{bmatrix}$. not symmetric   (f) $F^t = \begin{bmatrix} 1 & -1 & 3 \\ -1 & 2 & 0 \\ 3 & 0 & 4 \end{bmatrix}$. symmetric

   (h) $H^t = \begin{bmatrix} 1 & 4 & -2 \\ -2 & 5 & 6 \\ 3 & 6 & 7 \end{bmatrix}$. not symmetric

2. (a) $\begin{bmatrix} 1 & 2 & 4 \\ 2 & 6 & 5 \\ 4 & 5 & 2 \end{bmatrix}$

3. (a) 4x2   (c) Does not exist.   (e) 4x3

5. (a) $(A + B + C)^t = (A + (B + C))^t = A^t + (B + C)^t = A^t + B^t + C^t$.

9. If A is symmetric then $A = A^t$. From Theorem 2.4 and Exercise 4(c) this means $A^t = A = (A^t)^t$. So A^t is symmetric.

11. (a) $\begin{bmatrix} 0 & -1 \\ 1 & 0 \end{bmatrix}$

    (c) If A and B are antisymmetric, then $A + B = (-A^t) + (-B^t) = -(A^t + B^t) = -(A + B)^t$, so A + B is antisymmetric.

13. $B = (1/2)(A + A^t)$ is symmetric and $C = (1/2)(A - A^t)$ is antisymmetric. A = B + C.

15. (a) $2 + (-4) = -2$.   (c) $0 + 5 - 7 + 1 = -1$.

17. $tr(A + B + C) = tr(A + (B + C)) = tr(A) + tr(B + C) = tr(A) + tr(B) + tr(C)$.

21. $A + B = \begin{bmatrix} 3+i & 8+i \\ 5+2i & 4-2i \end{bmatrix}$.

Section 2.3

$$AB = \begin{bmatrix} 5(-2+i)+(3-i)(3-i) & 5(5+2i)+(3-i)(4+3i) \\ (2+3i)(-2+i)+(-5i)(3-i) & (2+3i)(5+2i)+(-5i)(4+3i) \end{bmatrix} = \begin{bmatrix} -2-i & 40+15i \\ -12-19i & 19-i \end{bmatrix}.$$

$$BA = \begin{bmatrix} (-2+i)5+(5+2i)(2+3i) & (-2+i)(3-i)+(5+2i)(-5i) \\ (3-i)5+(4+3i)(2+3i) & (3-i)(3-i)+(4+3i)(-5i) \end{bmatrix} = \begin{bmatrix} -6+24i & 5-20i \\ 14+13i & 23-26i \end{bmatrix}.$$

23. $\bar{A} = \begin{bmatrix} 2+3i & -5i \\ 2 & 5+4i \end{bmatrix}$ $A^* = \bar{A}^t = \begin{bmatrix} 2+3i & 2 \\ -5i & 5+4i \end{bmatrix}$ not hermitian

$\bar{B} = \begin{bmatrix} 4 & 5+i \\ 5-i & 6 \end{bmatrix}$ $B^* = \bar{B}^t = \begin{bmatrix} 4 & 5-i \\ 5+i & 6 \end{bmatrix}$ hermitian

$\bar{C} = \begin{bmatrix} -7i & 4+3i \\ 6-8i & -9 \end{bmatrix}$ $C^* = \bar{C}^t = \begin{bmatrix} -7i & 6-8i \\ 4+3i & -9 \end{bmatrix}$ not hermitian

$\bar{D} = \begin{bmatrix} -2 & 3+5i \\ 3-5i & 9 \end{bmatrix}$ $D^* = \bar{D}^t = \begin{bmatrix} -2 & 3-5i \\ 3+5i & 9 \end{bmatrix}$ hermitian

25. (a) The (i,j)th element of $A^* + B^*$ is $\overline{a_{ji}} + \overline{b_{ji}} = \overline{a_{ji}+b_{ji}}$, the (i,j)th element of $(A+B)^*$.

27. (a) $G = \begin{bmatrix} 1 & 0 & 1 \\ 0 & 1 & 1 \\ 1 & 1 & 2 \end{bmatrix}.$ $P = \begin{bmatrix} 2 & 1 \\ 1 & 2 \end{bmatrix}.$

$g_{12} = 0, g_{13} = 1, g_{23} = 1,$ $p_{12} = 1$, so $1 \to 2$ or $2 \to 1$,
so $1 \to 3 \to 2$ or $2 \to 3 \to 1$.   gives no information.

(c) $G = \begin{bmatrix} 2 & 1 & 2 \\ 1 & 3 & 3 \\ 2 & 3 & 4 \end{bmatrix}.$ $P = \begin{bmatrix} 2 & 1 & 2 & 1 \\ 1 & 2 & 2 & 2 \\ 2 & 2 & 3 & 2 \\ 1 & 2 & 2 & 2 \end{bmatrix}.$

$g_{12} = 1, g_{13} = 2, g_{23} = 3,$ $p_{12} = 1, p_{13} = 2, p_{14} = 1,$
so $1 \to 3 \to 2$ or $2 \to 3 \to 1$. $p_{23} = 2, p_{24} = 2, p_{34} = 2,$
so $1 \to 3 \to \{2,4\}$ or $\{2,4\} \to 3 \to 1$.

(e) $G = \begin{bmatrix} 2 & 1 & 0 & 1 \\ 1 & 1 & 0 & 0 \\ 0 & 0 & 2 & 1 \\ 1 & 0 & 1 & 2 \end{bmatrix}$. $P = \begin{bmatrix} 2 & 0 & 1 & 0 \\ 0 & 2 & 1 & 1 \\ 1 & 1 & 2 & 0 \\ 0 & 1 & 0 & 1 \end{bmatrix}$.

$g_{12} = 1, g_{13} = 0, g_{14} = 1,$ $p_{12} = 0, p_{13} = 1, p_{14} = 0,$
$g_{23} = 0, g_{24} = 0, g_{34} = 1,$ $p_{23} = 1, p_{24} = 1, p_{34} = 0,$
so $2\to1\to4\to3$ or $3\to4\to1\to2$.   so $1\to3\to2\to4$ or $4\to2\to3\to1$.

28. (a) $G^t = (AA^t)^t = (A^t)^t A^t = AA^t = G$, and $P^t = (A^t A)^t = A^t(A^t)^t = A^t A = P$.

Exercise Set 2.4

1. (a) $AB = BA = I_2$, so B is the inverse of A.

   (c) $AB = \begin{bmatrix} 2 & -4 \\ -5 & 3 \end{bmatrix}\begin{bmatrix} 3 & 1 \\ 5 & 2 \end{bmatrix} = \begin{bmatrix} -14 & -6 \\ 0 & 1 \end{bmatrix}$, so B is not the inverse of A.

2. (a) $AB = BA = I_3$, so B is the inverse of A.

   (c) $AB = \begin{bmatrix} 0 & 1 & -1 \\ 2 & -2 & -1 \\ -1 & 1 & 1 \end{bmatrix}\begin{bmatrix} 1 & 2 & 3 \\ 1 & 1 & 2 \\ 0 & 1 & 1 \end{bmatrix} = \begin{bmatrix} 1 & 0 & 1 \\ 0 & 1 & 1 \\ 0 & 0 & 0 \end{bmatrix}$, so B is not the inverse of A.

3. (a) $\begin{vmatrix} 1 & 0 & 1 & 0 \\ 2 & 1 & 0 & 1 \end{vmatrix} \underset{R2+(-2)R1}{\approx} \begin{vmatrix} 1 & 0 & 1 & 0 \\ 0 & 1 & -2 & 1 \end{vmatrix}$, and the inverse matrix is $\begin{bmatrix} 1 & 0 \\ -2 & 1 \end{bmatrix}$.

   (c) $\begin{vmatrix} 2 & 1 & 1 & 0 \\ 4 & 3 & 0 & 1 \end{vmatrix} \underset{(1/2)R1}{\approx} \begin{vmatrix} 1 & 1/2 & 1/2 & 0 \\ 4 & 3 & 0 & 1 \end{vmatrix} \underset{R2+(-4)R1}{\approx} \begin{vmatrix} 1 & 1/2 & 1/2 & 0 \\ 0 & 1 & -2 & 1 \end{vmatrix}$

   $\underset{R1+(-1/2)R2}{\approx} \begin{vmatrix} 1 & 0 & 3/2 & -1/2 \\ 0 & 1 & -2 & 1 \end{vmatrix}$, and the inverse is $\begin{bmatrix} 3/2 & -1/2 \\ -2 & 1 \end{bmatrix}$.

   (e) $\begin{vmatrix} 1 & 2 & 1 & 0 \\ 3 & 6 & 0 & 1 \end{vmatrix} \underset{R2+(-3)R1}{\approx} \begin{vmatrix} 1 & 2 & 1 & 0 \\ 0 & 0 & -3 & 1 \end{vmatrix}$, and the inverse does not exist.

Section 2.4

4. (a) $\begin{bmatrix} 1 & 2 & 3 & 1 & 0 & 0 \\ 0 & 1 & 2 & 0 & 1 & 0 \\ 4 & 5 & 3 & 0 & 0 & 1 \end{bmatrix} \underset{R2+(-4)R1}{\approx} \begin{bmatrix} 1 & 2 & 3 & 1 & 0 & 0 \\ 0 & 1 & 2 & 0 & 1 & 0 \\ 0 & -3 & -9 & -4 & 0 & 1 \end{bmatrix}$

$\underset{\substack{R1+(-2)R2 \\ R3+(3)R2}}{\approx} \begin{bmatrix} 1 & 0 & -1 & 1 & -2 & 0 \\ 0 & 1 & 2 & 0 & 1 & 0 \\ 0 & 0 & -3 & -4 & 3 & 1 \end{bmatrix} \underset{(-1/3)R3}{\approx} \begin{bmatrix} 1 & 0 & -1 & 1 & -2 & 0 \\ 0 & 1 & 2 & 0 & 1 & 0 \\ 0 & 0 & 1 & 4/3 & -1 & -1/3 \end{bmatrix}$

$\underset{\substack{R1+R3 \\ R2+(-2)R3}}{\approx} \begin{bmatrix} 1 & 0 & 0 & 7/3 & -3 & -1/3 \\ 0 & 1 & 0 & -8/3 & 3 & 2/3 \\ 0 & 0 & 1 & 4/3 & -1 & -1/3 \end{bmatrix}$, and the inverse is $\begin{bmatrix} 7/3 & -3 & -1/3 \\ -8/3 & 3 & 2/3 \\ 4/3 & -1 & -1/3 \end{bmatrix}$.

(c) $\begin{bmatrix} 1 & 2 & -3 & 1 & 0 & 0 \\ 1 & -2 & 1 & 0 & 1 & 0 \\ 5 & -2 & -3 & 0 & 0 & 1 \end{bmatrix} \underset{\substack{R2+(-1)R1 \\ R3+(-5)R1}}{\approx} \begin{bmatrix} 1 & 2 & -3 & 1 & 0 & 0 \\ 0 & -4 & 4 & -1 & 1 & 0 \\ 0 & -12 & 12 & -5 & 0 & 1 \end{bmatrix}$

$\underset{(-1/4)R2}{\approx} \begin{bmatrix} 1 & 2 & -3 & 1 & 0 & 0 \\ 0 & 1 & -1 & 1/4 & -1/4 & 0 \\ 0 & -12 & 12 & -5 & 0 & 1 \end{bmatrix} \underset{\substack{R1+(-2)R2 \\ R3+(12)R2}}{\approx} \begin{bmatrix} 1 & 0 & -1 & 1/2 & 1/2 & 0 \\ 0 & 1 & -1 & 1/4 & -1/4 & 0 \\ 0 & 0 & 0 & -2 & -3 & 1 \end{bmatrix}$,

so the inverse does not exist.

5. (a) $\begin{bmatrix} 1 & 2 & 3 & 1 & 0 & 0 \\ 2 & -1 & 4 & 0 & 1 & 0 \\ 0 & -1 & 1 & 0 & 0 & 1 \end{bmatrix} \underset{R2+(-2)R1}{\approx} \begin{bmatrix} 1 & 2 & 3 & 1 & 0 & 0 \\ 0 & -5 & -2 & -2 & 1 & 0 \\ 0 & -1 & 1 & 0 & 0 & 1 \end{bmatrix}$

$\underset{R2 \Leftrightarrow R3}{\approx} \begin{bmatrix} 1 & 2 & 3 & 1 & 0 & 0 \\ 0 & -1 & 1 & 0 & 0 & 1 \\ 0 & -5 & -2 & -2 & 1 & 0 \end{bmatrix} \underset{(-1)R2}{\approx} \begin{bmatrix} 1 & 2 & 3 & 1 & 0 & 0 \\ 0 & 1 & -1 & 0 & 0 & -1 \\ 0 & -5 & -2 & -2 & 1 & 0 \end{bmatrix}$

$\underset{\substack{R1+(-2)R2 \\ R3+(5)R2}}{\approx} \begin{bmatrix} 1 & 0 & 5 & 1 & 0 & 2 \\ 0 & 1 & -1 & 0 & 0 & -1 \\ 0 & 0 & -7 & -2 & 1 & -5 \end{bmatrix} \underset{(-1/7)R3}{\approx} \begin{bmatrix} 1 & 0 & 5 & 1 & 0 & 2 \\ 0 & 1 & -1 & 0 & 0 & -1 \\ 0 & 0 & 1 & 2/7 & -1/7 & 5/7 \end{bmatrix}$

$\underset{\substack{R1+(-5)R3 \\ R2+R3}}{\approx} \begin{bmatrix} 1 & 0 & 0 & -3/7 & 5/7 & -11/7 \\ 0 & 1 & 0 & 2/7 & -1/7 & -2/7 \\ 0 & 0 & 1 & 2/7 & -1/7 & 5/7 \end{bmatrix}$, and the inverse is $\begin{bmatrix} -3/7 & 5/7 & -11/7 \\ 2/7 & -1/7 & -2/7 \\ 2/7 & -1/7 & 5/7 \end{bmatrix}$.

(c) $\begin{bmatrix} 1 & -2 & -1 & 1 & 0 & 0 \\ -2 & 4 & 6 & 0 & 1 & 0 \\ 0 & 0 & 5 & 0 & 0 & 1 \end{bmatrix} \underset{R2+(2)R1}{\approx} \begin{bmatrix} 1 & -2 & -1 & 1 & 0 & 0 \\ 0 & 0 & 4 & 2 & 1 & 0 \\ 0 & 0 & 5 & 0 & 0 & 1 \end{bmatrix}$,

and the inverse does not exist.

6. (a) $\begin{bmatrix} -3 & -1 & 1 & -2 & 1 & 0 & 0 & 0 \\ -1 & 3 & 2 & 1 & 0 & 1 & 0 & 0 \\ 1 & 2 & 3 & -1 & 0 & 0 & 1 & 0 \\ -2 & 1 & -1 & -3 & 0 & 0 & 0 & 1 \end{bmatrix} \underset{R1 \Leftrightarrow R3}{\approx} \begin{bmatrix} 1 & 2 & 3 & -1 & 0 & 0 & 1 & 0 \\ -1 & 3 & 2 & 1 & 0 & 1 & 0 & 0 \\ -3 & -1 & 1 & -2 & 1 & 0 & 0 & 0 \\ -2 & 1 & -1 & -3 & 0 & 0 & 0 & 1 \end{bmatrix}$

$\underset{\substack{R2+R1 \\ R3+(3)R1 \\ R4+(2)R1}}{\approx} \begin{bmatrix} 1 & 2 & 3 & -1 & 0 & 0 & 1 & 0 \\ 0 & 5 & 5 & 0 & 0 & 1 & 1 & 0 \\ 0 & 5 & 10 & -5 & 1 & 0 & 3 & 0 \\ 0 & 5 & 5 & -5 & 0 & 0 & 2 & 1 \end{bmatrix} \underset{(1/5)R2}{\approx} \begin{bmatrix} 1 & 2 & 3 & -1 & 0 & 0 & 1 & 0 \\ 0 & 1 & 1 & 0 & 0 & 1/5 & 1/5 & 0 \\ 0 & 5 & 10 & -5 & 1 & 0 & 3 & 0 \\ 0 & 5 & 5 & -5 & 0 & 0 & 2 & 1 \end{bmatrix}$

$\underset{\substack{R1+(-2)R2 \\ R3+(-5)R2 \\ R4+(-5)R2}}{\approx} \begin{bmatrix} 1 & 0 & 1 & -1 & 0 & -2/5 & 3/5 & 0 \\ 0 & 1 & 1 & 0 & 0 & 1/5 & 1/5 & 0 \\ 0 & 0 & 5 & -5 & 1 & -1 & 2 & 0 \\ 0 & 0 & 0 & -5 & 0 & -1 & 1 & 1 \end{bmatrix}$

$\underset{(1/5)R3}{\approx} \begin{bmatrix} 1 & 0 & 1 & -1 & 0 & -2/5 & 3/5 & 0 \\ 0 & 1 & 1 & 0 & 0 & 1/5 & 1/5 & 0 \\ 0 & 0 & 1 & -1 & 1/5 & -1/5 & 2/5 & 0 \\ 0 & 0 & 0 & -5 & 0 & -1 & 1 & 1 \end{bmatrix}$

$\underset{\substack{R1+(-1)R3 \\ R2+(-1)R3}}{\approx} \begin{bmatrix} 1 & 0 & 0 & 0 & -1/5 & -1/5 & 1/5 & 0 \\ 0 & 1 & 0 & 1 & -1/5 & 2/5 & -1/5 & 0 \\ 0 & 0 & 1 & -1 & 1/5 & -1/5 & 2/5 & 0 \\ 0 & 0 & 0 & -5 & 0 & -1 & 1 & 1 \end{bmatrix} \underset{(-1/5)R3}{\approx} \begin{bmatrix} 1 & 0 & 0 & 0 & -1/5 & -1/5 & 1/5 & 0 \\ 0 & 1 & 0 & 1 & -1/5 & 2/5 & -1/5 & 0 \\ 0 & 0 & 1 & -1 & 1/5 & -1/5 & 2/5 & 0 \\ 0 & 0 & 0 & 1 & 0 & 1/5 & -1/5 & -1/5 \end{bmatrix}$

$$\underset{\substack{R2+(-1)R4\\R3+R4}}{\approx} \begin{bmatrix} 1 & 0 & 0 & 0 & -1/5 & -1/5 & 1/5 & 0 \\ 0 & 1 & 0 & 0 & -1/5 & 1/5 & 0 & 1/5 \\ 0 & 0 & 1 & 0 & 1/5 & 0 & 1/5 & -1/5 \\ 0 & 0 & 0 & 1 & 0 & 1/5 & -1/5 & -1/5 \end{bmatrix}, \text{ so the inverse is}$$

$$\begin{bmatrix} -1/5 & -1/5 & 1/5 & 0 \\ -1/5 & 1/5 & 0 & 1/5 \\ 1/5 & 0 & 1/5 & -1/5 \\ 0 & 1/5 & -1/5 & -1/5 \end{bmatrix}$$

(c) $\begin{bmatrix} -1 & 0 & -1 & -1 & 1 & 0 & 0 & 0 \\ -3 & -1 & 0 & -1 & 0 & 1 & 0 & 0 \\ 5 & 0 & 4 & 3 & 0 & 0 & 1 & 0 \\ 3 & 0 & 3 & 2 & 0 & 0 & 0 & 1 \end{bmatrix} \underset{(-1)R1}{\approx} \begin{bmatrix} 1 & 0 & 1 & 1 & -1 & 0 & 0 & 0 \\ -3 & -1 & 0 & -1 & 0 & 1 & 0 & 0 \\ 5 & 0 & 4 & 3 & 0 & 0 & 1 & 0 \\ 3 & 0 & 3 & 2 & 0 & 0 & 0 & 1 \end{bmatrix}$

$$\underset{\substack{R2+(3)R1\\R3+(-5)R1\\R4+(-3)R1}}{\approx} \begin{bmatrix} 1 & 0 & 1 & 1 & -1 & 0 & 0 & 0 \\ 0 & -1 & 3 & 2 & -3 & 1 & 0 & 0 \\ 0 & 0 & -1 & -2 & 5 & 0 & 1 & 0 \\ 0 & 0 & 0 & -1 & 3 & 0 & 0 & 1 \end{bmatrix}$$

$$\underset{\substack{(-1)R2\\(-1)R3\\(-1)R4}}{\approx} \begin{bmatrix} 1 & 0 & 1 & 1 & -1 & 0 & 0 & 0 \\ 0 & 1 & -3 & -2 & 3 & -1 & 0 & 0 \\ 0 & 0 & 1 & 2 & -5 & 0 & -1 & 0 \\ 0 & 0 & 0 & 1 & -3 & 0 & 0 & -1 \end{bmatrix}$$

$$\underset{\substack{R1+(-1)R3\\R2+(3)R3}}{\approx} \begin{bmatrix} 1 & 0 & 0 & -1 & 4 & 0 & 1 & 0 \\ 0 & 1 & 0 & 4 & -12 & -1 & -3 & 0 \\ 0 & 0 & 1 & 2 & -5 & 0 & -1 & 0 \\ 0 & 0 & 0 & 1 & -3 & 0 & 0 & -1 \end{bmatrix}$$

$$\underset{\substack{R1+R4\\R2+(-4)R4\\R3+(-2)R4}}{\approx} \begin{bmatrix} 1 & 0 & 0 & 0 & 1 & 0 & 1 & -1 \\ 0 & 1 & 0 & 0 & 0 & -1 & -3 & 4 \\ 0 & 0 & 1 & 0 & 1 & 0 & -1 & 2 \\ 0 & 0 & 0 & 1 & -3 & 0 & 0 & -1 \end{bmatrix}, \text{ so the inverse is } \begin{bmatrix} 1 & 0 & 1 & -1 \\ 0 & -1 & -3 & 4 \\ 1 & 0 & -1 & 2 \\ -3 & 0 & 0 & -1 \end{bmatrix}.$$

Section 2.4

7. $\begin{bmatrix} a & b \\ c & d \end{bmatrix} \dfrac{1}{ad-bc} \begin{bmatrix} d & -b \\ -c & a \end{bmatrix} = \dfrac{1}{ad-bc} \begin{bmatrix} a & b \\ c & d \end{bmatrix} \begin{bmatrix} d & -b \\ -c & a \end{bmatrix}$

$= \dfrac{1}{ad-bc} \begin{bmatrix} ad-bc & 0 \\ 0 & ad-bc \end{bmatrix} = \begin{bmatrix} 1 & 0 \\ 0 & 1 \end{bmatrix}.$

Likewise $\dfrac{1}{ad-bc} \begin{bmatrix} d & -b \\ -c & a \end{bmatrix} \begin{bmatrix} a & b \\ c & d \end{bmatrix} = \begin{bmatrix} 1 & 0 \\ 0 & 1 \end{bmatrix}$. Thus $\dfrac{1}{ad-bc} \begin{bmatrix} d & -b \\ -c & a \end{bmatrix} = A^{-1}$.

The inverses of the given matrices are:

(a) $\begin{bmatrix} 3 & -8 \\ -1 & 3 \end{bmatrix}$,

(c) $\dfrac{1}{2} \begin{bmatrix} 4 & -6 \\ -3 & 5 \end{bmatrix} = \begin{bmatrix} 2 & -3 \\ -3/2 & 5/2 \end{bmatrix}$.

8. (a) The inverse of the coefficient matrix is $\begin{bmatrix} -5 & 2 \\ 3 & -1 \end{bmatrix}$.

$\begin{bmatrix} x_1 \\ x_2 \end{bmatrix} = \begin{bmatrix} -5 & 2 \\ 3 & -1 \end{bmatrix} \begin{bmatrix} 2 \\ 4 \end{bmatrix} = \begin{bmatrix} -2 \\ 2 \end{bmatrix}.$

(c) $\begin{bmatrix} x_1 \\ x_2 \end{bmatrix} = \begin{bmatrix} -1/5 & 3/5 \\ 2/5 & -1/5 \end{bmatrix} \begin{bmatrix} 5 \\ 10 \end{bmatrix} = \begin{bmatrix} 5 \\ 0 \end{bmatrix}.$

(e) $\begin{bmatrix} x_1 \\ x_2 \end{bmatrix} = \begin{bmatrix} 2 & -1 \\ -3/4 & 1/2 \end{bmatrix} \begin{bmatrix} 6 \\ 1 \end{bmatrix} = \begin{bmatrix} 11 \\ -4 \end{bmatrix}.$

9. (a) $\begin{bmatrix} x_1 \\ x_2 \\ x_3 \end{bmatrix} = \begin{bmatrix} 1/9 & 3/9 & 5/9 \\ 3/9 & 0 & -3/9 \\ -2/9 & 3/9 & -1/9 \end{bmatrix} \begin{bmatrix} 2 \\ 0 \\ 1 \end{bmatrix} = \begin{bmatrix} 7/9 \\ 3/9 \\ -5/9 \end{bmatrix}.$

(c) $\begin{bmatrix} x_1 \\ x_2 \\ x_3 \end{bmatrix} = \begin{bmatrix} -40 & 16 & 9 \\ 13 & -5 & -3 \\ 5 & -2 & -1 \end{bmatrix} \begin{bmatrix} 1 \\ 3 \\ 15 \end{bmatrix} = \begin{bmatrix} 143 \\ -47 \\ -16 \end{bmatrix}.$

Section 2.4

(e) $\begin{bmatrix} x_1 \\ x_2 \\ x_3 \end{bmatrix} = \begin{bmatrix} 2 & 3 & 1 \\ 3 & 3 & 1 \\ 2 & 4 & 1 \end{bmatrix} \begin{bmatrix} 5 \\ -2 \\ 1 \end{bmatrix} = \begin{bmatrix} 5 \\ 10 \\ 3 \end{bmatrix}$.

10. $\begin{bmatrix} x_1 \\ x_2 \\ x_3 \\ x_4 \end{bmatrix} = \begin{bmatrix} -14/17 & 8/17 & 4/17 & 5/17 \\ 3/17 & -9/17 & 4/17 & 5/17 \\ 5/17 & 2/17 & 1/17 & -3/17 \\ 18/17 & -3/17 & -10/17 & -4/17 \end{bmatrix} \begin{bmatrix} 5 \\ 6 \\ 1 \\ 7 \end{bmatrix} = \begin{bmatrix} 1 \\ 0 \\ 1 \\ 2 \end{bmatrix}$.

12. (a) Use properties of matrices and definition of matrix inverse.

$(cA)(\frac{1}{c}A^{-1}) = (c\frac{1}{c})(AA^{-1}) = I$, and $(\frac{1}{c}A^{-1})(cA) = (\frac{1}{c}c)(A^{-1}A) = I$. Thus $(cA)^{-1} = \frac{1}{c}A^{-1}$.

13. $A = \begin{bmatrix} 2 & 1 \\ 4 & 3 \end{bmatrix}^{-1} = \begin{bmatrix} 3/2 & -1/2 \\ -2 & 1 \end{bmatrix}$.

15. (a) $(3A)^{-1} = \frac{1}{3}\begin{bmatrix} 2 & -1 \\ -5 & 3 \end{bmatrix} = \begin{bmatrix} 2/3 & -1/3 \\ -5/3 & 3/3 \end{bmatrix}$. (c) $A^{-2} = (A^{-1})^2 = \begin{bmatrix} 9 & -5 \\ -25 & 14 \end{bmatrix}$.

16. (a) $(2A^t)^{-1} = \frac{1}{2}(A^t)^{-1} = \frac{1}{2}(A^{-1})^t = \frac{1}{2}\begin{bmatrix} 2 & -9 \\ -1 & 5 \end{bmatrix}$.

(c) $(AA^t)^{-1} = (A^t)^{-1}A^{-1} = (A^{-1})^t A^{-1} = \begin{bmatrix} 2 & -9 \\ -1 & 5 \end{bmatrix}\begin{bmatrix} 2 & -1 \\ -9 & 5 \end{bmatrix} = \begin{bmatrix} 85 & -47 \\ -47 & 26 \end{bmatrix}$.

17. $\begin{bmatrix} 2x & 7 \\ 1 & 2 \end{bmatrix}^{-1} = \begin{bmatrix} 2 & -7 \\ -1 & 4 \end{bmatrix}$, $\begin{bmatrix} 2x & 7 \\ 1 & 2 \end{bmatrix} = \begin{bmatrix} 2 & -7 \\ -1 & 4 \end{bmatrix}^{-1} = \frac{1}{8-7}\begin{bmatrix} 4 & 7 \\ 1 & 2 \end{bmatrix} = \begin{bmatrix} 4 & 7 \\ 1 & 2 \end{bmatrix}$. Thus $2x=4$, $x=2$.

19. $4A^t = \begin{bmatrix} 2 & 3 \\ -4 & -4 \end{bmatrix}^{-1} = \frac{1}{4}\begin{bmatrix} -4 & -3 \\ 4 & 2 \end{bmatrix}$, so $A^t = \frac{1}{16}\begin{bmatrix} -4 & -3 \\ 4 & 2 \end{bmatrix} = \begin{bmatrix} -1/4 & -3/16 \\ 1/4 & 1/8 \end{bmatrix}$ and

$$A = \begin{bmatrix} -1/4 & 1/4 \\ -3/16 & 1/8 \end{bmatrix}.$$

21. $(A^t B^t)^{-1} = (B^t)^{-1}(A^t)^{-1} = (B^{-1})^t (A^{-1})^t = (A^{-1} B^{-1})^t$.

24. (a) $AB = AC$ so $A^{-1} AB = A^{-1} AC$. Thus $B = C$.

28. (a) True: A is invertible. Thus there exists a matrix denoted A^{-1}, such that $AA^{-1} = A^{-1}A = I$. This also shows that the inverse of A^{-1} is A.

   (c) False: e.g., Let $A = \begin{bmatrix} 1 & 0 & 0 \\ 0 & 0 & 1 \\ 0 & 1 & 0 \end{bmatrix}$. $A^{-1} = \begin{bmatrix} 1 & 0 & 0 \\ 0 & 0 & 1 \\ 0 & 1 & 0 \end{bmatrix}$.

29. (a) multiplications: $\dfrac{25^3}{2} + \dfrac{25^2}{2} = 8{,}125$; additions: $\dfrac{25^3}{2} - \dfrac{25}{2} = 7{,}800$.

   (b) multiplications: $25^3 + 25^2 = 16{,}250$; additions: $25^3 - 25^2 = 15{,}000$.

31. $\begin{bmatrix} 0 & 1 & 0 \\ 1 & 0 & 0 \\ 0 & 0 & 1 \end{bmatrix} \begin{bmatrix} a & b & c \\ d & e & f \\ g & h & i \end{bmatrix} = \begin{bmatrix} d & e & f \\ a & b & c \\ g & h & i \end{bmatrix}$. $\begin{bmatrix} 1 & 0 & 0 \\ 0 & 1 & 0 \\ 0 & 0 & -2 \end{bmatrix} \begin{bmatrix} a & b & c \\ d & e & f \\ g & h & i \end{bmatrix} = \begin{bmatrix} a & b & c \\ d & e & f \\ -2g & -2h & -2i \end{bmatrix}$.

$\begin{bmatrix} 1 & 0 & 0 \\ 0 & 1 & 0 \\ 4 & 0 & 1 \end{bmatrix} \begin{bmatrix} a & b & c \\ d & e & f \\ g & h & i \end{bmatrix} = \begin{bmatrix} a & b & c \\ d & e & f \\ g+4a & h+4b & i+4c \end{bmatrix}$.

33. (a) $\begin{bmatrix} 0 & 0 & 1 \\ 0 & 1 & 0 \\ 1 & 0 & 0 \end{bmatrix}$ interchanges rows 1 and 3. The inverse row operation will still interchange rows 1 and 3. $\begin{bmatrix} 0 & 0 & 1 \\ 0 & 1 & 0 \\ 1 & 0 & 0 \end{bmatrix}^{-1} = \begin{bmatrix} 0 & 0 & 1 \\ 0 & 1 & 0 \\ 1 & 0 & 0 \end{bmatrix}$.

   (c) $\begin{bmatrix} 1 & 0 & 0 \\ 0 & 1 & 0 \\ 0 & 0 & 4 \end{bmatrix}$ multiplies row 3 by 4. The inverse row operation divides row 3 by 4.

Section 2.4

$$\begin{bmatrix} 1 & 0 & 0 \\ 0 & 1 & 0 \\ 0 & 0 & 4 \end{bmatrix}^{-1} = \begin{bmatrix} 0 & 1 & 0 \\ 1 & 0 & 0 \\ 0 & 0 & 1/4 \end{bmatrix}.$$

(e) $\begin{bmatrix} 1 & 0 & 0 \\ 0 & 1 & 0 \\ -4 & 0 & 1 \end{bmatrix}$ adds -4 times row 1 to row 3.

The inverse adds 4 times row 1 to row 3. $\begin{bmatrix} 1 & 0 & 0 \\ 0 & 1 & 0 \\ -4 & 0 & 1 \end{bmatrix}^{-1} = \begin{bmatrix} 1 & 0 & 0 \\ 0 & 1 & 0 \\ 4 & 0 & 1 \end{bmatrix}.$

In general, to find the inverse of an elementary matrix E:
Swapping rows: $E^{-1} = E$.
Multiply row k by c: Elementary matrix E has $e_{kk} = c$. E^{-1} has $e_{kk} = 1/c$.
Add c times row i to row k: Element e_{ki} of E is c. Element e_{ki} of E^{-1} is $-c$.
(Other elements of E and E^{-1} are the same.)

34. $\begin{bmatrix} Y \\ I \\ Q \end{bmatrix} = \begin{bmatrix} .299 & .587 & .114 \\ .596 & -.275 & -.321 \\ .212 & -.523 & .311 \end{bmatrix} \begin{bmatrix} R \\ G \\ B \end{bmatrix} = \begin{bmatrix} .299R+.587G+.114B \\ .596R-.275G-.321B \\ .212R-.523G+.311B \end{bmatrix}$

Thus $Y = .299R + .587G + .114B$, $I = .596R - .275G - .321B$, $Q = .212R - .523G + .311B$.

$0 \le R \le 255$, $0 \le G \le 255$, $0 \le B \le 255$. Using these intervals and allowing for negatives in the expressions for Y, I, and Q:
Get Y_{max} when $R=G=B=255$. $Y_{max}=255$. Y_{min} when $R=G=B=0$. $Y_{min}=0$.

Get I_{max} when $R=255$, $G=B=0$. $I_{max}=.596 \times 255=151.98$.
I_{min} when $R=0$, $G=B=255$. $I_{min}=-.275 \times 255 -.321 \times 255=-151.98$.

Get Q_{max} when $R=255, G=0, B=255$. $Q_{max}=.212 \times 255+.311 \times 255=133.365$.
Q_{min} when $R=B=0$, $G=255$. $Q_{min}=-.523 \times 255=-133.365$.

Thus $0 \le Y \le 255$, $-151.98 \le I \le 151.89$, $-133.365 \le Q \le 133.365$.

37.   R   E   T   R   E   A   T
         18   5   20   18   5   1   20

The vectors are $\begin{bmatrix} 18 \\ 5 \end{bmatrix}, \begin{bmatrix} 20 \\ 18 \end{bmatrix}, \begin{bmatrix} 5 \\ 1 \end{bmatrix}$, and $\begin{bmatrix} 20 \\ 27 \end{bmatrix}$. The vectors obtained on multiplication

47

by $\begin{bmatrix} 4 & -3 \\ 3 & -2 \end{bmatrix}$ are $\begin{bmatrix} 57 \\ 44 \end{bmatrix}, \begin{bmatrix} 26 \\ 24 \end{bmatrix}, \begin{bmatrix} 17 \\ 13 \end{bmatrix}$, and $\begin{bmatrix} -1 \\ 6 \end{bmatrix}$. The coded message is, therefore, 57, 44, 26, 24, 17, 13, -1, 6.

39. The decoding matrix is $\begin{bmatrix} 4 & -3 \\ 3 & -2 \end{bmatrix}^{-1} = \begin{bmatrix} -2 & 3 \\ -3 & 4 \end{bmatrix}$.

$\begin{bmatrix} -2 & 3 \\ -3 & 4 \end{bmatrix} \begin{bmatrix} 49 & -5 & -61 \\ 38 & -3 & -39 \end{bmatrix} = \begin{bmatrix} 16 & 1 & 5 \\ 5 & 3 & 27 \end{bmatrix}$, and the message is PEACE.

Exercise Set 2.5

1. $A\mathbf{x} = \begin{bmatrix} 8 \\ 1 \end{bmatrix}, A\mathbf{y} = \begin{bmatrix} 0 \\ 4 \end{bmatrix}$, and $A\mathbf{z} = \begin{bmatrix} -8 \\ 7 \end{bmatrix}$.

3. $A\mathbf{x} = \begin{bmatrix} 1 \\ 4 \\ 1 \end{bmatrix}, A\mathbf{y} = \begin{bmatrix} 8 \\ 7 \\ 8 \end{bmatrix}$, and $A\mathbf{z} = \begin{bmatrix} 9 \\ 1 \\ 9 \end{bmatrix}$.

4. $T(\begin{bmatrix} x \\ y \end{bmatrix}) = \begin{bmatrix} -x \\ y \end{bmatrix}$ gives $T(\begin{bmatrix} x \\ y \end{bmatrix}) = \begin{bmatrix} -1 & 0 \\ 0 & 1 \end{bmatrix}\begin{bmatrix} x \\ y \end{bmatrix}$. $T(\begin{bmatrix} 3 \\ 2 \end{bmatrix}) = \begin{bmatrix} -1 & 0 \\ 0 & 1 \end{bmatrix}\begin{bmatrix} 3 \\ 2 \end{bmatrix} = \begin{bmatrix} -3 \\ 2 \end{bmatrix}$.

5. (a) $A = \begin{bmatrix} 0 & -1 \\ 1 & 0 \end{bmatrix}$ $A\begin{bmatrix} 2 \\ 1 \end{bmatrix} = \begin{bmatrix} -1 \\ 2 \end{bmatrix}$

    (c) $A = \begin{bmatrix} \frac{1}{\sqrt{2}} & \frac{-1}{\sqrt{2}} \\ \frac{1}{\sqrt{2}} & \frac{1}{\sqrt{2}} \end{bmatrix}$ $A\begin{bmatrix} 2 \\ 1 \end{bmatrix} = \begin{bmatrix} \frac{1}{\sqrt{2}} \\ \frac{3}{\sqrt{2}} \end{bmatrix}$

    (d) $A = \begin{bmatrix} -1 & 0 \\ 0 & -1 \end{bmatrix}$ $A\begin{bmatrix} 2 \\ 1 \end{bmatrix} = \begin{bmatrix} -2 \\ -1 \end{bmatrix}$

(f) $A = \begin{bmatrix} \frac{\sqrt{3}}{2} & \frac{-1}{2} \\ \frac{1}{2} & \frac{\sqrt{3}}{2} \end{bmatrix}$ $A\begin{bmatrix} 2 \\ 1 \end{bmatrix} = \begin{bmatrix} \sqrt{3} - \frac{1}{2} \\ 1 + \frac{\sqrt{3}}{2} \end{bmatrix}$

6. $\begin{bmatrix} 3 & 0 \\ 0 & 3 \end{bmatrix}\begin{bmatrix} x \\ y \end{bmatrix} = \begin{bmatrix} 3x \\ 3y \end{bmatrix} = \begin{bmatrix} x' \\ y' \end{bmatrix}$, so $\frac{x'^2}{9} + \frac{y'^2}{9} = 1$. Thus the images of the points on the circle $x^2 + y^2 = 1$ are the points on the circle $x^2 + y^2 = 9$.

8. Vertices of the image of the unit square ((1,0), (1,1), (0,1),(0,0)) are

    (a) (0,1), (−1,1), (−1,0), (0,0)   (c) (3,1), (3,5), (0,4), (0,0)

9. Vertices of the image of the unit square ((1,0), (1,1), (0,1),(0,0)) are

    (a) (−2,0), (−5,4), (−3,4), (0,0)   (c) (0,2), (−2,2), (−2,0), (0,0)

10. (a) $T_2 \circ T_1(\mathbf{x}) = A_2 A_1 \mathbf{x} = \begin{bmatrix} -1 & 0 \\ 1 & 5 \end{bmatrix}\begin{bmatrix} 1 & 2 \\ 3 & 0 \end{bmatrix}\mathbf{x} = \begin{bmatrix} -1 & -2 \\ 16 & 2 \end{bmatrix}\mathbf{x}$, so

$T_2 \circ T_1\left(\begin{bmatrix} 5 \\ 2 \end{bmatrix}\right) = \begin{bmatrix} -1 & -2 \\ 16 & 2 \end{bmatrix}\begin{bmatrix} 5 \\ 2 \end{bmatrix} = \begin{bmatrix} -9 \\ 84 \end{bmatrix}$.

(b) $T_2 \circ T_1(\mathbf{x}) = A_2 A_1 \mathbf{x} = \begin{bmatrix} 2 & 2 \\ 1 & -1 \end{bmatrix}\begin{bmatrix} 0 & 1 & 2 \\ 3 & 4 & -1 \end{bmatrix}\mathbf{x} = \begin{bmatrix} 6 & 10 & 2 \\ -3 & -3 & 3 \end{bmatrix}\mathbf{x}$, so

$T_2 \circ T_1\left(\begin{bmatrix} 0 \\ 1 \\ 3 \end{bmatrix}\right) = \begin{bmatrix} 6 & 10 & 2 \\ -3 & -3 & 3 \end{bmatrix}\begin{bmatrix} 0 \\ 1 \\ 3 \end{bmatrix} = \begin{bmatrix} 16 \\ 6 \end{bmatrix}$.

(c) $T_2 \circ T_1(\mathbf{x}) = A_2 A_1 \mathbf{x} = \begin{bmatrix} 2 & 2 \\ 1 & -1 \\ 0 & 4 \end{bmatrix}\begin{bmatrix} 3 & -2 \\ 0 & 1 \end{bmatrix}\mathbf{x} = \begin{bmatrix} 6 & -2 \\ 3 & -3 \\ 0 & 4 \end{bmatrix}\mathbf{x}$, so

$T_2 \circ T_1\left(\begin{bmatrix} -3 \\ 2 \end{bmatrix}\right) = \begin{bmatrix} 6 & -2 \\ 3 & -3 \\ 0 & 4 \end{bmatrix}\begin{bmatrix} -3 \\ 2 \end{bmatrix} = \begin{bmatrix} -22 \\ -15 \\ 8 \end{bmatrix}$.

Section 2.5

12. (a) $\begin{bmatrix} 0.5 & 0 \\ 0 & 0.5 \end{bmatrix}\begin{bmatrix} 0 & -1 \\ 1 & 0 \end{bmatrix} = \begin{bmatrix} 0 & -0.5 \\ 0.5 & 0 \end{bmatrix}$ and $\begin{bmatrix} 0 & -0.5 \\ 0.5 & 0 \end{bmatrix}\begin{bmatrix} 2 \\ 1 \end{bmatrix} = \begin{bmatrix} -0.5 \\ 1 \end{bmatrix}$.
   contraction rotation

(c) $\begin{bmatrix} -1 & 0 \\ 0 & -1 \end{bmatrix}\begin{bmatrix} 0 & 1 \\ 1 & 0 \end{bmatrix} = \begin{bmatrix} 0 & -1 \\ -1 & 0 \end{bmatrix}$ and $\begin{bmatrix} 0 & -1 \\ -1 & 0 \end{bmatrix}\begin{bmatrix} 2 \\ 1 \end{bmatrix} = \begin{bmatrix} -1 \\ -2 \end{bmatrix}$.
   rotation reflection

13. $\begin{bmatrix} 2 & 0 \\ 0 & 2 \end{bmatrix}\begin{bmatrix} 0 & -1 \\ 1 & 0 \end{bmatrix} = \begin{bmatrix} 0 & -2 \\ 2 & 0 \end{bmatrix}$
    dilation rotation

20. Let $A = \begin{bmatrix} \cos\theta & -\sin\theta \\ \sin\theta & \cos\theta \end{bmatrix}$, the rotation matrix. Then $AA^t = \begin{bmatrix} \cos\theta & -\sin\theta \\ \sin\theta & \cos\theta \end{bmatrix}\begin{bmatrix} \cos\theta & \sin\theta \\ -\sin\theta & \cos\theta \end{bmatrix} =$

    $\begin{bmatrix} \cos^2\theta + \sin^2\theta & \cos\theta\sin\theta - \sin\theta\cos\theta \\ \sin\theta\cos\theta - \cos\theta\sin\theta & \sin^2\theta + \cos^2\theta \end{bmatrix} = \begin{bmatrix} 1 & 0 \\ 0 & 1 \end{bmatrix}$.

    Similarly, $A^tA = I$. Thus $A^{-1} = A^t$. So A is orthogonal.

22. $T(\mathbf{u}) = \mathbf{u} + \mathbf{v}$, so $\mathbf{v} = T(\mathbf{u}) - \mathbf{u} = T(1,2) - (1,2) = (2,-3) - (1,2) = (1,-5)$.
    $T(3,4) = (3,4) + (1,-5) = (4,-1)$ and $T(4,6) = (4,6) + (1,-5) = (5,1)$, so image of triangle with vertices $(1,2)$, $(3,4)$, and $(4,6)$ is triangle with vertices $(2,-3)$, $(4,-1)$, and $(5,1)$.

24. (a) $\begin{bmatrix} 1 \\ 0 \end{bmatrix} \mapsto \begin{bmatrix} 6 \\ 4 \end{bmatrix}$, $\begin{bmatrix} 1 \\ 1 \end{bmatrix} \mapsto \begin{bmatrix} 6 \\ 6 \end{bmatrix}$, $\begin{bmatrix} 0 \\ 1 \end{bmatrix} \mapsto \begin{bmatrix} 4 \\ 6 \end{bmatrix}$, and $\begin{bmatrix} 0 \\ 0 \end{bmatrix} \mapsto \begin{bmatrix} 4 \\ 4 \end{bmatrix}$.

    $\begin{bmatrix} x \\ y \end{bmatrix} \mapsto \begin{bmatrix} 2x+4 \\ 2y+4 \end{bmatrix} = \begin{bmatrix} x' \\ y' \end{bmatrix}$, so the image of $x^2 + y^2 = 1$ is $(x-4)^2 + (y-4)^2 = 4$.

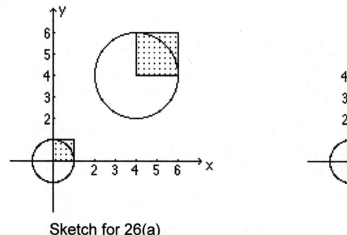

Sketch for 26(a)   Sketch for 26(c)

(c) $\begin{bmatrix} 1 \\ 0 \end{bmatrix} \mapsto \begin{bmatrix} \frac{1}{\sqrt{2}}+3 \\ \frac{1}{\sqrt{2}}+1 \end{bmatrix}, \begin{bmatrix} 1 \\ 1 \end{bmatrix} \mapsto \begin{bmatrix} 3 \\ \frac{2}{\sqrt{2}}+1 \end{bmatrix}, \begin{bmatrix} 0 \\ 1 \end{bmatrix} \mapsto \begin{bmatrix} \frac{-1}{\sqrt{2}}+3 \\ \frac{1}{\sqrt{2}}+1 \end{bmatrix}$, and

$\begin{bmatrix} 0 \\ 0 \end{bmatrix} \mapsto \begin{bmatrix} 3 \\ 1 \end{bmatrix}$. $\begin{bmatrix} x \\ y \end{bmatrix} \mapsto \begin{bmatrix} \frac{x}{\sqrt{2}} - \frac{y}{\sqrt{2}} + 3 \\ \frac{x}{\sqrt{2}} + \frac{y}{\sqrt{2}} + 1 \end{bmatrix} = \begin{bmatrix} x' \\ y' \end{bmatrix}$, so the image of the circle

$x^2 + y^2 = 1$ is $\frac{(x+y-4)^2}{2} + \frac{(y-x+2)^2}{2} = 1$, which is the circle $(x-3)^2 + (y-1)^2 = 1$.

Exercise Set 2.6

1. $T((x_1,y_1)+(x_2,y_2)) = T(x_1+x_2, y_1+y_2) = (2(x_1+x_2), x_1+x_2-y_1-y_2)$
   $= (2x_1+2x_2, x_1-y_1+x_2-y_2) = (2x_1, x_1-y_1) + (2x_2, x_2-y_2)$
   $= T(x_1,y_1) + T(x_2,y_2)$ and $T(c(x,y)) = T(cx,cy) = (2cx, cx-cy) = c(2x, x-y) = cT(x,y)$,
   Thus T is linear. $T(1,2) = (2,-1)$ and $T(-1,4) = (-2,-5)$.

3. $T((x_1,y_1,z_1)+(x_2,y_2,z_2)) = T(x_1+x_2, y_1+y_2, z_1+z_2) = (0, y_1+y_2, 0)$
   $= (0, y_1, 0) + (0, y_2, 0) = T((x_1,y_1,z_1) + T(x_2,y_2,z_2)$ and
   $T(c(x,y,z) = T(cx,cy,cz) = (0,cy,0) = c(0,y,0) = cT(x,y,z)$.
   Thus T is linear. The image of (x,y,z) under T is the projection of (x,y,z) on the y axis.

4. (a) $T(c(x,y,z)) = T(cx,cy,cz) = (3cx, (cy)^2) = (3cx, c^2 y^2) = c(3x, cy^2) \neq c(3x,y^2)$.

   Thus scalar multiplication is not preserved. T is not linear.

6. $T((x_1,y_1,z_1)+(x_2,y_2,z_2)) = T(x_1+x_2,y_1+y_2,z_1+z_2) = (2(x_1+x_2),y_1+y_2)$
$= (2x_1+2x_2,y_1+y_2) = (2x_1,y_1) = (2x_2,y_2) = T((x_1,y_1,z_1)+T(x_2,y_2,z_2)$ and
$T(c(x,y,z)) = T(cx,cy,cz) = (2cx,cy) = c(2x,y) = cT(x,y,z)$. Thus T is linear.

8. (a) $T(x_1+x_2,y_1+y_2) = (x_1+x_2,y_1+y_2,0) = (x_1,y_1,0) + (x_2,y_2,0)$
$= T(x_1,y_1) + T(x_2,y_2)$, and
$T(c(x,y)) = T(cx,cy) = (cx,cy,0) = c(x,y,0) = cT(x,y)$. Thus T is linear.

(b) $T(x_1+x_2,y_1+y_2) = (x_1+x_2,y_1+y_2,1) \neq (x_1,y_1,1) + (x_2,y_2,1)$
$= T(x_1,y_1) + T(x_2,y_2)$. Thus T is not linear.

10. If $c \neq 0$ or $1, T(c(x,y)) = T(cx,cy) = ((cx)^2,cy) = (c^2x^2,cy) = c(cx^2,y) \neq cT(x,y)$, so T is not linear.

11. $T((x_1,y_1,z_1)+(x_2,y_2,z_2)) = T(x_1+x_2, y_1+y_2, z_1+z_2)$
$= (x_1+x_2+2(y_1+y_2), x_1+x_2+y_1+y_2+z_1+z_2, 3(z_1+z_2))$
$= (x_1+x_2+2y_1+2y_2, x_1+x_2+y_1+y_2+z_1+z_2, 3z_1+3z_2)$
$= (x_1+2y_1, x_1+y_1+z_1, 3z_1) + (x_2+2y_2, x_2+y_2+z_2, 3z_2)$
$= T((x_1,y_1,z_1)+T(x_2,y_2,z_2)$ and
$T(c(x,y,z)) = T(cx,cy,cz) = (cx+2cy, cx+cy+cz, 3cz) = c(x+2y, x+y+z, 3z) = cT(x,y,z)$.
Thus T is linear.

12. (a) $\begin{bmatrix}1\\0\end{bmatrix} \mapsto \begin{bmatrix}2\\1\end{bmatrix}$ and $\begin{bmatrix}0\\1\end{bmatrix} \mapsto \begin{bmatrix}0\\-1\end{bmatrix}$, so $A = \begin{bmatrix}2 & 0\\1 & -1\end{bmatrix}$.

(c) $\begin{bmatrix}1\\0\end{bmatrix} \mapsto \begin{bmatrix}2\\0\end{bmatrix}$ and $\begin{bmatrix}0\\1\end{bmatrix} \mapsto \begin{bmatrix}-5\\3\end{bmatrix}$, so $A = \begin{bmatrix}2 & -5\\0 & 3\end{bmatrix}$.

13. (a) $\begin{bmatrix}1\\0\end{bmatrix} \mapsto \begin{bmatrix}1\\0\\1\end{bmatrix}$ and $\begin{bmatrix}0\\1\end{bmatrix} \mapsto \begin{bmatrix}0\\1\\1\end{bmatrix}$, so $A = \begin{bmatrix}1 & 0\\0 & 1\\1 & 1\end{bmatrix}$. $A\begin{bmatrix}x\\y\end{bmatrix} = \begin{bmatrix}x\\y\\x+y\end{bmatrix}$.

Section 2.6

(c) $\begin{bmatrix}1\\0\\0\end{bmatrix} \mapsto \begin{bmatrix}2\\1\end{bmatrix}$, $\begin{bmatrix}0\\1\\0\end{bmatrix} \mapsto \begin{bmatrix}0\\1\end{bmatrix}$, and $\begin{bmatrix}0\\0\\1\end{bmatrix} \mapsto \begin{bmatrix}0\\0\end{bmatrix}$, so $A = \begin{bmatrix}2 & 0 & 0\\1 & 1 & 0\end{bmatrix}$. $A\begin{bmatrix}x\\y\\z\end{bmatrix} = \begin{bmatrix}2x\\x+y\end{bmatrix}$.

16. $\begin{bmatrix}1\\0\end{bmatrix} \mapsto \begin{bmatrix}1\\0\end{bmatrix}$ and $\begin{bmatrix}0\\1\end{bmatrix} \mapsto \begin{bmatrix}0\\0\end{bmatrix}$, so $A = \begin{bmatrix}1 & 0\\0 & 0\end{bmatrix}$.

19. $\begin{bmatrix}1\\0\end{bmatrix} \mapsto \begin{bmatrix}a\\0\end{bmatrix}$ and $\begin{bmatrix}0\\1\end{bmatrix} \mapsto \begin{bmatrix}0\\b\end{bmatrix}$, so $A = \begin{bmatrix}a & 0\\0 & b\end{bmatrix}$.

If $a = 3$ and $b = 2$, the unit square becomes a 3x2 rectangle.

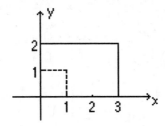

20. $\begin{bmatrix}2 & 0\\0 & 3\end{bmatrix}\begin{bmatrix}x\\y\end{bmatrix} = \begin{bmatrix}2x\\3y\end{bmatrix} = \begin{bmatrix}x'\\y'\end{bmatrix}$. $y = 2x$, so $\frac{y'}{3} = 2\frac{x'}{2}$, and $y' = 3x'$. Thus the images of the points on the line $y = 2x$ are the points on the line $y = 3x$.

22. $\begin{bmatrix}1\\0\end{bmatrix} \mapsto \begin{bmatrix}1\\0\end{bmatrix}$ and $\begin{bmatrix}0\\1\end{bmatrix} \mapsto \begin{bmatrix}c\\1\end{bmatrix}$, so $A = \begin{bmatrix}1 & c\\0 & 1\end{bmatrix}$. If $c = 2$, then

$\begin{bmatrix}1\\0\end{bmatrix} \mapsto \begin{bmatrix}1\\0\end{bmatrix}$, $\begin{bmatrix}1\\1\end{bmatrix} \mapsto \begin{bmatrix}3\\1\end{bmatrix}$, and $\begin{bmatrix}0\\1\end{bmatrix} \mapsto \begin{bmatrix}2\\1\end{bmatrix}$.

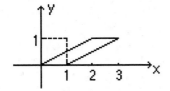

24. $\begin{bmatrix}1 & 5\\0 & 1\end{bmatrix}\begin{bmatrix}x\\y\end{bmatrix} = \begin{bmatrix}x+5y\\y\end{bmatrix} = \begin{bmatrix}x'\\y'\end{bmatrix}$. $y = 3x$, so $y' = 3(x' - 5y')$ and $16y' = 3x'$. Thus the images of the points on the line $y = 3x$ are the points on the line $16y = 3x$.

53

25. (a) $\begin{bmatrix} 1 & 2 \\ 0 & 1 \end{bmatrix}\begin{bmatrix} 3 & 0 \\ 0 & 3 \end{bmatrix} = \begin{bmatrix} 3 & 6 \\ 0 & 3 \end{bmatrix}$ and $\begin{bmatrix} 3 \\ 2 \end{bmatrix} \mapsto \begin{bmatrix} 21 \\ 6 \end{bmatrix}$.
        shear   dilation

(b) $\begin{bmatrix} 0 & 1 \\ 1 & 0 \end{bmatrix}\begin{bmatrix} 3 & 0 \\ 0 & 2 \end{bmatrix} = \begin{bmatrix} 0 & 2 \\ 3 & 0 \end{bmatrix}$ and $\begin{bmatrix} 3 \\ 2 \end{bmatrix} \mapsto \begin{bmatrix} 4 \\ 9 \end{bmatrix}$.
      reflection scaling

27. The pairs that commute are D and R, D and F, D and S, and D and H.

28. If $\begin{bmatrix} x \\ y \\ z \end{bmatrix} \mapsto \begin{bmatrix} -y \\ x \\ z \end{bmatrix}$ then $\begin{bmatrix} 1 \\ 0 \\ 0 \end{bmatrix} \mapsto \begin{bmatrix} 0 \\ 1 \\ 0 \end{bmatrix}$, $\begin{bmatrix} 0 \\ 1 \\ 0 \end{bmatrix} \mapsto \begin{bmatrix} -1 \\ 0 \\ 0 \end{bmatrix}$, and $\begin{bmatrix} 0 \\ 0 \\ 1 \end{bmatrix} \mapsto \begin{bmatrix} 0 \\ 0 \\ 1 \end{bmatrix}$, so that

$A = \begin{bmatrix} 0 & -1 & 0 \\ 1 & 0 & 0 \\ 0 & 0 & 1 \end{bmatrix}$. If $\begin{bmatrix} x \\ y \\ z \end{bmatrix} \mapsto \begin{bmatrix} y \\ -x \\ z \end{bmatrix}$ then $A = \begin{bmatrix} 0 & 1 & 0 \\ -1 & 0 & 0 \\ 0 & 0 & 1 \end{bmatrix}$.

30. Let $\theta = \frac{\pi}{2}$, h = 5, and k = 1 in the matrix $\begin{bmatrix} \cos\theta & -\sin\theta & -h\cos\theta+k\sin\theta+h \\ \sin\theta & \cos\theta & -h\sin\theta-k\cos\theta+k \\ 0 & 0 & 1 \end{bmatrix}$.

The resulting matrix is $\begin{bmatrix} 0 & -1 & 6 \\ 1 & 0 & -4 \\ 0 & 0 & 1 \end{bmatrix}$, and $\begin{bmatrix} 1 \\ 0 \\ 1 \end{bmatrix} \mapsto \begin{bmatrix} 6 \\ -3 \\ 1 \end{bmatrix}$, $\begin{bmatrix} 1 \\ 1 \\ 1 \end{bmatrix} \mapsto \begin{bmatrix} 5 \\ -3 \\ 1 \end{bmatrix}$,

$\begin{bmatrix} 0 \\ 1 \\ 1 \end{bmatrix} \mapsto \begin{bmatrix} 5 \\ -4 \\ 1 \end{bmatrix}$, and $\begin{bmatrix} 0 \\ 0 \\ 1 \end{bmatrix} \mapsto \begin{bmatrix} 6 \\ -4 \\ 1 \end{bmatrix}$, so that the image of the unit square is the square

with vertices (6,-3), (5,-3), (5,-4), and (6,-4).

31. $T^{-1} = \begin{bmatrix} 1 & 0 & -h \\ 0 & 1 & -k \\ 0 & 0 & 1 \end{bmatrix}$.

33. $SRT = \begin{bmatrix} 3 & 0 & 0 \\ 0 & 5 & 0 \\ 0 & 0 & 1 \end{bmatrix}\begin{bmatrix} 0 & 1 & 0 \\ -1 & 0 & 0 \\ 0 & 0 & 1 \end{bmatrix}\begin{bmatrix} 1 & 0 & 4 \\ 0 & 1 & -3 \\ 0 & 0 & 1 \end{bmatrix} = \begin{bmatrix} 0 & 3 & -9 \\ -5 & 0 & -20 \\ 0 & 0 & 1 \end{bmatrix}$.

$$\begin{bmatrix} 1 \\ 6 \\ 1 \end{bmatrix} \mapsto \begin{bmatrix} 9 \\ -25 \\ 1 \end{bmatrix}, \begin{bmatrix} 3 \\ 0 \\ 1 \end{bmatrix} \mapsto \begin{bmatrix} -9 \\ -35 \\ 1 \end{bmatrix}, \text{ and } \begin{bmatrix} 4 \\ 6 \\ 1 \end{bmatrix} \mapsto \begin{bmatrix} 9 \\ -40 \\ 1 \end{bmatrix}, \text{ so that the image of the}$$

given triangle is the triangle with vertices (9,−25), (−9,−35), and (9,−40).

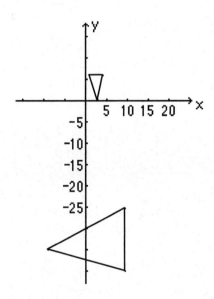

34. (a) For any scalar c and linear transformation T, T(cv) = cT(v), so with c = −1,

    T(−v) = T((−1)v) = (−1)T(v) = −T(v).

38. (a) True: $T((x_1, y_1)+(x_2, y_2)) = T(x_1 + x_2, y_1 + y_2) = (x_1 + x_2, y_1 + y_2)$
    $= (x_1, y_1)+(x_2, y_2)$.
    $T(c(x_1, y_1)) = T((cx_1, cy_1)) = (cx_1, cy_1) = c(x_1, y_1)$.
    Thus linear. T is called the identity transformation.
    If vectors are written in column matrix form it is defined by the Identity matrix.

    (c) False: Any 2x3 matrix defines a linear transformation from $\mathbf{R}^2$ to $\mathbf{R}^3$.

Exercise Set 2.7

1. (a) $a_{32} = .25$ (c) electrical industry ($a_{43} = .30$)
   (e) steel industry ($a_{21} = .40$)

2. $(I - A)^{-1} = \begin{bmatrix} 15/8 & 5/4 \\ 5/6 & 5/3 \end{bmatrix}$. We do all the multiplications at once.

$$\begin{bmatrix} 15/8 & 5/4 \\ 5/6 & 5/3 \end{bmatrix} \begin{bmatrix} 24 & 8 & 0 \\ 12 & 6 & 12 \end{bmatrix} = \begin{bmatrix} 60 & 45/2 & 15 \\ 40 & 50/3 & 20 \end{bmatrix}$$, so the values of X, in turn, are

$$\begin{bmatrix} 60 \\ 40 \end{bmatrix}, \begin{bmatrix} 45/2 \\ 50/3 \end{bmatrix}, \text{ and } \begin{bmatrix} 15 \\ 20 \end{bmatrix}.$$

4. $(I - A)^{-1} = \begin{bmatrix} 15/7 & 10/7 \\ 5/6 & 5/3 \end{bmatrix}$.

$$\begin{bmatrix} 15/7 & 10/7 \\ 5/6 & 5/3 \end{bmatrix} \begin{bmatrix} 42 & 0 & 14 & 42 \\ 84 & 10 & 7 & 42 \end{bmatrix} = \begin{bmatrix} 210 & 100/7 & 40 & 150 \\ 175 & 50/3 & 70/3 & 105 \end{bmatrix},$$ so the values of X,

in turn, are $\begin{bmatrix} 210 \\ 175 \end{bmatrix}, \begin{bmatrix} 100/7 \\ 50/3 \end{bmatrix}, \begin{bmatrix} 40 \\ 70/3 \end{bmatrix},$ and $\begin{bmatrix} 150 \\ 105 \end{bmatrix}.$

5. $(I - A)^{-1} = \begin{bmatrix} 5/4 & 5/8 & 5/8 \\ 0 & 2 & 1 \\ 0 & 1 & 3 \end{bmatrix}.$

$$\begin{bmatrix} 5/4 & 5/8 & 5/8 \\ 0 & 2 & 1 \\ 0 & 1 & 3 \end{bmatrix} \begin{bmatrix} 4 & 0 & 8 \\ 8 & 8 & 24 \\ 8 & 16 & 8 \end{bmatrix} = \begin{bmatrix} 15 & 15 & 30 \\ 24 & 32 & 56 \\ 32 & 56 & 48 \end{bmatrix},$$ so the values of X, in turn, are

$$\begin{bmatrix} 15 \\ 24 \\ 32 \end{bmatrix}, \begin{bmatrix} 15 \\ 32 \\ 56 \end{bmatrix}, \text{ and } \begin{bmatrix} 30 \\ 56 \\ 48 \end{bmatrix}.$$

7. $(I - A)X = \begin{bmatrix} .8 & -.4 \\ -.5 & .9 \end{bmatrix} \begin{bmatrix} 8 \\ 10 \end{bmatrix} = \begin{bmatrix} 2.4 \\ 5 \end{bmatrix} = D.$

9. $(I - A)X = \begin{bmatrix} .9 & -.1 & -.2 \\ -.2 & .9 & -.3 \\ -.4 & -.3 & .85 \end{bmatrix} \begin{bmatrix} 6 \\ 4 \\ 5 \end{bmatrix} = \begin{bmatrix} 4 \\ .9 \\ .65 \end{bmatrix} = D.$

Exercise Set 2.8

1. (a) stochastic.

   (c) The elements in column 2 do not add up to 1, so the matrix is not stochastic.

   (e) stochastic.

Section 2.8

3. $\begin{bmatrix} 1 & 0 \\ 0 & 1 \end{bmatrix}$ and $\begin{bmatrix} 1/2 & 1/4 & 1/4 \\ 1/4 & 1/2 & 1/4 \\ 1/4 & 1/4 & 1/2 \end{bmatrix}$ are doubly stochastic matrices.

If A and B are doubly stochastic matrices, then AB is stochastic, and A^t and B^t are stochastic, so $B^t A^t = (AB)^t$ is stochastic. Thus AB is doubly stochastic.

4. (a) $p_{21} = 0.1$.

   (c) Largest element in column 5 of P $p_{25}=0.35$. Vacant land 2000 has highest probability (0.35) of becoming office land in 2005.

5. (a) $P^2 = \begin{bmatrix} .96 & .01 \\ .04 & .99 \end{bmatrix}^2 = \begin{bmatrix} .922 & .0195 \\ .0780 & .9805 \end{bmatrix}$, so the probability of moving from city to suburb in two years is .0780.

7. 2008: $\begin{bmatrix} .96 & .01 & .015 \\ .03 & .98 & .005 \\ .01 & .01 & .98 \end{bmatrix} \begin{bmatrix} 82 \\ 163 \\ 52 \end{bmatrix} = \begin{bmatrix} 81.13 \\ 162.46 \\ 53.41 \end{bmatrix}$.

City: 81.13 million, Suburb: 162.46 million, Nonmetro: 53.41 million

2009: $\begin{bmatrix} .96 & .01 & .015 \\ .03 & .98 & .005 \\ .01 & .01 & .98 \end{bmatrix} \begin{bmatrix} 81.13 \\ 162.46 \\ 53.41 \end{bmatrix} = \begin{bmatrix} 80.3106 \\ 161.9118 \\ 54.7777 \end{bmatrix}$.

City: 80.3106 million, Suburb: 161.9118 million, Nonmetro: 54.7777 million

2010: $\begin{bmatrix} .96 & .01 & .015 \\ .03 & .98 & .005 \\ .01 & .01 & .98 \end{bmatrix} \begin{bmatrix} 80.3106 \\ 161.9118 \\ 54.7777 \end{bmatrix} = \begin{bmatrix} 79.5389 \\ 161.3567 \\ 56.1044 \end{bmatrix}$.

City: 79.5389 million, Suburb: 161.3567 million, Nonmetro: 56.1044 million

$\begin{bmatrix} .96 & .01 & .015 \\ .03 & .98 & .005 \\ .01 & .01 & .98 \end{bmatrix}^2 = \begin{bmatrix} .9221 & .0196 & .0292 \\ .0583 & .9608 & .0103 \\ .0197 & .0197 & .9606 \end{bmatrix}$, so the probability that a person living in the city in 2007 will be living in a nonmetropolitan area in 2009 is .0197.

57

8. $X_1 = 1.01 \begin{bmatrix} .96 & .01 \\ .04 & .99 \end{bmatrix} \begin{bmatrix} 82 \\ 163 \end{bmatrix} = \begin{bmatrix} .9696 & .0101 \\ .0404 & .9999 \end{bmatrix} \begin{bmatrix} 82 \\ 163 \end{bmatrix}$. Likewise

$X_2 = \begin{bmatrix} .9696 & .0101 \\ .0404 & .9999 \end{bmatrix} X_1 = \begin{bmatrix} .9696 & .0101 \\ .0404 & .9999 \end{bmatrix}^2 \begin{bmatrix} 82 \\ 163 \end{bmatrix}$

and in general $X_n = \begin{bmatrix} .9696 & .0101 \\ .0404 & .9999 \end{bmatrix}^n \begin{bmatrix} 73 \\ 157 \end{bmatrix}$.

$X_3 = \begin{bmatrix} .9696 & .0101 \\ .0404 & .9999 \end{bmatrix}^3 \begin{bmatrix} 82 \\ 163 \end{bmatrix} = \begin{bmatrix} 79.6354 \\ 172.7883 \end{bmatrix}$, so the predicted 2010 city

population is 79.6354 million and suburban population is 172.7883 million.

11. (a) .2 (b) $\begin{bmatrix} 1 & .2 \\ 0 & .8 \end{bmatrix} \begin{bmatrix} 10000 \\ 20000 \end{bmatrix} = \begin{bmatrix} 14000 \\ 16000 \end{bmatrix}$ white collar / manual

13. $\begin{bmatrix} .8 & .4 \\ .2 & .6 \end{bmatrix}^4 \begin{bmatrix} 40000 \\ 50000 \end{bmatrix} = \begin{bmatrix} 59488 \\ 30512 \end{bmatrix}$ small / large

15.

$\begin{array}{c}\text{AA Aa aa}\\\begin{bmatrix} 1/2 & 1/4 & 0 \\ 1/2 & 1/2 & 1/2 \\ 0 & 1/4 & 1/2 \end{bmatrix}\begin{array}{l}\text{AA}\\\text{Aa}\\\text{aa}\end{array}\end{array}$

after one generation

$\begin{bmatrix} 1/2 & 1/4 & 0 \\ 1/2 & 1/2 & 1/2 \\ 0 & 1/4 & 1/2 \end{bmatrix}\begin{bmatrix} 1/3 \\ 1/3 \\ 1/3 \end{bmatrix} = \begin{bmatrix} 1/4 \\ 1/2 \\ 1/4 \end{bmatrix}\begin{array}{l}\text{AA}\\\text{Aa}\\\text{aa}\end{array}$

after two generations

$\begin{bmatrix} 1/2 & 1/4 & 0 \\ 1/2 & 1/2 & 1/2 \\ 0 & 1/4 & 1/2 \end{bmatrix}\begin{bmatrix} 1/4 \\ 1/2 \\ 1/4 \end{bmatrix} = \begin{bmatrix} 1/4 \\ 1/2 \\ 1/4 \end{bmatrix}\begin{array}{l}\text{AA}\\\text{Aa}\\\text{aa}\end{array}$

after three generations

$\begin{bmatrix} 1/2 & 1/4 & 0 \\ 1/2 & 1/2 & 1/2 \\ 0 & 1/4 & 1/2 \end{bmatrix}\begin{bmatrix} 1/4 \\ 1/2 \\ 1/4 \end{bmatrix} = \begin{bmatrix} 1/4 \\ 1/2 \\ 1/4 \end{bmatrix}\begin{array}{l}\text{AA}\\\text{Aa}\\\text{aa}\end{array}$

Exercise Set 2.9

1. (a) adjacency matrix $\begin{bmatrix} 0 & 1 & 0 \\ 1 & 0 & 1 \\ 1 & 0 & 0 \end{bmatrix}$, distance matrix $\begin{bmatrix} 0 & 1 & 2 \\ 1 & 0 & 1 \\ 1 & 2 & 0 \end{bmatrix}$

(c) adjacency matrix $\begin{bmatrix} 0 & 1 & 1 & 1 & 1 \\ 0 & 0 & 0 & 0 & 0 \\ 0 & 0 & 0 & 0 & 0 \\ 0 & 0 & 0 & 0 & 0 \\ 0 & 0 & 0 & 0 & 0 \end{bmatrix}$, distance matrix $\begin{bmatrix} 0 & 1 & 1 & 1 & 1 \\ x & 0 & x & x & x \\ x & x & 0 & x & x \\ x & x & x & 0 & x \\ x & x & x & x & 0 \end{bmatrix}$

Section 2.9

2. (a) 2   (c) undefined

3.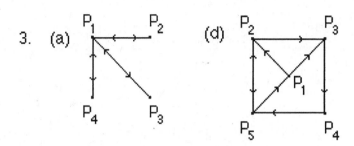

5.

$$\begin{array}{c}\\ \text{Raccoon}\\ \text{Bird}\\ \text{Deer}\\ \text{Grass}\\ \text{Insect}\end{array} \begin{array}{c}\text{R B D G I}\\ \left[\begin{array}{ccccc} 0 & 0 & 0 & 0 & 1\\ 0 & 0 & 0 & 1 & 1\\ 0 & 0 & 0 & 1 & 0\\ 0 & 0 & 0 & 0 & 0\\ 0 & 0 & 0 & 1 & 0\end{array}\right]\end{array}$$

7.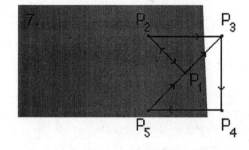

(a) $P_2 \to P_3 \to P_4 \to P_5$

length = 3

(b) $P_3 \to P_4 \to P_5 \to P_1 \to P_2$

length = 4

distance matrix
$$\begin{bmatrix} 0 & 1 & 1 & 2 & 3\\ 1 & 0 & 1 & 2 & 3\\ 3 & 4 & 0 & 1 & 2\\ 2 & 3 & 3 & 0 & 1\\ 1 & 2 & 2 & 3 & 0\end{bmatrix}$$

8. (a) $(a_{22})^2 = 1$. There is one 2-path from P_2 to P_2.

$(a_{24})^2 = 0$. There is no 2-path from P_2 to P_4.

$(a_{31})^2 = 1$. There is one 2-path from P_3 to P_1.

$(a_{42})^2 = 1$. There is one 2-path from P_4 to P_2.

$(a_{12})^3 = 1$. There is one 3-path from P_1 to P_2.

$(a_{24})^3 = 0$. There is no 3-path from P_2 to P_4.

$(a_{32})^3 = 1$. There is one 3-path from P_3 to P_2.

$(a_{41})^3 = 1$. There is one 3-path from P_4 to P_1.

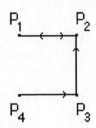

9. (a) There are no arcs from P_3 to any other vertex.
   (c) There are three arcs from P_5.
   (f) No 4-paths lead to P_3.

10. (a) There are no arcs from P_2 to any other vertex.
    (c) There is an arc from P_4 to every other vertex.
    (e) There are five arcs from P_3.
    (g) There are seven arcs in the digraph.
    (i) Four 5-paths lead to P_3.

11. From A^2 it is known that there is one 2-path from P_1 to P_2, one 2-path from P_2 to P_3, one 2-path from P_3 to P_4, and one 2-path from P_4 to P_2. The possible 2-paths are

    $P_1 \to P_3 \to P_2$ or $P_1 \to P_4 \to P_2$

    $P_2 \to P_1 \to P_3$ or $P_2 \to P_4 \to P_3$

    $P_3 \to P_1 \to P_4$ or $P_3 \to P_2 \to P_4$

    $P_4 \to P_1 \to P_2$ or $P_4 \to P_3 \to P_2$

    The only combination of these that does not produce additional 2-paths is
    $P_1 \to P_3 \to P_2$, $P_2 \to P_4 \to P_3$, $P_3 \to P_2 \to P_4$, $P_4 \to P_3 \to P_2$.

    digraph

Section 2.9

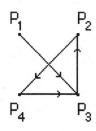

$$A^3 = \begin{bmatrix} 0 & 0 & 0 & 1 \\ 0 & 1 & 0 & 0 \\ 0 & 0 & 1 & 0 \\ 0 & 0 & 0 & 1 \end{bmatrix}$$

13. (a)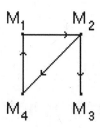

$$D = \begin{bmatrix} 0 & 1 & 2 & 2 \\ 2 & 0 & 1 & 1 \\ x & x & 0 & x \\ 1 & 2 & 3 & 0 \end{bmatrix} \begin{matrix} 5 \\ 4 \\ 3x \\ 6 \end{matrix}$$

most to least influential:
M_2, M_1, M_4, M_3

15.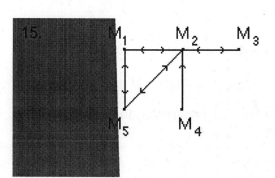

In this digraph there is one clique:

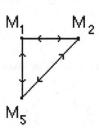

17. If the digraph of A contains an arc from P_i to P_j, then the digraph of A^t contains an arc from P_j to P_i. If the digraph of A does not contain an arc from P_i to P_j, then the digraph of A^t does not contain an arc from P_j to P_i.

19. If a path from P_i to P_j contains P_k twice,

$$P_i \to \ldots \to P_k \to \ldots \to P_k \to \ldots \to P_j,$$

then there is a shorter path from P_i to P_j obtained by omitting the path from P_k to P_k.

Section 2.9

21. $c_{ij} = a_{i1}a_{j1} + a_{i2}a_{j2} + \ldots + a_{in}a_{jn}$. $a_{ik}a_{jk} = 1$ if station k can receive messages directly from both station i and station j and $a_{ik}a_{jk} = 0$ otherwise. Thus, c_{ij} is the number of stations that can receive messages directly from both station i and station j.

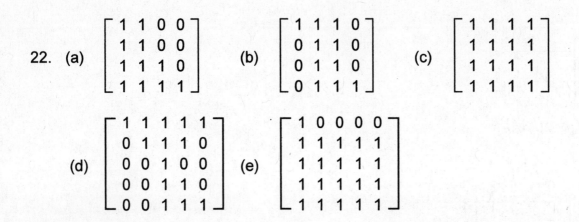

22. (a) $\begin{bmatrix} 1 & 1 & 0 & 0 \\ 1 & 1 & 0 & 0 \\ 1 & 1 & 1 & 0 \\ 1 & 1 & 1 & 1 \end{bmatrix}$ (b) $\begin{bmatrix} 1 & 1 & 1 & 0 \\ 0 & 1 & 1 & 0 \\ 0 & 1 & 1 & 0 \\ 0 & 1 & 1 & 1 \end{bmatrix}$ (c) $\begin{bmatrix} 1 & 1 & 1 & 1 \\ 1 & 1 & 1 & 1 \\ 1 & 1 & 1 & 1 \\ 1 & 1 & 1 & 1 \end{bmatrix}$

(d) $\begin{bmatrix} 1 & 1 & 1 & 1 & 1 \\ 0 & 1 & 1 & 1 & 0 \\ 0 & 0 & 1 & 0 & 0 \\ 0 & 0 & 1 & 1 & 0 \\ 0 & 0 & 1 & 1 & 1 \end{bmatrix}$ (e) $\begin{bmatrix} 1 & 0 & 0 & 0 & 0 \\ 1 & 1 & 1 & 1 & 1 \\ 1 & 1 & 1 & 1 & 1 \\ 1 & 1 & 1 & 1 & 1 \\ 1 & 1 & 1 & 1 & 1 \end{bmatrix}$

23. For each vertex, the adjacency matrix gives the vertices reachable by arcs or 1-paths, its square gives all vertices reachable by 2-paths, etc. Since there are n vertices, any vertex can be reached by a path of length at most n - 1 or else it cannot be reached at all. Thus, all the information needed will be contained in the first n - 1 powers of the adjacency matrix.

24. (a) Yes. If P_j is reachable from P_i, then P_i is reachable from P_j by reversing the path.

    (b) No. The digraph that has adjacency matrix $\begin{bmatrix} 0 & 1 & 0 \\ 0 & 0 & 1 \\ 1 & 1 & 0 \end{bmatrix}$ has reachability matrix $\begin{bmatrix} 1 & 1 & 1 \\ 1 & 1 & 1 \\ 1 & 1 & 1 \end{bmatrix}$.

28. (a) No. R has a 1 in every diagonal position and A has a zero in every diagonal position, and every 1 in A causes at least one 1 in R, so there cannot be as many ones in A as in R.

Chapter 2 Review Exercises

Chapter 2 Review Exercises

1. (a) $2AB = \begin{bmatrix} 28 & 0 \\ 100 & -6 \end{bmatrix}$. (b) $AB + C$ does not exist.

   (c) $BA + AB = \begin{bmatrix} 28 & 0 \\ 69 & -6 \end{bmatrix}$. (d) $AD - 3D = \begin{bmatrix} -6 \\ 26 \end{bmatrix}$.

   (e) $AC + BC = \begin{bmatrix} 54 & -9 & 27 \\ 46 & -6 & 14 \end{bmatrix}$. (f) $2DA + B$ does not exist.

2. (a) 2x2   (b) 2x3   (c) 2x2   (d) Does not exist.   (e) 3x2

   (f) Does not exist.   (g) 2x2

3. (a) $d_{12} = 2(1 \times 2 + (-3) \times 0) - 3(-4) = 16$.

   (b) $d_{23} = 2(0 \times (-3) + 4 \times (-1)) - 3 \times 0 = -8$.

4. (a) $AB_1 = \begin{bmatrix} 3 & 1 \\ 7 & 2 \end{bmatrix} \begin{bmatrix} 1 \\ 2 \end{bmatrix} = \begin{bmatrix} 5 \\ 11 \end{bmatrix}$, $AB_2 = \begin{bmatrix} 3 & 1 \\ 7 & 2 \end{bmatrix} \begin{bmatrix} 3 \\ 0 \end{bmatrix} = \begin{bmatrix} 9 \\ 21 \end{bmatrix}$,

   $AB_3 = \begin{bmatrix} 3 & 1 \\ 7 & 2 \end{bmatrix} \begin{bmatrix} 6 \\ -1 \end{bmatrix} = \begin{bmatrix} 17 \\ 40 \end{bmatrix}$. $AC = \begin{bmatrix} 5 & 9 & 17 \\ 11 & 21 & 40 \end{bmatrix}$.

   (b) $PQ = 2 \begin{bmatrix} 1 \\ 5 \end{bmatrix} - 3 \begin{bmatrix} 2 \\ -1 \end{bmatrix} + 5 \begin{bmatrix} 3 \\ 4 \end{bmatrix}$

   (c) $B = \begin{bmatrix} 2 & 4 & 2 \\ -1 & 3 & 7 \\ 0 & 1 & -2 \end{bmatrix}, \begin{bmatrix} 2 & 4 & 2 \\ -1 & 3 & 7 \\ 0 & 1 & -2 \end{bmatrix}, \begin{bmatrix} 2 & 4 & 2 \\ -1 & 3 & 7 \\ 0 & 1 & -2 \end{bmatrix}$, or $\begin{bmatrix} 2 & 4 & 2 \\ -1 & 3 & 7 \\ 0 & 1 & -2 \end{bmatrix}$

5. (a) $(A^t)^2 = (A^2)^t = \begin{bmatrix} 9 & 5 \\ 0 & 4 \end{bmatrix}^t = \begin{bmatrix} 9 & 0 \\ 5 & 4 \end{bmatrix}$.

   (b) $A^t - B^2 = \begin{bmatrix} 3 & 0 \\ 1 & 2 \end{bmatrix} - \begin{bmatrix} 7 & -1 \\ -3 & 4 \end{bmatrix} = \begin{bmatrix} -4 & 1 \\ 4 & -2 \end{bmatrix}$.

   (c) $AB^3 - 2C^2 = \begin{bmatrix} 3 & 1 \\ 0 & 2 \end{bmatrix} \begin{bmatrix} -17 & 6 \\ 18 & 1 \end{bmatrix} - 2 \begin{bmatrix} 3 & 2 \\ 6 & 7 \end{bmatrix} = \begin{bmatrix} -39 & 15 \\ 24 & -12 \end{bmatrix}$.

(d) $A^2 - 3A + 4I_2 = \begin{bmatrix} 9 & 5 \\ 0 & 4 \end{bmatrix} - \begin{bmatrix} 9 & 3 \\ 0 & 6 \end{bmatrix} + \begin{bmatrix} 4 & 0 \\ 0 & 4 \end{bmatrix} = \begin{bmatrix} 4 & 2 \\ 0 & 2 \end{bmatrix}.$

6. e.g., $X_3 = \begin{bmatrix} 5 \\ 3 \\ -1 \\ 2 \end{bmatrix} + \begin{bmatrix} 3 \\ -1 \\ 1 \\ 2 \end{bmatrix} = \begin{bmatrix} 8 \\ 2 \\ 0 \\ 4 \end{bmatrix}.$ $X_4 = 2\begin{bmatrix} 5 \\ 3 \\ -1 \\ 2 \end{bmatrix} = \begin{bmatrix} 10 \\ 6 \\ -2 \\ 4 \end{bmatrix}.$ $X_5 = 3\begin{bmatrix} 3 \\ -1 \\ 1 \\ 2 \end{bmatrix} = \begin{bmatrix} 9 \\ -3 \\ 3 \\ 6 \end{bmatrix}.$ $X_6 = X_4 + X_5 = \begin{bmatrix} 10 \\ 6 \\ -2 \\ 4 \end{bmatrix} + \begin{bmatrix} 9 \\ -3 \\ 3 \\ 6 \end{bmatrix} = \begin{bmatrix} 19 \\ 3 \\ 1 \\ 10 \end{bmatrix}.$

The linear combinations $a\begin{bmatrix} 5 \\ 3 \\ -1 \\ 2 \end{bmatrix} + b\begin{bmatrix} 3 \\ -1 \\ 1 \\ 2 \end{bmatrix}$ are solutions for all values of a and b.

Want x=1, y=9 in solution. Thus 5a+3b=1. 3a-b=9. Gives a=2, b=-3.

The solution is $2\begin{bmatrix} 5 \\ 3 \\ -1 \\ 2 \end{bmatrix} - 3\begin{bmatrix} 3 \\ -1 \\ 1 \\ 2 \end{bmatrix} = \begin{bmatrix} 1 \\ 9 \\ -5 \\ -2 \end{bmatrix}.$

7. $\begin{bmatrix} 1 & 1 & 2 & 2 & 0 \\ 1 & 2 & 6 & 1 & 0 \\ 3 & 2 & 2 & 7 & 0 \end{bmatrix} \begin{matrix} \\ R2-R1 \\ R3-3R1 \end{matrix} \sim \begin{bmatrix} 1 & 1 & 2 & 2 & 0 \\ 0 & 1 & 4 & -1 & 0 \\ 0 & -1 & -4 & 1 & 0 \end{bmatrix} \begin{matrix} R1-R2 \\ \\ R3+R2 \end{matrix} \sim \begin{bmatrix} 1 & 0 & -2 & 3 & 0 \\ 0 & 1 & 4 & -1 & 0 \\ 0 & 0 & 0 & 0 & 0 \end{bmatrix}$

Thus $x_1 - 2x_3 + 3x_4 = 0$ and $x_2 + 4x_3 - x_4 = 0$.
General solution is $x_1 = 2r - 3s$, $x_2 = -4r + s$, $x_3 = r$, $x_4 = s$.
Write as (2r - 3s, -4r + s, r, s), or r(2, -4, 1, 0) + s(-3, 1, 0, 1).
Subspace has basis {(2, -4, 1, 0), (-3, 1, 0, 1)}. Dimension is 2.

8. (a) Corresponding system of homogeneous linear equations: $x_1 + 2x_2 - 8x_3 = 0$
$x_2 - 3x_3 = 0$
$x_1 + x_2 - 5x_3 = 0$

General solution of nonhomogeneous system is (2r+4, 3r+2, r) = (2r, 3r, r) + (4, 2, 0).
Thus general solution of homogeneous system is (2r, 3r, r). (Check that it satisfies equs.)

64

(b) Homog system: Write general solution as r(2, 3, 1). Basis {(2, 3, 1)}.
Subspace of solutions is a line through the origin defined by the vector (2, 3, 1).

(c) Nonhomog system: (2r+4, 3r+2, r) = r(2, 3, 1) + (4, 2, 0). Solution is the line defined by the vector (2, 3, 1) slid in a manner defined by the vector (4, 2, 0). i.e. it is the line through the point (4, 2, 0) parallel to the line defined by the vector (2, 3, 1).

9. (a) $\begin{bmatrix} 1 & 4 & 1 & 0 \\ 2 & -1 & 0 & 1 \end{bmatrix} \underset{R2+(-2)R1}{\approx} \begin{bmatrix} 1 & 4 & 1 & 0 \\ 0 & -9 & -2 & 1 \end{bmatrix} \underset{(-1/9)R2}{\approx} \begin{bmatrix} 1 & 4 & 1 & 0 \\ 0 & 1 & 2/9 & -1/9 \end{bmatrix}$

$\underset{R1+(-4)R2}{\approx} \begin{bmatrix} 1 & 0 & 1/9 & 4/9 \\ 0 & 1 & 2/9 & -1/9 \end{bmatrix}$, so the inverse is $\begin{bmatrix} 1/9 & 4/9 \\ 2/9 & -1/9 \end{bmatrix}$.

(b) $\begin{bmatrix} 0 & 3 & 3 & 1 & 0 & 0 \\ 1 & 2 & 3 & 0 & 1 & 0 \\ 1 & 4 & 6 & 0 & 0 & 1 \end{bmatrix} \underset{R1 \Leftrightarrow R2}{\approx} \begin{bmatrix} 1 & 2 & 3 & 0 & 1 & 0 \\ 0 & 3 & 3 & 1 & 0 & 0 \\ 1 & 4 & 6 & 0 & 0 & 1 \end{bmatrix}$

$\underset{R3+(-1)R1}{\approx} \begin{bmatrix} 1 & 2 & 3 & 0 & 1 & 1 \\ 0 & 3 & 3 & 1 & 0 & 0 \\ 0 & 2 & 3 & 0 & -1 & 1 \end{bmatrix} \underset{(1/3)R2}{\approx} \begin{bmatrix} 1 & 2 & 3 & 0 & 1 & 0 \\ 0 & 1 & 1 & 1/3 & 0 & 0 \\ 0 & 2 & 3 & 0 & -1 & 1 \end{bmatrix}$

$\underset{\substack{R1+(-2)R2 \\ R3+(-2)R2}}{\approx} \begin{bmatrix} 1 & 0 & 1 & -2/3 & 1 & 0 \\ 0 & 1 & 1 & 1/3 & 0 & 0 \\ 0 & 0 & 1 & -2/3 & -1 & 1 \end{bmatrix} \underset{\substack{R1+(-1)R3 \\ R2+(-1)R3}}{\approx} \begin{bmatrix} 1 & 0 & 0 & 0 & 2 & -1 \\ 0 & 1 & 0 & 1 & 1 & -1 \\ 0 & 0 & 1 & -2/3 & -1 & 1 \end{bmatrix}$,

so the inverse is $\begin{bmatrix} 0 & 2 & -1 \\ 1 & 1 & -1 \\ -2/3 & -1 & 1 \end{bmatrix}$.

(c) $\begin{bmatrix} 1 & 2 & 3 & 1 & 0 & 0 \\ 2 & 5 & 3 & 0 & 1 & 0 \\ 1 & 0 & 8 & 0 & 0 & 1 \end{bmatrix} \underset{\substack{R2+(-2)R1 \\ R3+(-1)R1}}{\approx} \begin{bmatrix} 1 & 2 & 3 & 1 & 0 & 0 \\ 0 & 1 & -3 & -2 & 1 & 0 \\ 0 & -2 & 5 & -1 & 0 & 1 \end{bmatrix}$

$\underset{\substack{R1+(-2)R2 \\ R3+(2)R2}}{\approx} \begin{bmatrix} 1 & 0 & 9 & 5 & -2 & 0 \\ 0 & 1 & -3 & -2 & 1 & 0 \\ 0 & 0 & -1 & -5 & 2 & 1 \end{bmatrix} \underset{(-1)R3}{\approx} \begin{bmatrix} 1 & 0 & 9 & 5 & -2 & 0 \\ 0 & 1 & -3 & -2 & 1 & 0 \\ 0 & 0 & 1 & 5 & -2 & -1 \end{bmatrix}$

Chapter 2 Review Exercises

$$\approx \begin{array}{c} \\ R1+(-9)R3 \\ R2+(3)R3 \end{array} \left[\begin{array}{cccccc} 1 & 0 & 0 & -40 & 16 & 9 \\ 0 & 1 & 0 & 13 & -5 & -3 \\ 0 & 0 & 1 & 5 & -2 & -1 \end{array}\right], \text{ so the inverse is } \left[\begin{array}{ccc} -40 & 16 & 9 \\ 13 & -5 & -3 \\ 5 & -2 & -1 \end{array}\right].$$

10. The inverse of the coefficient matrix is $\left[\begin{array}{ccc} 14 & -8 & -1 \\ -17 & 10 & 1 \\ -19 & 11 & 1 \end{array}\right]$.

$$\left[\begin{array}{c} x_1 \\ x_2 \\ x_3 \end{array}\right] = \left[\begin{array}{ccc} 14 & -8 & -1 \\ -17 & 10 & 1 \\ -19 & 11 & 1 \end{array}\right] \left[\begin{array}{c} 1 \\ 5 \\ 7 \end{array}\right] = \left[\begin{array}{c} -33 \\ 40 \\ 43 \end{array}\right].$$

11. $A^{-1} = \dfrac{1}{3}\left[\begin{array}{cc} 5 & -6 \\ -2 & 3 \end{array}\right]$, $A = 3\left[\begin{array}{cc} 5 & -6 \\ -2 & 3 \end{array}\right]^{-1} = 3\left[\begin{array}{cc} 1 & 2 \\ 2/3 & 5/3 \end{array}\right] = \left[\begin{array}{cc} 3 & 6 \\ 2 & 5 \end{array}\right].$

12. The (i,j)th element of A(BC) is $A_i(BC_j)$, where A_i is the ith row of A and C_j is the jth column of C. Likewise, the (i,j)th element of (AB)C is $(A_i B)C_j$. We show that these elements are the same.

$$A_i(BC_j) = [\begin{array}{cccc} a_{i1} & a_{i2} & \ldots & a_{in} \end{array}] \left|\begin{array}{c} b_{11}c_{1j} + b_{12}c_{2j} + \ldots + b_{1r}c_{rj} \\ b_{21}c_{1j} + b_{22}c_{2j} + \ldots + b_{2r}c_{rj} \\ \vdots \\ b_{n1}c_{1j} + b_{n2}c_{2j} + \ldots + b_{nr}c_{rj} \end{array}\right|$$

$= a_{i1}(b_{11}c_{ij} + b_{12}c_{2j} + \ldots + b_{1r}c_{rj}) + a_{i2}(b_{21}c_{1j} + b_{22}c_{2j} + \ldots + b_{2r}c_{rj}) + \ldots$
$\quad + a_{in}(b_{n1}c_{1j} + b_{n2}c_{2j} + \ldots + b_{nr}c_{rj})$

$= (a_{i1}b_{11} + a_{i2}b_{21} + \ldots a_{in}b_{n1})c_{1j} + (a_{i1}b_{12} + a_{i2}b_{22} + a_{in}b_{n2})c_{2j} + \ldots$
$\quad + (a_{i1}b_{1r} + a_{i2}b_{2r} + \ldots + a_{in}b_{nr})c_{rj}$

$= (A_i B)C_j.$

13. (a) R1<->R3: $\begin{bmatrix} 0 & 0 & 1 \\ 0 & 1 & 0 \\ 1 & 0 & 0 \end{bmatrix}$. -4R2+R1: $\begin{bmatrix} 1 & -4 & 0 \\ 0 & 1 & 0 \\ 0 & 0 & 1 \end{bmatrix}$.

   (b) Add 2 times row 1 to row 3. Interchange rows 2 and 3 of I_3.

14. $(cA)^n = (cA)(cA)\ldots(cA) = c^n A^n$.

15. The ith diagonal element of AA^t is
$$a_{i1}a_{i1} + a_{i2}a_{i2} + \ldots + a_{in}a_{in} = (a_{i1})^2 + (a_{i2})^2 + \ldots + (a_{in})^2.$$
Since each term is a square, the sum can equal zero only if each term is zero, i.e., if each $a_{ij} = 0$. Thus, if $AA^t = O$ then $A = O$.

16. If A is a symmetric matrix then $A = A^t$, so $AA^t = A^2 = A^t A$ and A is normal.

17. If $A = A^2$ then $A^t = (A^2)^t = (A^t)^2$, so A^t is idempotent.

18. From Exercise 7 in Section 2.3, $(A^t)^n = (A^n)^t$. If $n < p$, $A^n \neq O$, so $(A^n)^t \neq O$, so $(A^t)^n \neq O$. $A^p = O$ so $(A^p)^t = (A^t)^p = O$. Thus, A^t is nilpotent with degree of nilpotency $= p$.

19. $A = A^t$, so $A^{-1} = (A^t)^{-1} = (A^{-1})^t$, so A^{-1} is symmetric.

20. If row i of A is all zeros then row i of AB is all zeros for any matrix B. The ith diagonal term of I_n is 1, so there is no matrix B for which $AB = I_n$. Likewise, if column j of A is all zeros then column j of BA is all zeros for any B, so there is no matrix B with $BA = I_n$.

21. $\begin{bmatrix} 1 & 2 & -3 \\ 0 & 4 & 1 \end{bmatrix} \begin{bmatrix} 3 \\ 0 \\ 1 \end{bmatrix} = \begin{bmatrix} 0 \\ 1 \end{bmatrix}$. $\begin{bmatrix} 1 & 2 & -3 \\ 0 & 4 & 1 \end{bmatrix} \begin{bmatrix} -1 \\ 4 \\ 2 \end{bmatrix} = \begin{bmatrix} 1 \\ 18 \end{bmatrix}$.

22. (a) $T((x_1, y_1) + (x_2, y_2)) = T(x_1 + x_2, y_1 + y_2) = (2(x_1 + x_2), y_1 + y_2, y_1 + y_2 - x_1 - x_2)$
    $= (2x_1 + 2x_2, y_1 + y_2, y_1 - x_1 + y_2 - x_2) = (2x_1, y_1, y_1 - x_1) + (2x_2, y_2, y_2 - x_2)$
    $= T(x_1, y_1) + T(x_2, y_2)$

    and $T(c(x,y)) = T(cx, cy) = (2cx, cy, cy - cx) = c(2x, y, y-x) = cT(x,y)$, so T is linear.

(b) $T(c(x,y)) = T(cx,cy) = (cx+cy, 2cy+3)$ and $cT(x,y) = c(x+y, 2y+3) = (cx+cy, 2cy+3c)$, so T is not linear.

23. $\begin{bmatrix} a & b \\ c & d \end{bmatrix} \begin{bmatrix} 1 \\ 2 \end{bmatrix} = \begin{bmatrix} 5 \\ 1 \end{bmatrix}$, so $a + 2b = 5$ and $c + 2d = 1$, and $\begin{bmatrix} a & b \\ c & d \end{bmatrix} \begin{bmatrix} 3 \\ -2 \end{bmatrix} = \begin{bmatrix} -1 \\ 11 \end{bmatrix}$, so $3a - 2b = -1$ and $3c - 2d = 11$. Thus $a = 1, b = 2, c = 3$, and $d = -1$, and the matrix is

$$\begin{bmatrix} a & b \\ c & d \end{bmatrix} = \begin{bmatrix} 1 & 2 \\ 3 & -1 \end{bmatrix}.$$

24. $\begin{bmatrix} 3 & 0 \\ 0 & 3 \end{bmatrix} \begin{bmatrix} \frac{\sqrt{3}}{2} & \frac{-1}{2} \\ \frac{1}{2} & \frac{\sqrt{3}}{2} \end{bmatrix} = \begin{bmatrix} \frac{3\sqrt{3}}{2} & \frac{-3}{2} \\ \frac{3}{2} & \frac{3\sqrt{3}}{2} \end{bmatrix}.$

25. $\begin{bmatrix} 1 \\ 0 \end{bmatrix} \mapsto \begin{bmatrix} 0 \\ -1 \end{bmatrix}$ and $\begin{bmatrix} 0 \\ 1 \end{bmatrix} \mapsto \begin{bmatrix} -1 \\ 0 \end{bmatrix}$, so $A = \begin{bmatrix} 0 & -1 \\ -1 & 0 \end{bmatrix}$.

26. $\begin{bmatrix} 1 \\ 0 \end{bmatrix} \mapsto \begin{bmatrix} \frac{1}{2} \\ \frac{-1}{2} \end{bmatrix}$ and $\begin{bmatrix} 0 \\ 1 \end{bmatrix} \mapsto \begin{bmatrix} \frac{-1}{2} \\ \frac{1}{2} \end{bmatrix}$, so $A = \begin{bmatrix} \frac{1}{2} & \frac{-1}{2} \\ \frac{-1}{2} & \frac{1}{2} \end{bmatrix}$.

27. $\begin{bmatrix} 5 & 0 \\ 0 & 2 \end{bmatrix} \begin{bmatrix} x \\ y \end{bmatrix} = \begin{bmatrix} 5x \\ 2y \end{bmatrix} = \begin{bmatrix} x' \\ y' \end{bmatrix}$. $y = -5x + 1$, so $\frac{y'}{2} = -5\frac{x'}{5} + 1$. Thus the images of the points on the line $y = -5x + 1$ are the points on the line $\frac{y}{2} = -x + 1$.

28. $\begin{bmatrix} 1 & 0 \\ 3 & 1 \end{bmatrix} \begin{bmatrix} x \\ y \end{bmatrix} = \begin{bmatrix} x \\ 3x+y \end{bmatrix} = \begin{bmatrix} x' \\ y' \end{bmatrix}$. $y = 2x + 3$, so $y' - 3x' = 2x' + 3$ and $y' = 5x' + 3$. Thus the images of the points on the line $y = 2x + 3$ are the points on the line $y = 5x + 3$.

29. $\begin{bmatrix} -1 & 0 \\ 0 & 1 \end{bmatrix} \begin{bmatrix} 2 & 0 \\ 0 & 1 \end{bmatrix} \begin{bmatrix} 1 & 0 \\ 3 & 1 \end{bmatrix} = \begin{bmatrix} -2 & 0 \\ 3 & 1 \end{bmatrix}.$

Chapter 2 Review Exercises

30. $A + B = \begin{bmatrix} 5+i & 5-5i \\ 6+10i & -3+i \end{bmatrix}$. $\quad AB = \begin{bmatrix} 35+24i & -3+6i \\ 7+6i & 12-6i \end{bmatrix}$.

    $\bar{A} = \begin{bmatrix} 2 & 4+3i \\ 4-3i & -1 \end{bmatrix}$, so $A^* = \begin{bmatrix} 2 & 4-3i \\ 4+3i & -1 \end{bmatrix} = A$; i.e., A is hermitian.

31. If A is a real symmetric matrix, then $\bar{A} = A = A^t$ so $A^* = A^t = A$. Thus A is hermitian.

32. $G = AA^t = \begin{bmatrix} 1 & 1 & 0 & 0 & 0 \\ 1 & 2 & 0 & 0 & 1 \\ 0 & 0 & 2 & 1 & 1 \\ 0 & 0 & 1 & 1 & 0 \\ 0 & 1 & 1 & 0 & 2 \end{bmatrix}$ $\quad P = A^tA = \begin{bmatrix} 2 & 1 & 0 & 0 \\ 1 & 2 & 1 & 0 \\ 0 & 1 & 2 & 1 \\ 0 & 0 & 1 & 2 \end{bmatrix}$

    $g_{12} = 1, g_{13} = 0, g_{14} = 0, g_{15} = 0,$ $\quad p_{12} = 1, p_{13} = 0, p_{14} = 0,$
    $g_{23} = 0, g_{24} = 0, g_{25} = 1,$ $\quad p_{23} = 1, p_{24} = 0, p_{34} = 1,$
    $g_{34} = 1, g_{35} = 1, g_{45} = 0,$ $\quad$ so $1 \to 2 \to 3 \to 4$ or $4 \to 3 \to 2 \to 1$.
    so $1 \to 2 \to 5 \to 3 \to 4$
    or $4 \to 3 \to 5 \to 2 \to 1$.

33. $P^2 = \begin{bmatrix} .9 & .25 \\ .1 & .75 \end{bmatrix} \begin{bmatrix} .9 & .25 \\ .1 & .75 \end{bmatrix} = \begin{bmatrix} .835 & .4125 \\ .165 & .5875 \end{bmatrix}$.

    $\begin{bmatrix} .835 & .4125 \\ .165 & .5875 \end{bmatrix} \begin{bmatrix} 300000 \\ 750000 \end{bmatrix} = \begin{bmatrix} 559875 \\ 490125 \end{bmatrix}$, so in two generations the distribution will

    be 559,875 college-educated and 490,125 noncollege-educated.

    The probability is .4125 that a couple with no college education will have at least one grandchild with a college education.

34. (a) No arcs lead to vertex 4.
    (b) There are two arcs from vertex 3.
    (c) There are four 3-paths from vertex 2.
    (d) No 2-paths lead to vertex 3.
    (e) There are two 3-paths from vertex 4 to vertex 4.
    (f) There are three pairs of vertices joined by 4-paths.

Chapter 3

Exercise Set 3.1

1. (a) $\begin{vmatrix} 2 & 1 \\ 3 & 5 \end{vmatrix} = (2 \times 5) - (1 \times 3) = 7.$

   (c) $\begin{vmatrix} 4 & 1 \\ -2 & 3 \end{vmatrix} = (4 \times 3) - (1 \times -2) = 14.$

2. (a) $\begin{vmatrix} 1 & -5 \\ 0 & 3 \end{vmatrix} = (1 \times 3) - (-5 \times 0) = 3.$

   (c) $\begin{vmatrix} -3 & 1 \\ 2 & -5 \end{vmatrix} = (-3 \times -5) - (1 \times 2) = 13.$

3. (a) $M_{11} = \begin{vmatrix} 0 & 6 \\ 1 & -4 \end{vmatrix} = (0 \times -4) - (6 \times 1) = -6.$ $C_{11} = (-1)^{1+1} M_{11} = (-1)^2(-6) = -6.$

   (c) $M_{23} = \begin{vmatrix} 1 & 2 \\ 7 & 1 \end{vmatrix} = (1 \times 1) - (2 \times 7) = -13.$ $C_{23} = (-1)^{2+3} M_{23} = (-1)^5(-13) = 13.$

4. (a) $M_{13} = \begin{vmatrix} -2 & 3 \\ 0 & -6 \end{vmatrix} = (-2 \times -6) - (3 \times 0) = 12.$ $C_{13} = (-1)^{1+3} M_{13} = (-1)^4(12) = 12.$

   (c) $M_{31} = \begin{vmatrix} 0 & 1 \\ 3 & 7 \end{vmatrix} = (0 \times 7) - (1 \times 3) = -3.$ $C_{31} = (-1)^{3+1} M_{31} = (-1)^4(-3) = -3.$

5. (a) $M_{12} = \begin{vmatrix} 8 & 2 & 1 \\ 4 & -5 & 0 \\ 1 & 8 & 2 \end{vmatrix}$

   $= (8 \times -5 \times 2) + (2 \times 0 \times 1) + (1 \times 4 \times 8) - (1 \times -5 \times 1) - (8 \times 0 \times 8) - (2 \times 4 \times 2)$

   $= -80 + 0 + 32 - (-5) - 0 - 16 = -59.$

   $C_{12} = (-1)^{1+2} M_{12} = (-1)^3(-59) = 59.$

   (c) $M_{33} = \begin{vmatrix} 2 & 0 & -5 \\ 8 & -1 & 1 \\ 1 & 4 & 2 \end{vmatrix}$

   $= (2 \times -1 \times 2) + (0 \times 1 \times 1) + (-5 \times 8 \times 4) - (-5 \times -1 \times 1) - (2 \times 1 \times 4) - (0 \times 8 \times 2)$

$$= -4 + 0 + (-160) - 5 - 8 - 0 = -177.$$

$$C_{33} = (-1)^{3+3} M_{33} = (-1)^6(-177) = -177.$$

6. (a) $\begin{vmatrix} 1 & 2 & 4 \\ 4 & -1 & 5 \\ -2 & 2 & 1 \end{vmatrix} = \begin{vmatrix} -1 & 5 \\ 2 & 1 \end{vmatrix} - 2 \begin{vmatrix} 4 & 5 \\ -2 & 1 \end{vmatrix} + 4 \begin{vmatrix} 4 & -1 \\ -2 & 2 \end{vmatrix}$

$$= [(-1 \times 1) - (5 \times 2)] - 2[(4 \times 1) - (5 \times -2)] + 4[(4 \times 2) - (-1 \times -2)]$$

$$= -11 - 2(14) + 4(6) = -15.$$

"diagonals" method:

$$(1 \times -1 \times 1) + (2 \times 5 \times -2) + (4 \times 4 \times 2) - (4 \times -1 \times -2) - (1 \times 5 \times 2) - (2 \times 4 \times 1)$$

$$= -1 + (-20) + 32 - 8 - 10 - 8 = -15.$$

(c) $\begin{vmatrix} 4 & 1 & -2 \\ 5 & 3 & -1 \\ 2 & 4 & 1 \end{vmatrix} = 4 \begin{vmatrix} 3 & -1 \\ 4 & 1 \end{vmatrix} - \begin{vmatrix} 5 & -1 \\ 2 & 1 \end{vmatrix} + (-2) \begin{vmatrix} 5 & 3 \\ 2 & 4 \end{vmatrix}$

$$= 4[(3 \times 1) - (-1 \times 4)] - [(5 \times 1) - (-1 \times 2)] + (-2)[(5 \times 4) - (3 \times 2)]$$

$$= 4(7) - 7 + (-2)(14) = -7.$$

"diagonals" method:

$$(4 \times 3 \times 1) + (1 \times -1 \times 2) + (-2 \times 5 \times 4) - (-2 \times 3 \times 2) - (4 \times -1 \times 4) - (1 \times 5 \times 1)$$

$$= 12 + (-2) + (-40) - (-12) - (-16) - 5 = -7.$$

7. (a) $\begin{vmatrix} 2 & 0 & 7 \\ 8 & -1 & -2 \\ 5 & 6 & 1 \end{vmatrix} = 2 \begin{vmatrix} -1 & -2 \\ 6 & 1 \end{vmatrix} - 0 \begin{vmatrix} 8 & -2 \\ 5 & 1 \end{vmatrix} + 7 \begin{vmatrix} 8 & -1 \\ 5 & 6 \end{vmatrix}$

$$= 2[(-1 \times 1) - (-2 \times 6)] - 0 + 7[(8 \times 6) - (-1 \times 5)] = 2(11) - 0 + 7(53) = 393.$$

"diagonals" method:

$$(2 \times -1 \times 1) + (0 \times -2 \times 5) + (7 \times 8 \times 6) - (7 \times -1 \times 5) - (2 \times -2 \times 6) - (0 \times 8 \times 1)$$

$$= -2 + 0 + (336) - (-35) - (-24) - 0 = 393.$$

(c) $\begin{vmatrix} 0 & 0 & 5 \\ 1 & 1 & 1 \\ 2 & 2 & 2 \end{vmatrix} = 0 \begin{vmatrix} 1 & 1 \\ 2 & 2 \end{vmatrix} - 0 \begin{vmatrix} 1 & 1 \\ 2 & 2 \end{vmatrix} + 5 \begin{vmatrix} 1 & 1 \\ 2 & 2 \end{vmatrix}$

$= 0 - 0 + 5[(1 \times 2) - (1 \times 2)] = 0$

"diagonals" method:

$(0 \times 1 \times 2) + (0 \times 1 \times 2) + (5 \times 1 \times 2) - (5 \times 1 \times 2) - (0 \times 1 \times 2) - (0 \times 1 \times 2) = 0.$

8. (a) $\begin{vmatrix} 0 & 3 & 2 \\ 1 & 5 & 7 \\ -2 & -6 & -1 \end{vmatrix}$

using row 2:

$= - \begin{vmatrix} 3 & 2 \\ -6 & -1 \end{vmatrix} + 5 \begin{vmatrix} 0 & 2 \\ -2 & -1 \end{vmatrix} - 7 \begin{vmatrix} 0 & 3 \\ -2 & -6 \end{vmatrix} = -9 + 5 \times 4 - 7 \times 6 = -31.$

using column 1:

$= 0 \begin{vmatrix} 5 & 7 \\ -6 & -1 \end{vmatrix} - \begin{vmatrix} 3 & 2 \\ -6 & -1 \end{vmatrix} + (-2) \begin{vmatrix} 3 & 2 \\ 5 & 7 \end{vmatrix} = 0 - 9 + (-2)(11) = -31.$

(c) $\begin{vmatrix} 5 & -1 & 2 \\ 3 & 0 & 6 \\ -4 & 3 & 1 \end{vmatrix}$

using row 1:

$= 5 \begin{vmatrix} 0 & 6 \\ 3 & 1 \end{vmatrix} - (-1) \begin{vmatrix} 3 & 6 \\ -4 & 1 \end{vmatrix} + 2 \begin{vmatrix} 3 & 0 \\ -4 & 3 \end{vmatrix} = -90 - (-27) + 18 = -45.$

using row 3:

$= (-4) \begin{vmatrix} -1 & 2 \\ 0 & 6 \end{vmatrix} - 3 \begin{vmatrix} 5 & 2 \\ 3 & 6 \end{vmatrix} + \begin{vmatrix} 5 & -1 \\ 3 & 0 \end{vmatrix} = 24 - (72) + (3) = -45.$

9. (a) $\begin{vmatrix} 1 & 3 & -1 \\ 2 & 0 & 5 \\ 1 & 4 & 3 \end{vmatrix}$

using row 2:

$$= -2\begin{vmatrix} 3 & -1 \\ 4 & 3 \end{vmatrix} + 0\begin{vmatrix} 1 & -1 \\ 1 & 3 \end{vmatrix} - 5\begin{vmatrix} 1 & 3 \\ 1 & 4 \end{vmatrix} = -26 + 0 - 5 = -31.$$

using column 1:

$$= \begin{vmatrix} 0 & 5 \\ 4 & 3 \end{vmatrix} - 2\begin{vmatrix} 3 & -1 \\ 4 & 3 \end{vmatrix} + \begin{vmatrix} 3 & -1 \\ 0 & 5 \end{vmatrix} = -20 - 26 + 15 = -31.$$

(c) $\begin{vmatrix} 1 & 0 & 2 \\ 3 & -2 & 1 \\ 4 & 0 & 2 \end{vmatrix}$

using column 1:

$$= \begin{vmatrix} -2 & 1 \\ 0 & 2 \end{vmatrix} - 3\begin{vmatrix} 0 & 2 \\ 0 & 2 \end{vmatrix} + 4\begin{vmatrix} 0 & 2 \\ -2 & 1 \end{vmatrix} = -4 - 0 + 16 = 12.$$

using column 2:

$$= -0\begin{vmatrix} 3 & 1 \\ 4 & 2 \end{vmatrix} + (-2)\begin{vmatrix} 1 & 2 \\ 4 & 2 \end{vmatrix} - 0\begin{vmatrix} 1 & 2 \\ 3 & 1 \end{vmatrix} = 0 + 12 - 0 = 12.$$

10. (a) Using column 3, $\begin{vmatrix} 1 & -2 & 3 \\ 1 & 4 & 0 \\ 2 & -1 & 0 \end{vmatrix} = 3\begin{vmatrix} 1 & 4 \\ 2 & -1 \end{vmatrix} = -27.$

(c) Using row 3, $\begin{vmatrix} 9 & 2 & 1 \\ -3 & 2 & 6 \\ 0 & 0 & -3 \end{vmatrix} = (-3)\begin{vmatrix} 9 & 2 \\ -3 & 2 \end{vmatrix} = -72.$

11. (a) Using column 4, $\begin{vmatrix} 1 & -2 & 3 & 0 \\ 4 & 0 & 5 & 0 \\ 7 & -3 & 8 & 4 \\ -3 & 0 & 4 & 0 \end{vmatrix} = -4\begin{vmatrix} 1 & -2 & 3 \\ 4 & 0 & 5 \\ -3 & 0 & 4 \end{vmatrix}$

(using column 2 of the 3x3 matrix) $= -4(-(-2))\begin{vmatrix} 4 & 5 \\ -3 & 4 \end{vmatrix} = -8 \times 31 = -248.$

Section 3.1

(c) Using column 2, $\begin{vmatrix} 9 & 3 & 7 & -8 \\ 1 & 0 & 4 & 2 \\ 1 & 0 & 0 & -1 \\ -2 & 0 & -1 & 3 \end{vmatrix} = -3 \begin{vmatrix} 1 & 4 & 2 \\ 1 & 0 & -1 \\ -2 & -1 & 3 \end{vmatrix}$

(using row 2 of the 3x3 matrix) $= -3 \left(- \begin{vmatrix} 4 & 2 \\ -1 & 3 \end{vmatrix} - (-1) \begin{vmatrix} 1 & 4 \\ -2 & -1 \end{vmatrix} \right)$

$= -3(-14 - (-7)) = 21.$

12. $\begin{vmatrix} x+1 & x \\ 3 & x-2 \end{vmatrix} = (x+1)(x-2) - 3x = x^2 - x - 2 - 3x = 3$, so $x^2 - 4x - 5 = 0$.

$(x-5)(x+1) = 0$, so there are two solutions, $x = 5$ and $x = -1$.

14. $\begin{vmatrix} x-1 & -2 \\ x-2 & x-1 \end{vmatrix} = (x-1)(x-1) - (-2)(x-2) = x^2 - 2x + 1 - (-2x) - 4 = 0$,

so $x^2 - 3 = 0$, and there are two solutions, $\sqrt{3}$ and $-\sqrt{3}$.

16. The cofactor expansion of each determinant using the third column gives $-3 \begin{vmatrix} 4 & -1 \\ 2 & 1 \end{vmatrix}$.

18. (a) $4213 \to 4123 \to 1423 \to 1243 \to 1234$; even

    (c) $3214 \to 3124 \to 1324 \to 1234$; odd

    (e) $4321 \to 4312 \to 3412 \to 3142 \to 1342 \to 1324 \to 1234$; even

19. (a) $35241 \to 32541 \to 32451 \to 32415 \to 32145 \to 31245 \to 13245 \to 12345$; odd

    (c) $54312 \to 45312 \to 43512 \to 43152 \to 43125 \to 34125 \to 31425 \to 31245$
    $\to 13245 \to 12345$; odd

    (e) $32514 \to 23514 \to 23154 \to 21354 \to 12354 \to 12345$; odd

Exercise Set 3.2

1. (a) $\begin{vmatrix} 1 & 2 & 3 \\ 2 & 4 & 1 \\ 1 & 1 & 1 \end{vmatrix} \underset{C2+(-2)C1}{\approx} \begin{vmatrix} 1 & 0 & 3 \\ 2 & 0 & 1 \\ 1 & -1 & 1 \end{vmatrix} = -(-1)\begin{vmatrix} 1 & 3 \\ 2 & 1 \end{vmatrix} = -5.$

   (c) $\begin{vmatrix} 2 & 1 & -1 \\ 3 & -1 & 1 \\ 1 & 4 & -4 \end{vmatrix} \underset{C2+C3}{=} \begin{vmatrix} 2 & 0 & -1 \\ 3 & 0 & 1 \\ 1 & 0 & -4 \end{vmatrix} = 0.$

2. (a) $\begin{vmatrix} 2 & -1 & 2 \\ 1 & 2 & -4 \\ 3 & 1 & 2 \end{vmatrix} \underset{C3+(2)C2}{=} \begin{vmatrix} 2 & -1 & 0 \\ 1 & 2 & 0 \\ 3 & 1 & 4 \end{vmatrix} = 4\begin{vmatrix} 2 & -1 \\ 1 & 2 \end{vmatrix} = 20.$

   (c) $\begin{vmatrix} 1 & -2 & 3 \\ -3 & 6 & -9 \\ 4 & 5 & 7 \end{vmatrix} \underset{R2+(3)R1}{=} \begin{vmatrix} 1 & -2 & 3 \\ 0 & 0 & 0 \\ 4 & 5 & 7 \end{vmatrix} = 0.$

3. (a) The given matrix can be obtained from A by multiplying the third row by 2, so its determinant is 2 |A| = −4.

   (c) The given matrix can be obtained from A by adding twice row 1 to row 2, so its determinant is |A| = −2.

4. (a) The given matrix can be obtained from A by interchanging columns 2 and 3, so its determinant is −|A| = −5.

   (c) The given matrix is the transpose of A, and $|A^t|$ = |A| = 5.

5. The second answer is correct.

6. (a) Row 3 is all zeros.   (c) Row 3 is −3 times row 1.

Section 3.2

7. (a) Column 3 is all zeros.   (c) Row 3 is 3 times row 1.

8. (a) $|2A| = (2)^2 |A| = 12$.   (c) $|A^2| = |A||A| = 9$.

   (e) $|(A^2)^t| = |A^2| = 9$.

9. (a) $|AB| = |A||B| = -6$.   (c) $|A^t B| = |A^t||B| = |A||B| = -6$.

   (e) $|2AB^{-1}| = (2)^3 |A||B^{-1}| = 8|A|/|B| = -12$.

10. (a) The given matrix can be obtained from A by interchanging rows 1 and 2 and then interchanging rows 2 and 3. Thus its determinant is $(-1)(-1)|A| = 3$.

    (c) The given matrix can be obtained from A by interchanging rows 1 and 2 and then interchanging columns 2 and 3 in the resulting matrix. Thus the determinant of the given matrix is $(-1)(-1)|A| = 3$.

12. (a) $3 \times -1 \times 4 = -12$ (b) $2 \times 3 \times 5 \times -2 = -60$

13. (a) $\begin{vmatrix} 1 & 0 & -1 \\ 2 & 1 & 2 \\ -1 & 1 & 1 \end{vmatrix} \underset{R3+R1}{\overset{R2+(-2)R1}{=}} \begin{vmatrix} 1 & 0 & -1 \\ 0 & 1 & 4 \\ 0 & 1 & 0 \end{vmatrix} \overset{R3+(-1)R2}{=} \begin{vmatrix} 1 & 0 & -1 \\ 0 & 1 & 4 \\ 0 & 0 & -4 \end{vmatrix} = -4.$

    (c) $\begin{vmatrix} 2 & 3 & 8 \\ -2 & -3 & 4 \\ 4 & 6 & -2 \end{vmatrix} \underset{R3+(-2)R1}{\overset{R2+R1}{=}} \begin{vmatrix} 2 & 3 & 8 \\ 0 & 0 & 12 \\ 0 & 0 & -18 \end{vmatrix} = 0.$

14. (a) $\begin{vmatrix} 2 & 1 & 3 & 1 \\ -2 & 3 & -1 & 2 \\ 2 & 1 & 2 & 3 \\ -4 & -2 & 0 & -1 \end{vmatrix} \underset{\substack{R3+(-1)R1 \\ R4+(2)R1}}{\overset{R2+R1}{=}} \begin{vmatrix} 2 & 1 & 3 & 1 \\ 0 & 4 & 2 & 3 \\ 0 & 0 & -1 & 2 \\ 0 & 0 & 6 & 1 \end{vmatrix} \overset{R4+(6)R3}{=} \begin{vmatrix} 2 & 1 & 3 & 1 \\ 0 & 4 & 2 & 3 \\ 0 & 0 & -1 & 2 \\ 0 & 0 & 0 & 13 \end{vmatrix} = -104.$

15. Expand by row (or column) 1 at each stage.

$$\begin{vmatrix} a_{11} & 0 & 0 & \cdots & 0 \\ 0 & a_{22} & 0 & \cdots & 0 \\ 0 & 0 & a_{33} & \cdots & 0 \\ \vdots & \vdots & \vdots & & \vdots \\ 0 & 0 & 0 & \cdots & a_{nn} \end{vmatrix} = a_{11} \begin{vmatrix} a_{22} & 0 & \cdots & 0 \\ 0 & a_{33} & \cdots & 0 \\ \vdots & \vdots & & \vdots \\ 0 & 0 & \cdots & a_{nn} \end{vmatrix} = a_{11}a_{22} \begin{vmatrix} a_{33} & \cdots & 0 \\ \vdots & & \vdots \\ 0 & \cdots & a_{nn} \end{vmatrix}$$

$$= \ldots = a_{11}\, a_{22}\, a_{33}\, \cdots\, a_{nn}$$

18. Suppose the sum of the elements in each column is zero.

$$|A| = \begin{vmatrix} a_{11} & \cdots & a_{1n} \\ a_{21} & \cdots & a_{2n} \\ a_{31} & \cdots & a_{3n} \\ \vdots & & \vdots \\ a_{n1} & \cdots & a_{nn} \end{vmatrix} \underset{R1+R2}{=} \begin{vmatrix} a_{11}+a_{21} & \cdots & a_{1n}+a_{2n} \\ a_{21} & \cdots & a_{2n} \\ a_{31} & \cdots & a_{3n} \\ \vdots & & \vdots \\ a_{n1} & \cdots & a_{nn} \end{vmatrix} \underset{R1+R3}{=} \begin{vmatrix} a_{11}+a_{21}+a_{31} & \cdots & a_{1n}+a_{2n}+a_{3n} \\ a_{21} & \cdots & a_{2n} \\ a_{31} & \cdots & a_{3n} \\ \vdots & & \vdots \\ a_{n1} & \cdots & a_{nn} \end{vmatrix}$$

$$\underset{R1+R4}{=} \cdots \underset{R1+Rn}{=} \begin{vmatrix} a_{11}+a_{21}+a_{31}+\ldots+a_{n1} & \cdots & a_{1n}+a_{2n}+a_{3n}+\ldots+a_{nn} \\ a_{21} & \cdots & a_{2n} \\ a_{31} & \cdots & a_{3n} \\ \vdots & & \vdots \\ a_{n1} & \cdots & a_{nn} \end{vmatrix} = 0,$$

because the first row is all zeros.

20. $|AB| = |A||B| = |B||A| = |BA|$.

23. If B is obtained from A using an elementary row operation, then $|B| = |A|$ or $|B| = -|A|$ or $|B| = c|A|$. Since $c \neq 0$ by definition, $|B| \neq 0$ if and only if $|A| \neq 0$.

Exercise Set 3.3

1. (a) The determinant is 5. The matrix is invertible.

    (c) The determinant is zero. The matrix is singular. The inverse does not exist.

2. (a) The determinant is -6. The matrix is invertible.

Section 3.3

    (c)   The determinant is 7. The matrix is invertible.

3. (a)   The determinant is 18. The matrix is invertible.

    (c)   The determinant is −105. The matrix is invertible.

4. (a)   The determinant is zero. The matrix is singular. The inverse does not exist.

    (c)   The determinant is −27. The matrix is invertible.

5. (a)   The determinant is −10.

$$\begin{bmatrix} 1 & 4 \\ 3 & 2 \end{bmatrix}^{-1} = \frac{-1}{10}\begin{bmatrix} 2 & -4 \\ -3 & 1 \end{bmatrix}.$$

    (c)   The determinant is zero. The inverse does not exist.

6. (a)   The determinant is −3.

$$\begin{bmatrix} 1 & 2 & 3 \\ 0 & 1 & 2 \\ 4 & 5 & 3 \end{bmatrix}^{-1} = \frac{-1}{3}\begin{bmatrix} \begin{vmatrix} 1 & 2 \\ 5 & 3 \end{vmatrix} & -\begin{vmatrix} 2 & 3 \\ 5 & 3 \end{vmatrix} & \begin{vmatrix} 2 & 3 \\ 1 & 2 \end{vmatrix} \\ -\begin{vmatrix} 0 & 2 \\ 4 & 3 \end{vmatrix} & \begin{vmatrix} 1 & 3 \\ 4 & 3 \end{vmatrix} & -\begin{vmatrix} 1 & 3 \\ 0 & 2 \end{vmatrix} \\ \begin{vmatrix} 0 & 1 \\ 4 & 5 \end{vmatrix} & -\begin{vmatrix} 1 & 2 \\ 4 & 5 \end{vmatrix} & \begin{vmatrix} 1 & 2 \\ 0 & 1 \end{vmatrix} \end{bmatrix} = \frac{-1}{3}\begin{bmatrix} -7 & 9 & 1 \\ 8 & -9 & -2 \\ -4 & 3 & 1 \end{bmatrix}.$$

    (c)   The determinant is −4.

$$\begin{bmatrix} 1 & 2 & -1 \\ 2 & 4 & -3 \\ 1 & -2 & 0 \end{bmatrix}^{-1} = \frac{-1}{4}\begin{bmatrix} -6 & 2 & -2 \\ -3 & 1 & 1 \\ -8 & 4 & 0 \end{bmatrix}.$$

7. (a)   The determinant is −1.

$$\begin{bmatrix} 5 & 2 & 4 \\ 2 & 1 & 2 \\ 4 & 2 & 3 \end{bmatrix}^{-1} = - \begin{bmatrix} \begin{vmatrix} 1 & 2 \\ 2 & 3 \end{vmatrix} & -\begin{vmatrix} 2 & 4 \\ 2 & 3 \end{vmatrix} & \begin{vmatrix} 2 & 4 \\ 1 & 2 \end{vmatrix} \\ -\begin{vmatrix} 2 & 2 \\ 4 & 3 \end{vmatrix} & \begin{vmatrix} 5 & 4 \\ 4 & 3 \end{vmatrix} & -\begin{vmatrix} 5 & 4 \\ 2 & 2 \end{vmatrix} \\ \begin{vmatrix} 2 & 1 \\ 4 & 2 \end{vmatrix} & -\begin{vmatrix} 5 & 2 \\ 4 & 2 \end{vmatrix} & \begin{vmatrix} 5 & 2 \\ 2 & 1 \end{vmatrix} \end{bmatrix} = - \begin{bmatrix} -1 & 2 & 0 \\ 2 & -1 & -2 \\ 0 & -2 & 1 \end{bmatrix}.$$

(c) The determinant is zero. The inverse does not exist.

8. (a) $x_1 = \dfrac{\begin{vmatrix} 8 & 2 \\ 19 & 5 \end{vmatrix}}{\begin{vmatrix} 1 & 2 \\ 2 & 5 \end{vmatrix}} = \dfrac{2}{1} = 2.$ $x_2 = \dfrac{\begin{vmatrix} 1 & 8 \\ 2 & 19 \end{vmatrix}}{\begin{vmatrix} 1 & 2 \\ 2 & 5 \end{vmatrix}} = \dfrac{3}{1} = 3.$

(c) $x_1 = \dfrac{\begin{vmatrix} 11 & 3 \\ -1 & 1 \end{vmatrix}}{\begin{vmatrix} 1 & 3 \\ -2 & 1 \end{vmatrix}} = \dfrac{14}{7} = 2.$ $x_2 = \dfrac{\begin{vmatrix} 1 & 11 \\ -2 & -1 \end{vmatrix}}{\begin{vmatrix} 1 & 3 \\ -2 & 1 \end{vmatrix}} = \dfrac{21}{7} = 3.$

9. (a) $x_1 = \dfrac{\begin{vmatrix} -1 & 1 \\ 3 & 1 \end{vmatrix}}{\begin{vmatrix} 3 & 1 \\ 1 & 1 \end{vmatrix}} = \dfrac{-4}{2} = -2.$ $x_2 = \dfrac{\begin{vmatrix} 3 & -1 \\ 1 & 3 \end{vmatrix}}{\begin{vmatrix} 3 & 1 \\ 1 & 1 \end{vmatrix}} = \dfrac{10}{2} = 5.$

(b) $x_1 = \dfrac{\begin{vmatrix} 11 & 2 \\ 14 & 3 \end{vmatrix}}{\begin{vmatrix} 3 & 2 \\ 2 & 3 \end{vmatrix}} = \dfrac{5}{5} = 1.$ $x_2 = \dfrac{\begin{vmatrix} 3 & 11 \\ 2 & 14 \end{vmatrix}}{\begin{vmatrix} 3 & 2 \\ 2 & 3 \end{vmatrix}} = \dfrac{20}{5} = 4.$

10. (a) $|A| = \begin{vmatrix} 1 & 3 & 4 \\ 2 & 6 & 9 \\ 3 & 1 & -2 \end{vmatrix} = 8,\ |A_1| = \begin{vmatrix} 3 & 3 & 4 \\ 5 & 6 & 9 \\ 7 & 1 & -2 \end{vmatrix} = 8,\ |A_2| = \begin{vmatrix} 1 & 3 & 4 \\ 2 & 5 & 9 \\ 3 & 7 & -2 \end{vmatrix} = 16,$

$$|A_3| = \begin{vmatrix} 1 & 3 & 3 \\ 2 & 6 & 5 \\ 3 & 1 & 7 \end{vmatrix} = -8, \text{ so } x_1 = \frac{8}{8} = 1, x_2 = \frac{16}{8} = 2, x_3 = \frac{-8}{8} = -1.$$

(c) $|A| = \begin{vmatrix} 2 & 1 & 3 \\ 3 & -2 & 4 \\ 1 & 4 & -2 \end{vmatrix} = 28, |A_1| = \begin{vmatrix} 2 & 1 & 3 \\ 2 & -2 & 4 \\ 1 & 4 & -2 \end{vmatrix} = 14, |A_2| = \begin{vmatrix} 2 & 2 & 3 \\ 3 & 2 & 4 \\ 1 & 1 & -2 \end{vmatrix} = 7,$

$|A_3| = \begin{vmatrix} 2 & 1 & 2 \\ 3 & -2 & 2 \\ 1 & 4 & 1 \end{vmatrix} = 7, \text{ so } x_1 = \frac{14}{28} = \frac{1}{2}, x_2 = \frac{7}{28} = \frac{1}{4}, x_3 = \frac{7}{28} = \frac{1}{4}.$

11. (a) $|A| = \begin{vmatrix} 1 & 4 & 2 \\ 1 & 4 & -1 \\ 2 & 6 & 1 \end{vmatrix} = -6, |A_1| = \begin{vmatrix} 5 & 4 & 2 \\ 2 & 4 & -1 \\ 7 & 6 & 1 \end{vmatrix} = -18, |A_2| = \begin{vmatrix} 1 & 5 & 2 \\ 1 & 2 & -1 \\ 2 & 7 & 1 \end{vmatrix} = 0,$

$|A_3| = \begin{vmatrix} 1 & 4 & 5 \\ 1 & 4 & 2 \\ 2 & 6 & 7 \end{vmatrix} = -6, \text{ so } x_1 = \frac{-18}{-6} = 3, x_2 = \frac{0}{-6} = 0, x_3 = \frac{-6}{-6} = 1.$

(c) $|A| = \begin{vmatrix} 8 & -2 & 1 \\ 2 & -1 & 6 \\ 6 & 1 & 4 \end{vmatrix} = -128, |A_1| = \begin{vmatrix} 1 & -2 & 1 \\ 3 & -1 & 6 \\ 3 & 1 & 4 \end{vmatrix} = -16, |A_2| = \begin{vmatrix} 8 & 1 & 1 \\ 2 & 3 & 6 \\ 6 & 3 & 4 \end{vmatrix} = -32,$

$|A_3| = \begin{vmatrix} 8 & -2 & 1 \\ 2 & -1 & 3 \\ 6 & 1 & 3 \end{vmatrix} = -64, \text{ so } x_1 = \frac{-16}{-128} = \frac{1}{8}, x_2 = \frac{-32}{-128} = \frac{1}{4}, x_3 = \frac{-64}{-128} = \frac{1}{2}.$

12. (a) $|A| = 0$ so this system of equations cannot be solved using Cramer's rule.

(c) $|A| = \begin{vmatrix} 3 & 6 & -1 \\ 1 & -2 & 3 \\ 4 & -2 & 5 \end{vmatrix} = 24, |A_1| = \begin{vmatrix} 3 & 6 & -1 \\ 2 & -2 & 3 \\ 5 & -2 & 5 \end{vmatrix} = 12, |A_2| = \begin{vmatrix} 3 & 3 & -1 \\ 1 & 2 & 3 \\ 4 & 5 & 5 \end{vmatrix} = 9,$

$$|A_3| = \begin{vmatrix} 3 & 6 & 3 \\ 1 & -2 & 2 \\ 4 & -2 & 5 \end{vmatrix} = 18, \text{ so } x_1 = \frac{12}{24} = \frac{1}{2}, x_2 = \frac{9}{24} = \frac{3}{8}, x_3 = \frac{18}{24} = \frac{3}{4}.$$

13. (a) The determinant of the coefficient matrix is zero, so there is not a unique solution.

    (c) The determinant of the coefficient matrix is zero, so there is not a unique solution.

14. (a) The determinant of the coefficient matrix is 42, so there is a unique solution.

    (c) The determinant of the coefficient matrix is zero, so there is not a unique solution.

15. The system of equations will have nontrivial solutions if the determinant of the coefficient matrix is zero, i.e., if

$$\begin{vmatrix} 1-\lambda & 6 \\ 5 & 2-\lambda \end{vmatrix} = 0.$$

$$\begin{vmatrix} 1-\lambda & 6 \\ 5 & 2-\lambda \end{vmatrix} = (1-\lambda)(2-\lambda) - 30 = 2 - 3\lambda + \lambda^2 - 30 = \lambda^2 - 3\lambda - 28 = 0, \text{ so}$$

$(\lambda-7)(\lambda+4) = 0$ and $\lambda = 7$ or $\lambda = -4$. Substituting $\lambda = 7$ in the given equations, one finds that the general solution is $x_1 = x_2 = r$. For $\lambda = -4$ the general solution is $x_1 = -6r/5, x_2 = r$.

17. The system of equations will have nontrivial solutions if the determinant of the coefficient matrix is zero, i.e., if

$$\begin{vmatrix} 5-\lambda & 4 & 2 \\ 4 & 5-\lambda & 2 \\ 2 & 2 & 2-\lambda \end{vmatrix} = 0.$$

$$\begin{vmatrix} 5-\lambda & 4 & 2 \\ 4 & 5-\lambda & 2 \\ 2 & 2 & 2-\lambda \end{vmatrix} = (5-\lambda)(5-\lambda)(2-\lambda) + 16 + 16 - 4(5-\lambda) - 4(5-\lambda) - 16(2-\lambda)$$

$= 10 - 21\lambda + 12\lambda^2 - \lambda^3 = (1-\lambda)(1-\lambda)(10-\lambda) = 0$, so $\lambda = 1$ or $\lambda = 10$. For $\lambda = 1$

the general solution is $x_1 = -s - r/2$, $x_2 = s$, $x_3 = r$. For $\lambda = 10$ the general solution is

$x_1 = x_2 = 2r$, $x_3 = r$.

18. $AX = \lambda X = \lambda I_n X$, so $AX - \lambda I_n X = 0$. Thus $(A - \lambda I_n)X = 0$, and this system of equations has a nontrivial solution if and only if $|A - \lambda I_n| = 0$.

21. If A is invertible then $\frac{1}{|A|}$ adj(A) = A^{-1}, so that $A \frac{1}{|A|}$ adj(A) = $AA^{-1} = I_n$. Thus $\frac{1}{|A|} A = [\text{adj}(A)]^{-1}$.

25. If $|A| = \pm 1$, then $A^{-1} = \frac{1}{|A|}$ adj(A) = $\pm$adj(A), and since all elements of A are integers, all elements of adj(A) are integers (because adding and multiplying integers gives integer results).

27. $AX = B_2$ has a unique solution if and only if $|A| \neq 0$ if and only if $AX = B_1$ has a unique solution.

28. (a) True: $|A^2| = |AA| = |A||A| = (|A|)^2$.

   (c) True: $A^{-1} = \text{adj}(A)/|A|$. Thus if $|A| = 1$, $A^{-1} = \text{adj}(A)$.

Exercise Set 3.4

1. $\begin{vmatrix} 5-\lambda & 4 \\ 1 & 2-\lambda \end{vmatrix} = (5-\lambda)(2-\lambda) - 4 = \lambda^2 - 7\lambda + 6 = (\lambda-6)(\lambda-1)$, so the eigenvalues are $\lambda = 6$ and $\lambda = 1$. For $\lambda = 6$, the eigenvectors are the solutions of $\begin{bmatrix} -1 & 4 \\ 1 & -4 \end{bmatrix} \begin{bmatrix} x_1 \\ x_2 \end{bmatrix} = 0$, so the eigenvectors are vectors of the form $r \begin{bmatrix} 4 \\ 1 \end{bmatrix}$. For $\lambda = 1$, the eigenvectors are the solutions

of $\begin{bmatrix} 4 & 4 \\ 1 & 1 \end{bmatrix} \begin{bmatrix} x_1 \\ x_2 \end{bmatrix} = \mathbf{0}$, so the eigenvectors are vectors of the form $s \begin{bmatrix} -1 \\ 1 \end{bmatrix}$.

2. $\begin{vmatrix} 1-\lambda & -2 \\ 1 & 4-\lambda \end{vmatrix} = (1-\lambda)(4-\lambda) + 2 = \lambda^2 - 5\lambda + 6 = (\lambda-2)(\lambda-3)$, so the eigenvalues are $\lambda = 2$

and $\lambda = 3$. For $\lambda = 2$, the eigenvectors are the solutions of $\begin{bmatrix} -1 & -2 \\ 1 & 2 \end{bmatrix} \begin{bmatrix} x_1 \\ x_2 \end{bmatrix} = \mathbf{0}$, so the

eigenvectors are vectors of the form $r \begin{bmatrix} -2 \\ 1 \end{bmatrix}$. For $\lambda = 3$, the eigenvectors are the solutions

of $\begin{bmatrix} -2 & -2 \\ 1 & 1 \end{bmatrix} \begin{bmatrix} x_1 \\ x_2 \end{bmatrix} = \mathbf{0}$, so the eigenvectors are vectors of the form $s \begin{bmatrix} -1 \\ 1 \end{bmatrix}$.

4. $\begin{vmatrix} 5-\lambda & 2 \\ -8 & -3-\lambda \end{vmatrix} = (5-\lambda)(-3-\lambda) + 16 = \lambda^2 - 2\lambda + 1 = (\lambda-1)(\lambda-1)$, so the only eigenvalue is

$\lambda = 1$. The eigenvectors are the solutions of $\begin{bmatrix} 4 & 2 \\ -8 & -4 \end{bmatrix} \begin{bmatrix} x_1 \\ x_2 \end{bmatrix} = \mathbf{0}$, so the eigenvectors

are vectors of the form $r \begin{bmatrix} 1 \\ -2 \end{bmatrix}$.

6. $\begin{vmatrix} 2-\lambda & 1 \\ -1 & 4-\lambda \end{vmatrix} = (2-\lambda)(4-\lambda) + 1 = \lambda^2 - 6\lambda + 9 = (\lambda-3)(\lambda-3)$, so the only eigenvalue is

$\lambda = 3$. The eigenvectors are the solutions of $\begin{bmatrix} -1 & 1 \\ -1 & 1 \end{bmatrix} \begin{bmatrix} x_1 \\ x_2 \end{bmatrix} = \mathbf{0}$, so the eigenvectors are

vectors of the form $r \begin{bmatrix} 1 \\ 1 \end{bmatrix}$.

Section 3.4

8. $\begin{vmatrix} 2-\lambda & -4 \\ -1 & 2-\lambda \end{vmatrix} = (2-\lambda)(2-\lambda) - 4 = \lambda^2 - 4\lambda = \lambda(\lambda-4)$, so the eigenvalues are $\lambda = 0$ and $\lambda = 4$. For $\lambda = 0$, the eigenvectors are the solutions of $\begin{bmatrix} 2 & -4 \\ -1 & 2 \end{bmatrix} \begin{bmatrix} x_1 \\ x_2 \end{bmatrix} = 0$, so the eigenvectors are vectors of the form $r \begin{bmatrix} 2 \\ 1 \end{bmatrix}$. For $\lambda = 4$, the eigenvectors are the solutions of $\begin{bmatrix} -2 & -4 \\ -1 & -2 \end{bmatrix} \begin{bmatrix} x_1 \\ x_2 \end{bmatrix} = 0$, so the eigenvectors are vectors of the form $s \begin{bmatrix} -2 \\ 1 \end{bmatrix}$.

9. $\begin{vmatrix} 3-\lambda & 2 & -2 \\ -3 & -1-\lambda & 3 \\ 1 & 2 & -\lambda \end{vmatrix} = (3-\lambda)(-1-\lambda)(-\lambda) + 18 + 2(-1-\lambda) - 6(3-\lambda) - 6\lambda$

$= -\lambda^3 + 2\lambda^2 + \lambda - 2 = (1-\lambda^2)(\lambda-2)$, so the eigenvalues are $\lambda = 1$, $\lambda = -1$, and $\lambda = 2$.

For $\lambda = 1$, the eigenvectors are the solutions of $\begin{bmatrix} 2 & 2 & -2 \\ -3 & -2 & 3 \\ 1 & 2 & -1 \end{bmatrix} \begin{bmatrix} x_1 \\ x_2 \\ x_3 \end{bmatrix} = 0$, so the eigenvectors are vectors of the form $r \begin{bmatrix} 1 \\ 0 \\ 1 \end{bmatrix}$. For $\lambda = -1$, the eigenvectors are the solutions of $\begin{bmatrix} 4 & 2 & -2 \\ -3 & 0 & 3 \\ 1 & 2 & 1 \end{bmatrix} \begin{bmatrix} x_1 \\ x_2 \\ x_3 \end{bmatrix} = 0$, so the eigenvectors are vectors of the form $s \begin{bmatrix} 1 \\ -1 \\ 1 \end{bmatrix}$.

For $\lambda = 2$, the eigenvectors are the solutions of $\begin{bmatrix} 1 & 2 & -2 \\ -3 & -3 & 3 \\ 1 & 2 & -2 \end{bmatrix} \begin{bmatrix} x_1 \\ x_2 \\ x_3 \end{bmatrix} = 0$, so the eigenvectors are vectors of the form $t \begin{bmatrix} 0 \\ 1 \\ 1 \end{bmatrix}$.

10. $\begin{vmatrix} 1-\lambda & -2 & 2 \\ -2 & 1-\lambda & 2 \\ -2 & 0 & 3-\lambda \end{vmatrix} = (1-\lambda)^2(3-\lambda)$, so the eigenvalues are $\lambda = 1$ and $\lambda = 3$. For $\lambda = 1$, the

eigenvectors are the solutions of $\begin{bmatrix} 0 & -2 & 2 \\ -2 & 0 & 2 \\ -2 & 0 & 2 \end{bmatrix} \begin{bmatrix} x_1 \\ x_2 \\ x_3 \end{bmatrix} = \mathbf{0}$, so the eigenvectors are

vectors of the form $r \begin{bmatrix} 1 \\ 1 \\ 1 \end{bmatrix}$. For $\lambda = 3$, the eigenvectors are the solutions of

$\begin{bmatrix} -2 & -2 & 2 \\ -2 & -2 & 2 \\ -2 & 0 & 0 \end{bmatrix} \begin{bmatrix} x_1 \\ x_2 \\ x_3 \end{bmatrix} = \mathbf{0}$, so the eigenvectors are vectors of the form $s \begin{bmatrix} 0 \\ 1 \\ 1 \end{bmatrix}$.

13. $\begin{vmatrix} 15-\lambda & 7 & -7 \\ -1 & 1-\lambda & 1 \\ 13 & 7 & -5-\lambda \end{vmatrix} = (1-\lambda)(16-10\lambda+\lambda^2) = (1-\lambda)(2-\lambda)(8-\lambda)$, so the eigenvalues are

$\lambda = 1$, $\lambda = 2$, and $\lambda = 8$. For $\lambda = 1$, the eigenvectors are the solutions of

$\begin{bmatrix} 14 & 7 & -7 \\ -1 & 0 & 1 \\ 13 & 7 & -6 \end{bmatrix} \begin{bmatrix} x_1 \\ x_2 \\ x_3 \end{bmatrix} = \mathbf{0}$, so the eigenvectors are vectors of the form $r \begin{bmatrix} 1 \\ -1 \\ 1 \end{bmatrix}$. For $\lambda = 2$,

the eigenvectors are the solutions of $\begin{bmatrix} 13 & 7 & -7 \\ -1 & -1 & 1 \\ 13 & 7 & -7 \end{bmatrix} \begin{bmatrix} x_1 \\ x_2 \\ x_3 \end{bmatrix} = \mathbf{0}$, so the eigenvectors are

vectors of the form $s \begin{bmatrix} 0 \\ 1 \\ 1 \end{bmatrix}$. For $\lambda = 8$, the eigenvectors are the solutions of

$$\begin{bmatrix} 7 & 7 & -7 \\ -1 & -7 & 1 \\ 13 & 7 & -13 \end{bmatrix} \begin{bmatrix} x_1 \\ x_2 \\ x_3 \end{bmatrix} = \mathbf{0}\text{, so the eigenvectors are vectors of the form } t \begin{bmatrix} 1 \\ 0 \\ 1 \end{bmatrix}.$$

15. $\begin{vmatrix} 4-\lambda & 2 & -2 & 2 \\ 1 & 3-\lambda & 1 & -1 \\ 0 & 0 & 2-\lambda & 0 \\ 1 & 1 & -3 & 5-\lambda \end{vmatrix} = (2-\lambda) \begin{vmatrix} 4-\lambda & 2 & 2 \\ 1 & 3-\lambda & -1 \\ 1 & 1 & 5-\lambda \end{vmatrix} = (2-\lambda)(4-\lambda)(2-\lambda)(6-\lambda)$, so the

eigenvalues are $\lambda = 2$, $\lambda = 4$, and $\lambda = 6$. For $\lambda = 2$, the eigenvectors are the solutions of

$$\begin{bmatrix} 2 & 2 & -2 & 2 \\ 1 & 1 & 1 & -1 \\ 0 & 0 & 0 & 0 \\ 1 & 1 & -3 & 3 \end{bmatrix} \begin{bmatrix} x_1 \\ x_2 \\ x_3 \\ x_4 \end{bmatrix} = \mathbf{0}\text{, so the eigenvectors are vectors of the form}$$

$r \begin{bmatrix} 1 \\ -1 \\ 0 \\ 0 \end{bmatrix} + s \begin{bmatrix} 0 \\ 0 \\ 1 \\ 1 \end{bmatrix}$. For $\lambda = 4$, the eigenvectors are the solutions of

$$\begin{bmatrix} 0 & 2 & -2 & 2 \\ 1 & -1 & 1 & -1 \\ 0 & 0 & -2 & 0 \\ 1 & 1 & -3 & 1 \end{bmatrix} \begin{bmatrix} x_1 \\ x_2 \\ x_3 \\ x_4 \end{bmatrix} = \mathbf{0}\text{, so the eigenvectors are vectors of the form } t \begin{bmatrix} 0 \\ 1 \\ 0 \\ -1 \end{bmatrix}.$$

For $\lambda = 6$, the eigenvectors are the solutions of $\begin{bmatrix} -2 & 2 & -2 & 2 \\ 1 & -3 & 1 & -1 \\ 0 & 0 & -4 & 0 \\ 1 & 1 & -3 & -1 \end{bmatrix} \begin{bmatrix} x_1 \\ x_2 \\ x_3 \\ x_4 \end{bmatrix} = \mathbf{0}$, so the

eigenvectors are vectors of the form $p \begin{bmatrix} 1 \\ 0 \\ 0 \\ 1 \end{bmatrix}$.

17. $\begin{vmatrix} 1-\lambda & 0 \\ 0 & 1-\lambda \end{vmatrix} = (1-\lambda)^2$, so the only eigenvalue is $\lambda = 1$. The eigenvectors are the solutions of $\begin{bmatrix} 0 & 0 \\ 0 & 0 \end{bmatrix} \begin{bmatrix} x_1 \\ x_2 \end{bmatrix} = \mathbf{0}$, so the eigenvectors are all the vectors in $\mathbf{R}^2$. The transformation represented by the identity matrix is the identity transformation that maps each vector in $\mathbf{R}^2$ into itself.

19. $\begin{vmatrix} -2-\lambda & 0 \\ 0 & -2-\lambda \end{vmatrix} = (-2-\lambda)^2$, so the only eigenvalue is $\lambda = -2$. The eigenvectors are the solutions of $\begin{bmatrix} 0 & 0 \\ 0 & 0 \end{bmatrix} \begin{bmatrix} x_1 \\ x_2 \end{bmatrix} = \mathbf{0}$, so the eigenvectors are all the vectors in $\mathbf{R}^2$. The transformation represented by the given matrix maps each vector $\mathbf{v}$ in $\mathbf{R}^2$ into the vector $-2\mathbf{v}$. Thus each image in $\mathbf{R}^2$ has the direction opposite the original vector.

20. $\begin{vmatrix} -\lambda & -1 \\ 1 & -\lambda \end{vmatrix} = \lambda^2 + 1 \neq 0$ for any real value of λ, so there are no real eigenvalues.

    The given matrix is a rotation matrix that rotates each vector in $\mathbf{R}^2$ through a 90° angle. Thus no vector has the same or opposite direction as its image.

24. If A is a diagonal matrix with diagonal elements a_{ii}, then $A - \lambda I_n$ is also a diagonal matrix with diagonal elements $a_{ii} - \lambda$. Thus $|A - \lambda I_n|$ is the product of the terms $a_{ii} - \lambda$, and the solutions of the equation $|A - \lambda I_n| = 0$ are the values $\lambda = a_{ii}$, the diagonal elements of A.

26. $(A - \lambda I_n)^t = A^t - (\lambda I_n)^t = A^t - \lambda I_n$, so $|A - \lambda I_n| = |(A - \lambda I_n)^t| = |A^t - \lambda I_n|$, that is, A and A^t have the same characteristic polynomial and therefore the same eigenvalues.

29. Have that $A\mathbf{x} = \lambda\mathbf{x}$. Thus $A^{-1}(A\mathbf{x}) = A^{-1}(\lambda\mathbf{x})$. $(A^{-1}A)\mathbf{x} = \lambda A^{-1}\mathbf{x}$. $(I)\mathbf{x} = \lambda A^{-1}\mathbf{x}$.

$\mathbf{x} = \lambda A^{-1}\mathbf{x}. \quad \lambda^{-1}\mathbf{x} = A^{-1}\mathbf{x}.$

32. The characteristic polynomial of A is $|A - \lambda I_n| = \lambda^n + c_{n-1}\lambda^{n-1} + \ldots + c_1\lambda + c_0$. Substituting $\lambda = 0$, this equation becomes $|A| = c_0$.

34. (a) $\begin{vmatrix} -\lambda & 2 \\ -1 & 3-\lambda \end{vmatrix} = (-\lambda)(3-\lambda) + 2 = \lambda^2 - 3\lambda + 2.$

$\begin{bmatrix} 0 & 2 \\ -1 & 3 \end{bmatrix}^2 - 3\begin{bmatrix} 0 & 2 \\ -1 & 3 \end{bmatrix} + 2\begin{bmatrix} 1 & 0 \\ 0 & 1 \end{bmatrix} = \begin{bmatrix} -2 & 6 \\ -3 & 7 \end{bmatrix} + \begin{bmatrix} 2 & -6 \\ 3 & -7 \end{bmatrix} = \begin{bmatrix} 0 & 0 \\ 0 & 0 \end{bmatrix}.$

(c) $\begin{vmatrix} 6-\lambda & -8 \\ 4 & -6-\lambda \end{vmatrix} = (6-\lambda)(-6-\lambda) + 32 = \lambda^2 - 4.$

$\begin{bmatrix} 6 & -8 \\ 4 & -6 \end{bmatrix}^2 - 4\begin{bmatrix} 1 & 0 \\ 0 & 1 \end{bmatrix} = \begin{bmatrix} 4 & 0 \\ 0 & 4 \end{bmatrix} - \begin{bmatrix} 4 & 0 \\ 0 & 4 \end{bmatrix} = \begin{bmatrix} 0 & 0 \\ 0 & 0 \end{bmatrix}.$

35. (a) False: Let A be a 3x3 matrix. The characteristic equation of A is $|A - \lambda I_n| = 0$. This will be a polynomial of degree 3 in λ. Thus 3, 2, or 1 distinct roots. 3, 2, or 1 distinct eigenvalues. In general nxn matrix has n, n-1, ..., 2, or 1 distinct eigenvalues.

(c) False: Set of all eigenvectors for a given eigenvalue λ lie in a subspace. Thus sum of any two of these is an eigenvector in that subspace. However sum of two eigenvectors from different eigenspaces is not an eigenvector - Let $A\mathbf{x}_1 = \lambda_1\mathbf{x}_1$ and $A\mathbf{x}_2 = \lambda_2\mathbf{x}_2$. Add, $A\mathbf{x}_1 + A\mathbf{x}_2 = \lambda_1\mathbf{x}_1 + \lambda_2\mathbf{x}_2$, $A(\mathbf{x}_1+\mathbf{x}_2) = \lambda_1\mathbf{x}_1 + \lambda_2\mathbf{x}_2 \neq \lambda(\mathbf{x}_1+\mathbf{x}_2)$ for any value of λ since $\lambda_1 \neq \lambda_2$. Thus in general, the sum of two eigenvectors not an eigenvector.

Exercise Set 3.5

1. The eigenvectors of $\lambda = 1$ are vectors of the form $r\begin{bmatrix} 2 \\ 1 \end{bmatrix}$. If there is no change in total population $2r + r = 245 + 52 = 297$, so $r = 297/3$. Thus the long-term prediction is that population in metropolitan areas will be $2r = 198$ million and population in nonmetropolitan areas will be $r = 99$ million.

3. $P^2 = \begin{bmatrix} .375 & .25 & .125 \\ .5 & .5 & .5 \\ .125 & .25 & .375 \end{bmatrix}$, and since all terms are positive, P is regular. The

eigenvectors of $\lambda = 1$ are vectors of the form $r \begin{bmatrix} 1 \\ 2 \\ 1 \end{bmatrix}$. The powers of P approach the

stochastic matrix $Q = \begin{bmatrix} s & s & s \\ 2s & 2s & 2s \\ s & s & s \end{bmatrix}$, so $s = .25$ and $Q = \begin{bmatrix} .25 & .25 & .25 \\ .5 & .5 & .5 \\ .25 & .25 & .25 \end{bmatrix}$.

The columns of Q indicate that when guinea pigs are bred with hybrids, only the long-term distribution of types AA, Aa, and aa will be 1:2:1. That is, the long-term probabilities of Types AA, Aa, and aa are .25, .5, and .25.

4. 213/326=.65, 117/511=.23 (to 2 dec places). $P = \begin{bmatrix} .65 & .23 \\ .35 & .77 \end{bmatrix} \begin{matrix} \text{wet} \\ \text{dry} \end{matrix}$ (wet dry)

(a) $P^2 = \begin{bmatrix} .5 & .33 \\ .5 & .67 \end{bmatrix}$. If Thursday is dry, the probability that Saturday will also be dry is .67, the (2,2) term in P^2.

(b) The eigenvectors of P corresponding to $\lambda = 1$ are vectors of the form $r \begin{bmatrix} 23 \\ 35 \end{bmatrix}$.

Thus the powers of P approach the stochastic matrix $Q = \begin{bmatrix} 23s & 23s \\ 35s & 35s \end{bmatrix}$, so $(23+35)s = 1$ and $s = \frac{1}{58}$. $\frac{23}{58} = .4$, $\frac{35}{58} = .6$, and $Q = \begin{bmatrix} .4 & .4 \\ .6 & .6 \end{bmatrix}$, so the long-term probability for a wet day in December is .4 and for a dry day is .6.

6. room 1 2 3 4

$$P = \begin{bmatrix} 0 & 1/3 & 0 & 1/4 \\ 1/2 & 0 & 1/3 & 1/4 \\ 0 & 1/3 & 0 & 1/2 \\ 1/2 & 1/3 & 2/3 & 0 \end{bmatrix} \begin{matrix} 1 \\ 2 \\ 3 \\ 4 \end{matrix}$$ P is regular since every term in P^2 is positive.

The eigenvectors of P corresponding to $\lambda = 1$ are vectors of the form

$r \begin{bmatrix} 2 \\ 3 \\ 3 \\ 4 \end{bmatrix}$; thus the distribution of rats in rooms 1, 2, 3, and 4 is 2:3:3:4. The powers of P

approach the stochastic matrix $Q = \begin{bmatrix} 2s & 2s & 2s & 2s \\ 3s & 3s & 3s & 3s \\ 3s & 3s & 3s & 3s \\ 4s & 4s & 4s & 4s \end{bmatrix}$, so $2s + 3s + 3s + 4s = 1$

and $s = 1/12$. The long-term probability that a given rat will be in room 4

is therefore $4/12 = 1/3$.

7. $P = \begin{bmatrix} .75 & .20 \\ .25 & .80 \end{bmatrix}$. The eigenvectors of $\lambda = 1$ are vectors of the form $r \begin{bmatrix} 4 \\ 5 \end{bmatrix}$. The powers of

P approach $Q = \begin{bmatrix} 4s & 4s \\ 5s & 5s \end{bmatrix}$, so $4s + 5s = 1$ and $s = 1/9$. If current trends continue, the

eventual distribution will be $4/9 = 44.4\%$ using company A and $5/9 = 55.6\%$ using

company B.

9. The sum of the terms in each column of a stochastic matrix A is 1, so the sum of the

terms in each column of A − I is zero. It has previously been proved (Exercise 18,

Section 3.2) that if the sum of the terms in each column of a matrix is zero, the

determinant of the matrix is zero. Thus $|A - 1I| = |A - I| = 0$, and 1 is an eigenvalue of A.

Chapter 3 Review Exercises

Chapter 3 Review Exercises

1. (a) $3 \times 1 - 2 \times 5 = -7$. (b) $-3 \times 6 - 0 \times 1 = -18$. (c) $9 \times 4 - 7 \times 1 = 29$.

2. (a) $M_{12} = \begin{vmatrix} -3 & 1 \\ 7 & 2 \end{vmatrix} = -3 \times 2 - 1 \times 7 = -13.$ $C_{12} = (-1)^{1+2} M_{12} = 13.$

   (b) $M_{31} = \begin{vmatrix} 1 & 0 \\ 4 & 1 \end{vmatrix} = 1 \times 1 - 0 \times 4 = 1.$ $C_{31} = (-1)^{3+1} M_{31} = 1.$

   (c) $M_{22} = \begin{vmatrix} 2 & 0 \\ 7 & 2 \end{vmatrix} = 2 \times 2 - 0 \times 4 = 4.$ $C_{22} = (-1)^{2+2} M_{22} = 4.$

3. (a) $\begin{vmatrix} 1 & 2 & -3 \\ 0 & 2 & 5 \\ 4 & 1 & 2 \end{vmatrix}$

   using row 1:
   $= \begin{vmatrix} 2 & 5 \\ 1 & 2 \end{vmatrix} - 2\begin{vmatrix} 0 & 5 \\ 4 & 2 \end{vmatrix} + (-3)\begin{vmatrix} 0 & 2 \\ 4 & 1 \end{vmatrix} = -1 + 40 + 24 = 63.$

   using column 1:
   $= \begin{vmatrix} 2 & 5 \\ 1 & 2 \end{vmatrix} - 0\begin{vmatrix} 2 & -3 \\ 1 & 2 \end{vmatrix} + 4\begin{vmatrix} 2 & -3 \\ 2 & 5 \end{vmatrix} = -1 + 0 + 64 = 63.$

   (b) $\begin{vmatrix} 0 & 5 & 3 \\ 2 & -3 & 1 \\ 2 & 7 & 3 \end{vmatrix}$

   using row 3:
   $= 2\begin{vmatrix} 5 & 3 \\ -3 & 1 \end{vmatrix} - 7\begin{vmatrix} 0 & 3 \\ 2 & 1 \end{vmatrix} + 3\begin{vmatrix} 0 & 5 \\ 2 & -3 \end{vmatrix} = 28 + 42 - 30 = 40.$

   using column 2:
   $= -5\begin{vmatrix} 2 & 1 \\ 2 & 3 \end{vmatrix} + (-3)\begin{vmatrix} 0 & 3 \\ 2 & 3 \end{vmatrix} - 7\begin{vmatrix} 0 & 3 \\ 2 & 1 \end{vmatrix} = -20 + 18 + 42 = 40.$

4. $\begin{vmatrix} x & x \\ 2 & x-3 \end{vmatrix} = x(x-3) - 2x = x^2 - 5x = -6$, $x^2 - 5x + 6 = 0$. Thus $(x-3)(x-2) = 0$, so $x = 3$ or $x = 2$.

Chapter 3 Review Exercises

5. (a) $\begin{vmatrix} 1 & 2 & -1 \\ 3 & 1 & 1 \\ 2 & 4 & 1 \end{vmatrix} \underset{R3+(-2)R1}{=} \begin{vmatrix} 1 & 2 & -1 \\ 3 & 1 & 1 \\ 0 & 0 & 3 \end{vmatrix} = 3 \begin{vmatrix} 1 & 2 \\ 3 & 1 \end{vmatrix} = -15.$

(b) $\begin{vmatrix} 5 & 3 & 4 \\ 4 & 6 & 1 \\ 2 & -3 & 7 \end{vmatrix} \underset{\substack{R2+(-2)R1 \\ R3+R1}}{=} \begin{vmatrix} 5 & 3 & 4 \\ -6 & 0 & -7 \\ 7 & 0 & 11 \end{vmatrix} = -3 \begin{vmatrix} -6 & -7 \\ 7 & 11 \end{vmatrix} = 51.$

(c) $\begin{vmatrix} 1 & 4 & -2 \\ 2 & 3 & 1 \\ -1 & 5 & 6 \end{vmatrix} \underset{\substack{R2+(-2)R1 \\ R3+R1}}{=} \begin{vmatrix} 1 & 4 & -2 \\ 0 & -5 & 5 \\ 0 & 9 & 4 \end{vmatrix} = \begin{vmatrix} -5 & 5 \\ 9 & 4 \end{vmatrix} = -65.$

6. (a) This matrix can be obtained from A by multiplying row 2 by 3, so its determinant is 3|A| = 6.

(b) This matrix can be obtained from A by adding −2 times row 1 to row 2, so its determinant is |A| = 2.

(c) This matrix can be obtained from A by multiplying row 1 by 2, row 2 by −1, and row 3 by 3, so its determinant is 2x−1x3x|A| = −12.

7. (a) $\begin{vmatrix} 1 & 2 & 4 \\ -1 & 4 & 3 \\ 2 & 0 & 5 \end{vmatrix} \underset{R2+(-2)R1}{=} \begin{vmatrix} 1 & 2 & 4 \\ -3 & 0 & -5 \\ 2 & 0 & 5 \end{vmatrix} = -2 \begin{vmatrix} -3 & -5 \\ 2 & 5 \end{vmatrix} = 10.$

(b) $\begin{vmatrix} -1 & 3 & 2 \\ 0 & 5 & 2 \\ 1 & 7 & 6 \end{vmatrix} \underset{R3+R1}{=} \begin{vmatrix} -1 & 3 & 2 \\ 0 & 5 & 2 \\ 0 & 10 & 8 \end{vmatrix} = -1 \begin{vmatrix} 5 & 2 \\ 10 & 8 \end{vmatrix} = -20.$

(c) $\begin{vmatrix} 2 & -3 & 5 \\ 4 & 0 & 6 \\ 1 & 2 & 7 \end{vmatrix} \underset{R3+(2/3)R1}{=} \begin{vmatrix} 2 & -3 & 5 \\ 4 & 0 & 6 \\ 7/3 & 0 & 31/3 \end{vmatrix} = -(-3) \begin{vmatrix} 4 & 6 \\ 7/3 & 31/3 \end{vmatrix} = 82.$

Chapter 3 Review Exercises

8. (a) $|3A| = 3^3 |A| = 27 \times -2 = -54$. (b) $|2AA^t| = 2^3 |A||A^t| = 8|A||A| = 32$.

   (c) $|A^3| = |A|^3 = (-2)^3 = -8$.

   (d) $|(A^t A)^2| = (|A^t A|)^2 = (|A^t||A|)^2 = (|A||A|)^2 = |A|^4 = 16$.

   (e) $|(A^t)^3| = (|A^t|)^3 = (|A|)^3 = (-2)^3 = -8$.

   (f) $|2A^t(A^{-1})^2| = (2)^3 |A^t||(A^{-1})^2| = 8|A^t||A^{-1}|^2 = 8|A|(1/|A|)^2 = 8/|A| = -4$.

9. $|B| \neq 0$ so B^{-1} exists, and A and B^{-1} can be multiplied. Let $C = AB^{-1}$. Then $CB = AB^{-1}B = A$.

10. $|C^{-1} AC| = |C^{-1}||AC| = |C^{-1}||A||C| = |C^{-1}||C||A| = |C^{-1} C||A| = |A|$

11. If A is upper triangular, then any element in A is zero if its row number is greater than its column number. If $i > j$, then for every k with $1 \leq k \leq n$, $a_{ik} a_{kj} = 0$ because either $i \geq k$ so that $a_{ik} = 0$, or $k \geq i > j$ so that $a_{kj} = 0$. Thus if $i > j$, the (i,j)th term $a_{i1} a_{1j} + a_{i2} a_{2j} + \ldots + a_{in} a_{nj}$ of A^2 is zero because each summand is zero. So A^2 is upper triangular. The proof is similar for lower triangular matrices.

12. If $A^2 = A$, then $|A||A| = |A|$ so $|A| = 1$ or zero. If A is also invertible, then $|A| \neq 0$ so $|A| = 1$.

13. (a) $\begin{vmatrix} 3 & 5 \\ 1 & 2 \end{vmatrix} = 1$, so $\begin{bmatrix} 3 & 5 \\ 1 & 2 \end{bmatrix}^{-1} = \begin{bmatrix} 2 & -5 \\ -1 & 3 \end{bmatrix}$.

   (b) $\begin{vmatrix} 3 & 2 \\ -1 & 5 \end{vmatrix} = 17$, so $\begin{bmatrix} 3 & 2 \\ -1 & 5 \end{bmatrix}^{-1} = \frac{1}{17}\begin{bmatrix} 5 & -2 \\ 1 & 3 \end{bmatrix}$.

   (c) $\begin{vmatrix} 1 & 4 & -1 \\ 0 & 2 & 0 \\ 1 & 6 & -1 \end{vmatrix} = 0$, so the inverse does not exist.

(d) $\begin{vmatrix} 2 & 1 & 3 \\ 0 & 2 & 9 \\ 4 & 2 & 11 \end{vmatrix} = 20$, so $\begin{bmatrix} 2 & 1 & 3 \\ 0 & 2 & 9 \\ 4 & 2 & 11 \end{bmatrix}^{-1}$

$= \dfrac{1}{20} \begin{bmatrix} \begin{vmatrix} 2 & 9 \\ 2 & 11 \end{vmatrix} & -\begin{vmatrix} 1 & 3 \\ 2 & 11 \end{vmatrix} & \begin{vmatrix} 1 & 3 \\ 2 & 9 \end{vmatrix} \\ -\begin{vmatrix} 0 & 9 \\ 4 & 11 \end{vmatrix} & \begin{vmatrix} 2 & 3 \\ 4 & 11 \end{vmatrix} & -\begin{vmatrix} 2 & 3 \\ 0 & 9 \end{vmatrix} \\ \begin{vmatrix} 0 & 2 \\ 4 & 2 \end{vmatrix} & -\begin{vmatrix} 2 & 1 \\ 4 & 2 \end{vmatrix} & \begin{vmatrix} 2 & 1 \\ 0 & 2 \end{vmatrix} \end{bmatrix} = \dfrac{1}{20} \begin{bmatrix} 4 & -5 & 3 \\ 36 & 10 & -18 \\ -8 & 0 & 4 \end{bmatrix}.$

14. (a) $x_1 = \dfrac{\begin{vmatrix} -1 & 1 \\ 18 & -5 \end{vmatrix}}{\begin{vmatrix} 2 & 1 \\ 3 & -5 \end{vmatrix}} = \dfrac{-13}{-13} = 1, \quad x_2 = \dfrac{\begin{vmatrix} 2 & -1 \\ 3 & 18 \end{vmatrix}}{\begin{vmatrix} 2 & 1 \\ 3 & -5 \end{vmatrix}} = \dfrac{39}{-13} = -3.$

(b) $|A| = \begin{vmatrix} 1 & 1 & 1 \\ 2 & -1 & 3 \\ 4 & 5 & 1 \end{vmatrix} = 8, \quad |A_1| = \begin{vmatrix} 1 & 1 & 1 \\ 5 & -1 & 3 \\ 3 & 5 & 1 \end{vmatrix} = 16, \quad |A_2| = \begin{vmatrix} 1 & 1 & 1 \\ 2 & 5 & 3 \\ 4 & 3 & 1 \end{vmatrix} = -8,$

$|A_3| = \begin{vmatrix} 1 & 1 & 1 \\ 2 & -1 & 5 \\ 4 & 5 & 3 \end{vmatrix} = 0$, so $x_1 = \dfrac{16}{8} = 2, \; x_2 = \dfrac{-8}{8} = -1$, and $x_3 = \dfrac{0}{8} = 0.$

15. If A is not invertible, $|A| = 0$. The (i,j)th term of $A[\text{adj}(A)]$ is $a_{i1} C_{j1} + a_{i2} C_{j2} + \ldots + a_{in} C_{jn}$.

If $i = j$, this term is $|A| = 0$ and if $i \neq j$ it is the determinant of the matrix obtained from A by replacing row j with row i; that is, it is the determinant of a matrix having two equal rows, and so it is zero. Thus $A[\text{adj}(A)]$ is the zero matrix.

16. $|A|$ is the product of the diagonal elements, and since $|A| \neq 0$ all diagonal elements must be nonzero.

17. If $|A| = \pm 1$ then $A^{-1} = \pm \text{adj}(A)$, so $X = A^{-1} AX = A^{-1} B = \pm \text{adj}(A)B$. If all the elements of A and of B are integers, then all the elements of adj(A) are integers and all the elements of the product adj(A)B are integers, so X has all integer components.

18. $\begin{vmatrix} 5-\lambda & -7 & 7 \\ 4 & -3-\lambda & 4 \\ 4 & -1 & 2-\lambda \end{vmatrix} = (5-\lambda)(1-\lambda)(-2-\lambda)$, so the eigenvalues are $\lambda = 5$, $\lambda = 1$, and

$\lambda = -2$. For $\lambda = 5$, the eigenvectors are the solutions of $\begin{bmatrix} 0 & -7 & 7 \\ 4 & -8 & 4 \\ 4 & -1 & -3 \end{bmatrix} \begin{bmatrix} x_1 \\ x_2 \\ x_3 \end{bmatrix} = \mathbf{0}$, so the

eigenvectors are vectors of the form $r \begin{bmatrix} 1 \\ 1 \\ 1 \end{bmatrix}$. For $\lambda = 1$, the eigenvectors are the solutions

of $\begin{bmatrix} 4 & -7 & 7 \\ 4 & -4 & 4 \\ 4 & -1 & 1 \end{bmatrix} \begin{bmatrix} x_1 \\ x_2 \\ x_3 \end{bmatrix} = \mathbf{0}$, so the eigenvectors are vectors of the form $s \begin{bmatrix} 0 \\ 1 \\ 1 \end{bmatrix}$.

For $\lambda = -2$, the eigenvectors are the solutions of $\begin{bmatrix} 7 & -7 & 7 \\ 4 & -1 & 4 \\ 4 & -1 & 4 \end{bmatrix} \begin{bmatrix} x_1 \\ x_2 \\ x_3 \end{bmatrix} = \mathbf{0}$, so the

eigenvectors are vectors of the form $t \begin{bmatrix} 1 \\ 0 \\ -1 \end{bmatrix}$.

19. Let λ be an eigenvalue of A with eigenvector $\mathbf{x}$. A is invertible so $\lambda \neq 0$. $A\mathbf{x} = \lambda \mathbf{x}$, so $\mathbf{x} = A^{-1} A\mathbf{x} = A^{-1} \lambda \mathbf{x} = \lambda A^{-1} \mathbf{x}$. Thus $\frac{1}{\lambda} \mathbf{x} = A^{-1} \mathbf{x}$, so the eigenvalues for A^{-1} are the inverses of the eigenvalues for A and the corresponding eigenvectors are the same.

20. $A\mathbf{x} = \lambda \mathbf{x}$, so $A\mathbf{x} - kI\mathbf{x} = \lambda \mathbf{x} - kI\mathbf{x} = \lambda \mathbf{x} - k\mathbf{x}$, so $(A - kI)\mathbf{x} = (\lambda - k)\mathbf{x}$. Thus $\lambda - k$ is an eigenvalue for $A - kI$ with corresponding eigenvector $\mathbf{x}$.

Chapter 4

Exercise Set 4.1

1. $\mathbf{u} = \begin{bmatrix} a & b \\ c & d \end{bmatrix}$ and $\mathbf{v} = \begin{bmatrix} e & f \\ g & h \end{bmatrix}$ in M_{22}; k and l are scalars.

   axiom 2 $\quad k\mathbf{u} = k\begin{bmatrix} a & b \\ c & d \end{bmatrix} = \begin{bmatrix} ka & kb \\ kc & kd \end{bmatrix}$ is in M_{22}.

   axiom 7 $\quad k(\mathbf{u} + \mathbf{v}) = k\begin{bmatrix} a+e & b+f \\ c+g & d+h \end{bmatrix} = \begin{bmatrix} k(a+e) & k(b+f) \\ k(c+g) & k(d+h) \end{bmatrix} = \begin{bmatrix} ka+ke & kb+kf \\ kc+kg & kd+kh \end{bmatrix}$

   $\quad = \begin{bmatrix} ka & kb \\ kc & kd \end{bmatrix} + \begin{bmatrix} ke & kf \\ kg & kh \end{bmatrix} = k\mathbf{u} + k\mathbf{v}$.

   axiom 8 $\quad (k + l)\mathbf{u} = (k + l)\begin{bmatrix} a & b \\ c & d \end{bmatrix} = \begin{bmatrix} (k+l)a & (k+l)b \\ (k+l)c & (k+l)d \end{bmatrix} = \begin{bmatrix} ka+la & kb+lb \\ kc+lc & kd+ld \end{bmatrix}$

   $\quad = \begin{bmatrix} ka & kb \\ kc & kd \end{bmatrix} + \begin{bmatrix} la & lb \\ lc & ld \end{bmatrix} = k\mathbf{u} + l\mathbf{u}$.

   axiom 9 $\quad k(l\mathbf{u}) = k\begin{bmatrix} la & lb \\ lc & ld \end{bmatrix} = \begin{bmatrix} kla & klb \\ klc & kld \end{bmatrix} = \begin{bmatrix} (kl)a & (kl)b \\ (kl)c & (kl)d \end{bmatrix} = (kl)\begin{bmatrix} a & b \\ c & d \end{bmatrix} = (kl)\mathbf{u}$.

   axiom 10 $\quad 1\mathbf{u} = 1\begin{bmatrix} a & b \\ c & d \end{bmatrix} = \begin{bmatrix} a & b \\ c & d \end{bmatrix} = \mathbf{u}$.

2. (a) $(f + g)(x) = f(x) + g(x) = x + 2 + x^2 - 1 = x^2 + x + 1$,

   $(2f)(x) = 2(f(x)) = 2(x + 2) = 2x + 4$, and $(3g)(x) = 3(g(x)) = 3(x^2 - 1) = 3x^2 - 3$.

3. f, g, and h are functions and c and d are scalars.

   axiom 3 $\quad (f + g)(x) = f(x) + g(x) = g(x) + f(x) = (g + f)(x)$, so $f + g = g + f$.

   axiom 4 $\quad ((f + g) + h)(x) = (f + g)(x) + h(x) = (f(x) + g(x)) + h(x) = f(x) + (g(x) + h(x))$

   $\quad = f(x) + (g + h)(x) = (f + (g + h))(x)$, so $(f + g) + h = f + (g + h)$.

Section 4.1

axiom 7 $(c(f + g))(x) = c(f(x) + g(x)) = c(f(x)) + c(g(x)) = (cf)(x) + (cg)(x) = (cf + cg)(x)$, so $c(f + g) = cf + cg$.

axiom 8 $((c + d)f)(x) = (c + d)(f(x)) = c(f(x)) + d(f(x)) = (cf)(x) + (df)(x) = (cf + df)(x)$, so $(c + d)f = cf + df$.

axiom 9 $c((df)(x)) = c(d(f(x))) = (cd)f(x) = ((cd)f)(x)$, so $(cd)f = c(df)$.

axiom 10 $(1f)(x) = 1(f(x)) = f(x)$, so $1f = f$.

4. (a) $\mathbf{u} + \mathbf{v} = (2 - i, 3 + 4i) + (5, 1 + 3i) = (7 - i, 4 + 7i)$ and

$c\mathbf{u} = (3 - 2i)(2 - i, 3 + 4i) = (6 - 2 - 3i - 4i, 9 + 8 + 12i - 6i) = (4 - 7i, 17 + 6i)$.

5. $W = \{a(1,2,3)\}$. Axiom 1: Let $a(1,2,3)$ and $b(1,2,3)$ be elements of W. $a(1,2,3)+b(1,2,3) = (a+b)(1,2,3)$. This is an element of W since it is a scalar multiple of $(1,2,3)$. W is closed under addition. Axiom 2: Let c be a scalar. $c(a(1,2,3)) = (ca)(1,2,3)$. This is an element of W since it is a scalar multiple of $(1,2,3)$. W is closed under scalar multiplication. W inherits all other vector space properties from $\mathbf{R}^3$ - e.g., for $\mathbf{u}$ and $\mathbf{v}$ in W, $\mathbf{u}+\mathbf{v}=\mathbf{v}+\mathbf{u}$ since $\mathbf{u}$ and $\mathbf{v}$ are in vector space $\mathbf{R}^3$. Similarly associative property is true. The zero vector of $\mathbf{R}^3$ is $(0,0,0)$. This is also in W, and is the zero vector of W. The inverse of $\mathbf{u}=a(1,2,3)$ in $\mathbf{R}^3$ is $a(-1,-2,-3)$. This is also the inverse of $\mathbf{u}$ In W. The scalar multiplication properties hold from $\mathbf{R}^3$.

7. Let A and B be 2x2 matrices with all elements positive. A+B will have all positive elements. Thus closed under addition. But $(-1)A$ will have all negative elements. Thus $(-1)A$ is not in W. W is not closed under scalar multiplication, thus not a vector space.

10. (a) Let $f(x)=k_1$ and $g(x)=k_2$ be constant functions on $(-\infty,\infty)$. Then $(f+g)(x)=k_1+k_2$, a constant function on $(-\infty,\infty)$. $(cf)(x)=ck_1$, a constant function on $(-\infty,\infty)$. U is closed under addition and scalar multiplication. It is a subset of the vector space of all functions on $(-\infty,\infty)$. It inherits all the other vector space properties from this larger space. Thus U is a vector space.

(b) V is not closed under addition. For example $f(x)=x$ is non constant on $(-\infty,\infty)$. $g(x) = -x$ is non-constant on $(-\infty,\infty)$. But $(f+g)(x)=0$, constant on $(-\infty,\infty)$. Thus not a vector space.

15. (a) $c\mathbf{0} \underset{\text{axiom5}}{=} c\mathbf{0} + \mathbf{0} \underset{\text{axiom6}}{=} c\mathbf{0} + (c\mathbf{0} + -(c\mathbf{0})) \underset{\text{axiom4}}{=} (c\mathbf{0} + c\mathbf{0}) + -(c\mathbf{0})$

Section 4.1

$$= \underset{\text{axiom7}}{c(0+0) + -(c0)} = \underset{\text{axiom5}}{c0 + -(c0)} = \underset{\text{axiom6}}{0.}$$

(c) By axiom 6 there is a vector $-(-\mathbf{v})$ such that $(-\mathbf{v}) + (-(-\mathbf{v})) = \mathbf{0}$. However,

$$(-\mathbf{v}) + \mathbf{v} \underset{\text{axiom3}}{=} \mathbf{v} + (-\mathbf{v}) \underset{\text{axiom6}}{=} \mathbf{0}. \text{ Thus the vector } -(-\mathbf{v}) \text{ is } \mathbf{v}.$$

(e) $\mathbf{0} \underset{\text{axiom6}}{=} a\mathbf{u} + (-a\mathbf{u}) \underset{\text{given}}{=} b\mathbf{u} + (-a\mathbf{u}) \underset{\text{axiom8}}{=} (b + -a)\mathbf{u}$, so from part (b), $b + -a = 0$

and therefore $b = a$.

18. (a) $(a,3a,5a) + (b,3b,5b) = (a+b,3(a+b),5(a+b))$ and $c(a,3a,5a) = (ca,3ca,5ca)$; thus the sum and scalar product of vectors in the set are also in the set, and so the set is a subspace of $\mathbf{R}^2$. The set is a line defined by the vector $(1,3,5)$.

(c) $(a,b,a+2b) + (c,d,c+2d) = (a+c,b+d,(a+c)+2(b+d))$ and $k(a,b,a+2b) = (ka,kb,ka+2kb)$; thus the sum and scalar product of vectors in the set are also in the set, and so the set is a subspace of $\mathbf{R}^2$. The set is the plane $z=x+2y$.

19. (a) $(a,0) + (b,0) = (a+b,0)$ and $c(a,0) = (ca,0)$; the sum and scalar product of vectors in the set are also in the set, and so the set is a subspace of $\mathbf{R}^2$. The set is a line, the x axis.

(c) $(a,1) + (b,1) = (a+b, 2)$. Last component is 2. $(a+b,2)$ is not in the set. Set is not closed under addition. Thus not a subspace. Let us check scalar mult. $k(a, 1)=(ka, k)$. (ka,k) is not in subset unless $k=1$. Thus not closed under scalar multiplication either.

(e) $(a,b,0) + (d,e,0) = (a+d,b+e,0)$ and $c(a,b,0) = (ca,cb,0)$; the sum and scalar product of vectors in the set are also in the set, and so the set is a subspace of $\mathbf{R}^3$. The set is the xy plane.

(f) $(a,b,2) + (c,d,2) = (a+c,b+d,4)$. Last component is 4. $(a+c,b+d,4)$ is not in the set. Not closed under addition. Thus not a subspace. Let us check scalar mult. $k(a,b,2) = (ka,kb,2k)$. Not in subset unless $k=1$. Thus not closed under scalar multiplication either.

Section 4.1

20. (a) Yes, this set is a subspace of $\mathbf{R}^3$. $(a,b,c)+(d,e,f) = (a+d,b+e,c+f)$ and $(a+d)+(b+e)+(c+f) = (a+b+c)+(d+e+f) = 0$. Also $k(a,b,c) = (ka,kb,kc)$ and $ka+kb+kc = k(a+b+c) = 0$.

(c) No, this set is not a subspace of $\mathbf{R}^3$. The sum of two such vectors is not necessarily such a vector. $(0,1,1)+(1,0,1) = (1,1,2)$, which is not in the set.

(e) No, this set is not a subspace of $\mathbf{R}^3$. The sum of two such vectors is not necessarily in the set. $(0,1,2)+(2,3,3) = (2,4,5)$, which is not in the set.

21. (a) No, this set is not a subspace of $\mathbf{R}^3$. If $k = 1/2$, then $k(1,b,c)=(1/2,b/2,c/2)$; the first component is not an integer.

(c) No, this set is not a subspace of $\mathbf{R}^3$. If k is irrational, then $k(1,b,c)=(k,kb,kc)$; the first component is irrational.

22. (a) No, this set is not a subspace of $\mathbf{R}^2$. If $b \neq 0$ and k is negative, then $k(a,b^2) = (ka,kb^2)$, and kb^2 is negative and so cannot be the square of a real number.

(c) No, this set is not a subspace of $\mathbf{R}^2$. If k is negative, then $k(a,b) = (ka,kb)$ and ka is negative.

24. (a) If $(a,a+1,b) = (0,0,0)$, then $a = a+1 = b = 0$. $a = a+1$ is impossible. Therefore $(0,0,0)$ is not in the set.

(c) If $(a,b,a+b-4) = (0,0,0)$, then $a = b = a+b-4 = 0$, but if $a = b = 0$ then $a+b-4 = -4$, not zero, so $(0,0,0)$ is not in the set.

27. (a) This set is a subspace. $\begin{bmatrix} 0 & a \\ b & 0 \end{bmatrix} + \begin{bmatrix} 0 & c \\ d & 0 \end{bmatrix} = \begin{bmatrix} 0 & a+c \\ b+d & 0 \end{bmatrix}$ and $k\begin{bmatrix} 0 & a \\ b & 0 \end{bmatrix} = \begin{bmatrix} 0 & ka \\ kb & 0 \end{bmatrix}$.

(c) For $k \neq 0$ or 1, $k\begin{bmatrix} a & a^2 \\ b & b^2 \end{bmatrix} = \begin{bmatrix} ka & ka^2 \\ kb & kb^2 \end{bmatrix} \neq \begin{bmatrix} ka & (ka)^2 \\ kb & (kb)^2 \end{bmatrix}$, so the set is not a subspace.

28. (a) This set is a subspace: Let A and B be nxn symmetric matrices. Therefore $A = A^t$ and $B = B^t$. By theorems on transpose, $(A + B)^t = A^t + B^t = A + B$. Thus $A + B$ is symmetric. $(cA)^t = cA^t = cA$. Therefore cA is symmetric. The set is closed under addition and scalar multiplication. It is a subspace.

29. (a) $\begin{bmatrix} a & b & 0 \\ c & d & 0 \end{bmatrix} + \begin{bmatrix} e & f & 0 \\ g & h & 0 \end{bmatrix} = \begin{bmatrix} a+e & b+f & 0 \\ c+g & d+h & 0 \end{bmatrix}$ and $k \begin{bmatrix} a & b & 0 \\ c & d & 0 \end{bmatrix} = \begin{bmatrix} ka & kb & 0 \\ kc & kd & 0 \end{bmatrix}$,

    so the set is closed under addition and scalar multiplication and is therefore a subspace.

30. Every element of P_2 is an element of P_3. Both P_2 and P_3 are vector spaces with the same operations and the same set of scalars, so P_2 is a subspace of P_3.

31. If $f(x) = ax^2 + bx + 3$ then $2f(x) = 2ax^2 + 2bx + 6$, which is not in S, so S is not closed under scalar multiplication and therefore not a subspace of P_2.

32. R^n is a subset of C^n, but the scalars for C^n are the complex numbers. If a nonzero element of R^n is multiplied by a complex number such as $1 + 2i$, the result is an element of C^n that is not an element of R^n. Thus R^n is not closed under multiplication by the scalars in C^n.

34. (a) $(f+g)(x) = f(x) + g(x)$ so $(f+g)(0) = 0 + 0 = 0$, and $(cf)(x) = c(f(x))$ so $(cf)(0) = c0 = 0$. Thus this subset is a subspace.

Exercise Set 4.2

1. (a) Consider $a(1,-1) + b(2,4)=(-1,7)$. Get $a+2b=-1$, $-a+4b=7$. Unique solution, $a = -3$ and $b = 1$, so that $(-1,7) = -3(1,-1) + (2,4)$. Thus $(-1,7)$ is a linear combination of $(1,-1)$ and $(2,4)$.

    (c) $a(-1,4) + b(2,-8)=(-1,15)$ gives $-a + 2b=-1$ and $4a - 8b=15$. This system of equations has no solution, so $(-1,15)$ is not a linear combination of $(-1,4)$ and $(2,-8)$.

2. (a) $a(1,-1, 2)+b(2,1,0)+c(-1,2,1)=(-3,3,7)$ gives $a+2b-c=-3$, $-a+b+2c=3$, $2a+c=7$. Unique solution $a=2, b=-1, c=3$. Thus $(-3,3,7) = 2(1,-1,2) - (2,1,0) + 3(-1,2,1)$.

103

Section 4.2

It is a linear combination.

(c) $a(1,2,3)+b(-1,2,4)+c(1,6,10)=(2,7,13)$. Then $a-b+c=2$, $2a+2b+6c=7$, and $3a+4b+10c=13$. This system of equations has no solution, so $(2,7,13)$ is not a linear combination of $(1,2,3)$, $(-1,2,4)$, and $(1,6,10)$.

3. (a) $a(-1,2,3)+b(1,3,1)+c(1,8,5)=(0,10,8)$ gives $-a+b+c=0$, $2a+3b+8c=10$, $3a+b+5c=8$. This system has many solutions. The general solution is $a = 2-c$, $b = 2-2c$, $c =$ any real number. Thus many linear combinations. $(0,10,8) = (2-c)(-1,2,3) + (2-2c)(1,3,1) + c(1,8,5)$, where c is any real number. Vector is in the space.

4. (a) Any vector of the form $a(1, 2) + b(3, -5)$. e.g., $1(1, 2) + 2(3, -5) = (7, -8)$. $3(1, 2)-2(3, -5) = (-3, 16)$.

   (c) Any vector of the form $a(1, -3, 5)+b(0, 1, 2)$ e.g., $1(1, -3, 5)+1(0, 1, 2) = (1, -2, 7)$. $2(1, -3, 5)-3(0, 1, 2) = (2, -9, 4)$.

5. (a) e.g., $(1,2,3) + (1,2,0) = (2,4,3)$; $(1,2,3) - (1,2,0) = (0,0,3)$; $2(1,2,3) = (2,4,6)$.

   (c) e.g., $-(1,2,3) = (-1,-2,-3)$; $2(1,2,3) = (2,4,6)$; $(1/2)(1,2,3) = (1/2,1,3/2)$.

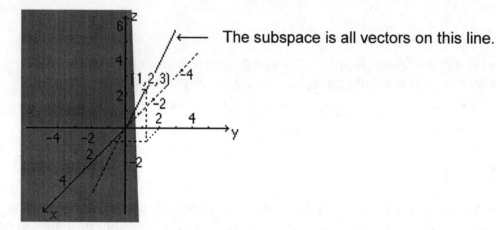

The subspace is all vectors on this line.

6. (a) e.g. $0(4, -1, 3) = (0, 0, 0)$; $-2(4, -1, 3) = (-8, 2, -6)$; $3(4, -1, 3) = (12, -3, 9)$

   (c) e.g., $-(1,2,-1,3) = (-1,-2,1,-3)$; $2(1,2,-1,3) = (2,4,-2,6)$; $(.1)(1,2,-1,3) = (.1,.2,-.1,.3)$.

Section 4.3

8. (a) $a\begin{bmatrix} 1 & 2 \\ 3 & -4 \end{bmatrix} + b\begin{bmatrix} 0 & 3 \\ 1 & 2 \end{bmatrix} + c\begin{bmatrix} 1 & 2 \\ 0 & 0 \end{bmatrix} = \begin{bmatrix} 5 & 7 \\ 5 & -10 \end{bmatrix}$. Have a+c=5, 2a+3b+2c=7, 3a+b=5, -4a+2b=-10. Unique solution, a=2, b=-1, c=3.

Thus linear combination $2\begin{bmatrix} 1 & 2 \\ 3 & -4 \end{bmatrix} - \begin{bmatrix} 0 & 3 \\ 1 & 2 \end{bmatrix} + 3\begin{bmatrix} 1 & 2 \\ 0 & 0 \end{bmatrix} = \begin{bmatrix} 5 & 7 \\ 5 & -10 \end{bmatrix}$.

(c) $a\begin{bmatrix} 1 & 1 \\ 1 & 1 \end{bmatrix} + b\begin{bmatrix} 3 & 1 \\ 0 & 0 \end{bmatrix} + c\begin{bmatrix} -1 & -1 \\ 2 & 3 \end{bmatrix} = \begin{bmatrix} 4 & 1 \\ 7 & 10 \end{bmatrix}$ gives 4 = a + 3b − c, 1 = a + b − c, 7 = a + 2c, and 10 = a + 3c. This system of equations has no solution, so the first matrix is not a linear combination of the others.

9. (a) $a(x^2 + 1) + b(x + 3) = 3x^2 + 2x + 9$, gives $ax^2 + bx + a+3b = 3x^2 + 2x + 9$. Get system a=3, b=2, a+3b=9. Unique solution, a=3, b=2. Is unique linear combination, $3x^2 + 2x + 9 = 3(x^2 + 1) + 2(x + 3)$.

(c) $a(x^2 + x - 1) + b(x^2 + 2x + 1) = x^2 + 4x + 5$, gives $(a+b)x^2 + (a+2b)x + (-a+b) = x^2 + 4x + 5$. Get system a+b=1, a+2b=4, -a+b=5. Unique solution, a=-2, b=3. Is unique linear combination, $x^2 + 4x + 5 = -2(x^2 + x - 1) + 3(x^2 + 2x + 1)$.

10. For example:
    (a) $h(x) = f(x) + g(x) = x + (x+3) = 2x + 3$; $h(x) = 2f(x) + 3g(x) = 2x + 3(x+3) = 5x + 9$; $h(x) = 0f(x) - 3g(x) = -3(x+3) = -3x - 9$.

    (c) $k(x) = 3f(x) + g(x) - 2h(x) = 3(2x^3 - 5x + 3) + (7x + 2) - 2(x^2 + x) = 6x^3 - 2x^2 - 10x + 11$;
    $k(x) = 3g(x) = 3(7x + 2) = 21x + 6$;
    $k(x) = f(x) - 2g(x) = (2x^3 - 5x + 3) - 2(7x + 2) = 2x^3 - 19x - 1$

11. (a) $a(x+1) + b(x+3) = x+5$. $(a+b)x + (a+3b) = x+5$. Get system a+b=1, a+3b=5. Unique solution a=2, b=-1. It is in the space. f(x)=2h(x)-g(x).

12. Let $v = av_1 + bv_2$ and $u = cu_1 + du_2$. Then $v + u = av_1 + bv_2 + cu_1 + du_2$.

14. Let $v = av_1 + bv_2$. Since both c_1 and c_2 are nonzero we can write
$v = \dfrac{a}{c_1}(c_1v_1) + \dfrac{b}{c_2}(c_2v_2)$. Thus v is a linear combination of c_1v_1 and c_2v.

16. If v_1 and v_2 span V, then any vector v in V can be written as a linear combination of v_1 and v_2: $v = a_1v_1 + a_2v_2$. In particular $v_3 = b_1v_1 + b_2v_2$. Thus
$v = a_1v_1 + a_2v_2 - v_3 + v_3 = a_1v_1 + a_2v_2 - (b_1v_1 + b_2v_2) + v_3 =$

$(a_1 - b_1)\mathbf{v}_1 + (a_2 - b_1)\mathbf{v}_2 + \mathbf{v}_3$, so that $\mathbf{v}_1, \mathbf{v}_2$, and $\mathbf{v}_3$ span V.
(It is also trivially true that $\mathbf{v} = a_1 \mathbf{v}_1 + a_2 \mathbf{v}_2 + 0\mathbf{v}_3$.)

Exercise Set 4.3

1. (a) $a(-1,2) + b(2,-4) = \mathbf{0}$ gives $-a+2b=0$, $2a-4b=0$. Many solutions, $a=2r$, $b=r$. Let $r=1$ say. Get solution $a=2$, $b=1$. Thus $2(-1,2) + (2,-4) = \mathbf{0}$. Vectors are linearly dependent.
   Geometry: $(2, -4) = -2(-1, 2)$. $(-1, 2)$ and $(2, -4)$ are collinear, thus are linearly dependent.

   (c) $a(1,-2,3) + b(-2,4,1) + c(-4,8,9) = \mathbf{0}$ gives $a-2b-4c=0$, $-2a+4b+8c=0$, $3a+b+9c=0$.
   Many solutions, $a=-2r$, $b=-3r$, $c=r$. Let $r=1$ say. Get solution $a=-2$, $b=-3$, $c=1$.
   Thus $-2(1,-2,3) - 3(-2,4,1) + (-4,8,9) = \mathbf{0}$. The vectors are linearly dependent.
   This means that the vectors lie in a plane.

   (e) $a(1,2,5) + b(1,-2,1) + c(2,1,4) = \mathbf{0}$ gives $a+b+2c=0$, $2a-2b+c=0$, $5a+b+4c=0$.
   Unique solution $a=0$, $b=0$, $c=0$. Thus the vectors are linearly independent.
   This means that the vectors do not lie in a plane.

2. (a) $2(2,-1,3) + (-4,2,-6) = \mathbf{0}$, so the vectors $(2,-1,3)$ and $(-4,2,-6)$ are linearly dependent and any set of vectors containing these vectors is linearly dependent.

   (c) $(3, 0, 4) + (-3, 0, -4) = \mathbf{0}$, so the vectors $(3, 0, 4)$ and $(-3, 0, -4)$ are linearly dependent and any set of vectors containing these vectors is linearly dependent.

3. (a) e.g., of linear dependence of $\{(-1,2), (t,-4)\}$ is when $(t,-4)=k(-1,2)$. Vectors are collinear.
   [This also amounts to examining the identity $k(-1,2)+1(-1,2)=\mathbf{0}$]
   Then $t=-k$ and $-4=2k$. Thus $k=-2$, giving $t=2$.

   (c) e.g., of linear dependence of $\{(2,-t), (2t+6,4t)\}$ is when $(2t+6,4t)=k(2,-t)$.
   Then $2t+6=2k$, $4t=-tk$. Thus $k=-4$, giving $t=-7$.

6. (a) Observe that $(2, 3, 4) = (1, 2, 3) + (1, 1, 1)$. Thus $1(1, 2, 3) + 1(1, 1, 1) - 1(2, 3, 4) = \mathbf{0}$.

   (c) $(5, 6, 7) = (3, 4, 5) + 2(1, 1, 1)$. Thus $1(3, 4, 5) + 2(1, 1, 1) - 1(5, 6, 7) = \mathbf{0}$.

7. (a) Add any vector of the form $\mathbf{v}=a(1,-1,0)+b(2,1,3)$. Since then $a(1,-1,0)+b(2,1,3)-\mathbf{v}=\mathbf{0}$.
   e.g., $2(1,-1,0) + 3(2,1,3) = (8,1,9)$. Set $\{(1,-1,0), (2,1,3), (8,1,9)\}$ is linearly dependent.

Section 4.4

(c) Add any vector of the form a(1, 2, 4) + b(0, 2, 5). e.g. 2(1, 2, 4) - 1(0, 2, 5) = (2, 2, 3).
Set {(1, 2, 4), (0, 2, 5), (2, 2, 3)} is linearly dependent.

8. (a) If $a\begin{bmatrix} 1 & 0 \\ 0 & 0 \end{bmatrix} + b\begin{bmatrix} 0 & 2 \\ 0 & 0 \end{bmatrix} + c\begin{bmatrix} 0 & 0 \\ 3 & 0 \end{bmatrix} + d\begin{bmatrix} 0 & 0 \\ 0 & 4 \end{bmatrix} = \begin{bmatrix} 0 & 0 \\ 0 & 0 \end{bmatrix}$,

then $\begin{bmatrix} a & 2b \\ 3c & 4d \end{bmatrix} = \begin{bmatrix} 0 & 0 \\ 0 & 0 \end{bmatrix}$. a=b=c=d=0. Matrices are linearly independent.

(c) $2\begin{bmatrix} 1 & 2 \\ -1 & 0 \end{bmatrix} + (-3)\begin{bmatrix} 1 & 2 \\ 1 & 1 \end{bmatrix} + \begin{bmatrix} 1 & 2 \\ 5 & 3 \end{bmatrix} = \begin{bmatrix} 0 & 0 \\ 0 & 0 \end{bmatrix}$. Linearly dependent.

9. (a) $1(2x^2 + 1) + (-1)(x^2 + 4x) + (-1)(x^2 - 4x + 1) = 0$, so the set is linearly dependent.

(c) If $a(x^2 + 3x - 1) + b(x + 3) + c(2x^2 - x + 1) = 0$, then $a + 2c = 0$, $3a + b - c = 0$, and $-a + 3b + c = 0$. This system of homogeneous equations has the unique solution $a = b = c = 0$, so the functions are linearly independent.

10. Have $av_1 + bv_2 + (-1)(av_1 + bv_2) = 0$ for all values of a and b.

15. (a) v_1, v_2, and v_3 span R^3. They do not lie on a line or in a plane. v_1, v_2, and v_3 are linearly independent.

(b) v_3 lies in the space spanned by and v_1, v_2. This space may be a plane or a line, depending on whether v_1 and v_2 are independent or not. v_1, v_2, and v_3 are linearly dependent.

16. (a) False: Consider (1, 4, 2) = a(1, 0, 0) + b(0, 1, 0). Then (1, 4, 2) = (a, b, 0).
System 1=a, 4=b, 2=0 has no solution. Geometry: (1, 0, 0) and (0, 1, 0) have no component in the z direction while (1, 4, 2) does. Thus (1, 4, 2) cannot be a linear combination of (1, 0, 0) and (0, 1, 0).

(b) False: A vector can be expressed as a linear combination of (1, 0, 0), (2, 1, 0), (-1, 3, 0) only if the last component is zero. For example, (0, 0, 1) cannot be expressed as a linear combination of these vectors.

17. (a) True: $v = av_1 + bv_2 + 0v_3$.

(b) True: One vector spans the line defined by it. Two vectors span the plane defined by them. Need at least three vectors that do not lie in a plane to span R^3.

18. It is more likely that the vectors will be independent. For them to be dependent, one has to be a multiple of the other.

Section 4.4

Exercise Set 4.4

1. For two vectors to be linearly dependent one must be a multiple of the other. In each case below, neither vector is a multiple of the other, so the vectors are linearly independent. We show that each set spans $\mathbf{R}^2$.

    (a) $(x_1, x_2) = \dfrac{3x_2 - x_1}{5}(1,2) + \dfrac{2x_1 - x_2}{5}(3,1)$.

    (c) $(x_1, x_2) = \dfrac{x_1 + x_2}{2}(1,1) + \dfrac{-x_1 + x_2}{2}(-1,1)$.

2. It is necessary to show either that the set of vectors is linearly independent or that the set spans $\mathbf{R}^2$. For two vectors to be linearly dependent, one must be a multiple of the other. In each case neither vector is a multiple of the other, so the vectors are linearly independent and therefore a basis for $\mathbf{R}^2$. (Theorem 4.11)

3. Use Theorem 4.11. Two vectors in each case, thus examining dependence will suffice.

    (a) These two vectors are linearly independent since neither is a multiple of the other. Thus they are a basis for $\mathbf{R}^2$.

    (b) $(-2,6) = -2(1,-3)$, so these vectors are not linearly independent and therefore not a basis for $\mathbf{R}^2$.

4. Use Theorem 4.11. Two vectors in each case, thus examining dependence will suffice.

    (a) $a(1,1,1) + b(0,1,2) + c(3,0,1) = (0,0,0)$ if and only if $a+3c = 0$, $a+b = 0$, and $a+2b+c = 0$. System has the unique solution $a = b = c = 0$, so the three vectors are linearly independent. Thus they are a basis for $\mathbf{R}^3$. (Theorem 4.10)

    (c) $a(0,0,1) + b(2,3,1) + c(4,1,2) = (0,0,0)$ if and only if $2b+4c = 0$, $3b+c = 0$, and $a+b+2c = 0$. The system has the unique solution $a = b = c = 0$, so the three vectors are linearly independent. Thus they are a basis for $\mathbf{R}^3$.

5. (a) $a(1,-1,2) + b(2,0,1) + c(3,0,0) = (0,0,0)$ if and only if $a+2b+3c = 0$, $-a = 0$, and $2a+b = 0$. The system has the unique solution $a = b = c = 0$, so the three vectors are linearly independent. Thus they are a basis for $\mathbf{R}^3$.

Section 4.4

(c) $2\begin{bmatrix} 3 \\ 1 \\ -1 \end{bmatrix} + 2\begin{bmatrix} -1 \\ -1 \\ 0 \end{bmatrix} = \begin{bmatrix} 4 \\ 0 \\ -2 \end{bmatrix}$, so the vectors are linearly dependent and therefore not a basis for $\mathbf{R}^3$.

6. (a) These vectors are linearly dependent.

   (b) A basis for $\mathbf{R}^2$ can contain only two vectors.

   (d) The third vector is a multiple of the second, so the set is not linearly independent.

   (f) (1,4) is not in $\mathbf{R}^3$.

7. $(1,4,3) = 3(-1,2,1) + 2(2,-1,0)$, and $(-1,2,1)$ and $(2,-1,0)$ are linearly independent, so the dimension is 2 and $(-1,2,1)$ and $(2,-1,0)$ are a basis for the subspace.

8. $(1,2,-1) = 2(1,3,1) - (1,4,3)$.

10. $(-3,3,-6) = -\frac{3}{2}(2,-2,4)$.

12. Basis for $\mathbf{R}^2$ has two linearly independent (non-colinear) vectors. $\{(1,2),(0,1)\}$ is a basis.

13. Need three linearly independent vectors. The set $\{(1,1,1),(1,0,-2),(1,0,0)\}$ is a basis for $\mathbf{R}^3$.

15. (a) $(a,a,b) = a(1,1,0) + b(0,0,1)$, so the linearly independent set $\{(1,1,0),(0,0,1)\}$ spans the subspace of vectors of the form (a,a,b) and is therefore a basis. The dimension of the space is 2 since there are 2 vectors in the basis.

    (c) $(a, b, a+b) = a(1,0,1) + b(0,1,1)$, so the linearly independent set $\{(1,0,1),(0,1,1)\}$ spans the subspace of vectors of the form $(a,b,a+b)$ and is therefore a basis. The dimension of the space is 2 since there are 2 vectors in the basis.

    (e) $(a,b,c) = (a, b, -a-b) = a(1,0,-1) + b(0,1,-1)$, so the linearly independent set $\{(1,0,-1),(0,1,-1)\}$ spans the subspace of vectors of the form (a,b,c) where $a+b+c = 0$. Thus the set $\{(1,0,-1),(0,1,-1)\}$ is a basis for the subspace. The dimension of the space is 2 since there are 2 vectors in the basis.

16. (a) $(a, b, a+b, a-b) = a(1,0,1,1) + b(0,1,1,-1)$, so the linearly independent set $\{(1,0,1,1),(0,1,1,-1)\}$ spans the subspace of vectors of the form $(a,b,a+b,a-b)$ and is

Section 4.4

therefore a basis. The dimension of the space is 2 since there are 2 vectors in the basis.

(c) (2a, b, a+3b, c) = a(2,0,1,0) + b(0,1,3,0)+c(0,0,0,1), so the linearly independent set {(2,0,1,0), (0,1,3,0),(0,0,0,1)} spans the subspace of vectors of the form (2a, b, a+3b, 0) and is therefore a basis. The dimension of the space is 3 since there are 3 vectors in the basis.

17. (a) The set $\{x^3, x^2, x, 1\}$ is a basis. The dimension is 4.

(d) $\begin{bmatrix} 1 & 0 \\ 0 & 0 \end{bmatrix}$ and $\begin{bmatrix} 0 & 0 \\ 0 & 1 \end{bmatrix}$ are a basis. The dimension is 2.

19. (a) Yes; $f(x) = 2h(x) - g(x)$.

(c) $g(x) + h(x) = (2x^2 + 3) + (x^2 + 3x - 1) = 3x^2 + 3x + 2$,
$g(x) - h(x) = (2x^2 + 3) - (x^2 + 3x - 1) = x^2 - 3x + 4$, and
$2g(x) = 2(2x^2 + 3) = 4x^2 + 6$ are functions in the space spanned by $g(x)$ and $h(x)$.

20. (a) A basis for P_2 must consist of three linearly independent elements of P_2. $f(x) + g(x) - h(x) = 0$ so the three given functions are not linearly independent and therefore not a basis for P_2.

(c) $\begin{bmatrix} 1 & 2 \\ 0 & 1 \end{bmatrix} - \begin{bmatrix} 3 & 4 \\ 1 & 1 \end{bmatrix} + 2\begin{bmatrix} 1 & 2 \\ 1 & 1 \end{bmatrix} - \begin{bmatrix} 0 & 2 \\ 1 & 2 \end{bmatrix} = \begin{bmatrix} 0 & 0 \\ 0 & 0 \end{bmatrix}$, so these matrices are

linearly dependent and therefore not a basis for M_{22}.

(e) The set $\{(1,0), (0,1)\}$ is a basis for C^2, so the dimension of C^2 is 2, and any set of two linearly independent vectors in C^2 is a basis. The given vectors are linearly independent since neither is a multiple of the other, so they are a basis.

21. Since dim(V) = 2, any basis for V must contain 2 vectors. In Example 3 in Section 4.3, it was shown that the vectors $u_1 = v_1 + v_2$ and $u_2 = v_1 - v_2$ are linearly independent. Thus by Theorem 4.11 the set $\{u_1, u_2\}$ is a basis for V.

23. Since V is n-dimensional any basis for V must contain n vectors. We need only show that the vectors $cv_1, cv_2, \ldots, cv_n$ are linearly independent.
If $a_1 cv_1 + a_2 cv_2 + \ldots + a_n cv_n = 0$, then $a_1 c = a_2 c = \ldots = a_n c = 0$ and since $c \neq 0$,

Section 4.4

$a_1 = a_2 = \ldots = a_n = 0$. Thus the vectors $cv_1, cv_2, \ldots, cv_n$ are linearly independent and a basis for V.

25. Let $\{w_1, \ldots, w_m\}$ be a basis for W. If m>n these vectors would have to be linearly dependent by Theorem 4.8. Being base vectors they are linearly independent. Thus m≤n.

26. Suppose (a,b) is orthogonal to (u_1, u_2). Then $(a,b) \cdot (u_1, u_2) = au_1 + bu_2 = 0$, so $au_1 = -bu_2$

    Thus if $u_1 \neq 0$ (a,b) is orthogonal to (u_1, u_2) if and only if (a,b) is of the form
    $\left(\dfrac{-bu_2}{u_1}, b\right) = \dfrac{b}{u_1}(-u_2, u_1)$; that is, (a,b) is orthogonal to (u_1, u_2) if and only if (a,b) is in the vector space with basis $(-u_2, u_1)$. If $u_1 = 0$, then b = 0 and (a,b) is orthogonal to (u_1, u_2) if and only if (a,b) is of the form a(1,0); that is, (a,b) is in the vector space with basis (1,0).

31. (a) False: The vectors are linearly dependent.

    (c) True: (1,2,3) + (0,1,4) = (1,3,7), and (1,2,3) and (0,1,4) are linearly independent, so the dimension is 2.

32. (a) False: The three vectors lie in the 2D subspace of $\mathbf{R}^3$ with basis {1,0,0), (0,1,0)}. Thus they are linearly dependent.

    (c) False: In fact any set of more than two vectors in $\mathbf{R}^2$ is a linearly dependent set.

Exercise Set 4.5

1. (a) The row vectors are linearly independent. Dim row space = 2. Rank = 2.

   (c) The row vectors are linearly independent. Dim row space = 2. Rank = 2.

2. (a) R3=R2-R1. The third row is in the space spanned by the other two linearly independent rows. Dim row space = 2. Rank = 2.

   (c) Rows 2 and 3 are multiples of row 1. Dim row space = 1. Rank = 1.

   (e) R3=R2+R1. The third row is in the space spanned by the other two linearly independent rows. Dim row space = 2. Rank = 2.

3. (a) $\begin{bmatrix} 1 & 2 & -1 \\ 2 & 5 & 2 \\ 0 & 2 & 9 \end{bmatrix} \approx \begin{bmatrix} 1 & 2 & -1 \\ 0 & 1 & 4 \\ 0 & 2 & 9 \end{bmatrix} \approx \begin{bmatrix} 1 & 0 & -9 \\ 0 & 1 & 4 \\ 0 & 0 & 1 \end{bmatrix} \approx \begin{bmatrix} 1 & 0 & 0 \\ 0 & 1 & 0 \\ 0 & 0 & 1 \end{bmatrix}$, so the vectors (1,0,0),

(0,1,0), and (0,0,1) are a basis for the row space and the rank of the matrix is 3.

(c) $\begin{bmatrix} 1 & -3 & 2 \\ -2 & 6 & -4 \\ -1 & 3 & -2 \end{bmatrix} \approx \begin{bmatrix} 1 & -3 & 2 \\ 0 & 0 & 0 \\ 0 & 0 & 0 \end{bmatrix}$, so the vector (1,−3,2) is a basis for the row space

and the rank of the matrix is 1.

4. (a) $\begin{bmatrix} 1 & 4 & 0 \\ -1 & -3 & 3 \\ 2 & 9 & 5 \end{bmatrix} \approx \begin{bmatrix} 1 & 4 & 0 \\ 0 & 1 & 3 \\ 0 & 1 & 5 \end{bmatrix} \approx \begin{bmatrix} 1 & 0 & -12 \\ 0 & 1 & 3 \\ 0 & 0 & 2 \end{bmatrix} \approx \begin{bmatrix} 1 & 0 & 0 \\ 0 & 1 & 0 \\ 0 & 0 & 1 \end{bmatrix}$, so the vectors (1,0,0),

(0,1,0), and (0,0,1) are a basis for the row space and the rank of the matrix is 3.

(c) $\begin{bmatrix} 1 & 2 & 3 \\ 0 & -1 & -1 \\ 3 & 4 & 7 \end{bmatrix} \approx \begin{bmatrix} 1 & 2 & 3 \\ 0 & 1 & 1 \\ 0 & -2 & -2 \end{bmatrix} \approx \begin{bmatrix} 1 & 0 & 1 \\ 0 & 1 & 1 \\ 0 & 0 & 0 \end{bmatrix}$, so the vectors (1,0,1) and (0,1,1)

are a basis for the row space and the rank of the matrix is 2.

5. (a) $\begin{bmatrix} 1 & 2 & 3 & 4 \\ -1 & 2 & 0 & 1 \\ 0 & 1 & 0 & 2 \end{bmatrix} \approx \begin{bmatrix} 1 & 2 & 3 & 4 \\ 0 & 4 & 3 & 5 \\ 0 & 1 & 0 & 2 \end{bmatrix} \approx \begin{bmatrix} 1 & 2 & 3 & 4 \\ 0 & 1 & .75 & 1.25 \\ 0 & 1 & 0 & 2 \end{bmatrix} \approx \begin{bmatrix} 1 & 0 & 1.5 & 1.5 \\ 0 & 1 & .75 & 1.25 \\ 0 & 0 & -.75 & .75 \end{bmatrix} \approx$

$\begin{bmatrix} 1 & 0 & 1.5 & 1.5 \\ 0 & 1 & .75 & 1.25 \\ 0 & 0 & 1 & -1 \end{bmatrix} \approx \begin{bmatrix} 1 & 0 & 0 & 3 \\ 0 & 1 & 0 & 2 \\ 0 & 0 & 1 & -1 \end{bmatrix}$, so the vectors (1,0,0,3), (0,1,0,2), and

(0,0,1,−1) are a basis for the row space and the rank of the matrix is 3.

(b) $\begin{bmatrix} 1 & 2 & -1 & 4 \\ 0 & 1 & -2 & 3 \\ -1 & 0 & -3 & 2 \end{bmatrix} \approx \begin{bmatrix} 1 & 2 & -1 & 4 \\ 0 & 1 & -2 & 3 \\ 0 & 2 & -4 & 6 \end{bmatrix} \approx \begin{bmatrix} 1 & 0 & 3 & -2 \\ 0 & 1 & -2 & 3 \\ 0 & 0 & 0 & 0 \end{bmatrix}$, so the vectors (1,0,3,−2)

and (0,1,−2,3) are a basis for the row space and the rank of the matrix is 2.

6. (a) The given vectors are linearly independent so they are a basis for the space they

span, which is $\mathbf{R}^3$. Also $\begin{bmatrix} 1 & 3 & 2 \\ 0 & 1 & 4 \\ 1 & 4 & 9 \end{bmatrix} \approx \begin{bmatrix} 1 & 3 & 2 \\ 0 & 1 & 4 \\ 0 & 1 & 7 \end{bmatrix} \approx \begin{bmatrix} 1 & 0 & -10 \\ 0 & 1 & 4 \\ 0 & 0 & 3 \end{bmatrix} \approx \begin{bmatrix} 1 & 0 & 0 \\ 0 & 1 & 0 \\ 0 & 0 & 1 \end{bmatrix}$,

so the row vectors of any of these matrices are a basis for the same vector space.

(c) $\begin{bmatrix} 1 & -1 & 3 \\ 1 & 0 & 1 \\ -2 & 1 & -4 \end{bmatrix} \approx \begin{bmatrix} 1 & -1 & 3 \\ 0 & 1 & -2 \\ 0 & -1 & 2 \end{bmatrix} \approx \begin{bmatrix} 1 & 0 & 1 \\ 0 & 1 & -2 \\ 0 & 0 & 0 \end{bmatrix}$, so the vectors (1,0,1) and

(0,1,-2) are a basis for the space spanned by the given vectors.

7. (a) $\begin{bmatrix} 1 & 3 & -1 & 4 \\ 1 & 3 & 0 & 6 \\ -1 & -3 & 0 & -8 \end{bmatrix} \approx \begin{bmatrix} 1 & 3 & -1 & 4 \\ 0 & 0 & 1 & 2 \\ 0 & 0 & -1 & -4 \end{bmatrix} \approx \begin{bmatrix} 1 & 3 & 0 & 6 \\ 0 & 0 & 1 & 2 \\ 0 & 0 & 0 & 0 \end{bmatrix} \approx \begin{bmatrix} 1 & 3 & 0 & 0 \\ 0 & 0 & 1 & 0 \\ 0 & 0 & 0 & 1 \end{bmatrix}$, so the

vectors (1,3,0,0), (0,0,1,0), and (0,0,0,1) are a basis for the subspace. The given vectors are linearly independent so they are a basis as well.

(c) $\begin{bmatrix} 1 & 2 & 3 & 4 \\ 0 & -1 & 2 & 3 \\ 2 & 3 & 8 & 11 \\ 2 & 3 & 6 & 8 \end{bmatrix} \approx \begin{bmatrix} 1 & 2 & 3 & 4 \\ 0 & 1 & -2 & -3 \\ 0 & -1 & 2 & 3 \\ 0 & -1 & 0 & 0 \end{bmatrix} \approx \begin{bmatrix} 1 & 0 & 7 & 10 \\ 0 & 1 & -2 & -3 \\ 0 & 0 & 0 & 0 \\ 0 & 0 & -2 & -3 \end{bmatrix} \approx \begin{bmatrix} 1 & 0 & 7 & 10 \\ 0 & 1 & -2 & -3 \\ 0 & 0 & 1 & 1.5 \\ 0 & 0 & 0 & 0 \end{bmatrix}$

$\approx \begin{bmatrix} 1 & 0 & 0 & -.5 \\ 0 & 1 & 0 & 0 \\ 0 & 0 & 1 & 1.5 \\ 0 & 0 & 0 & 0 \end{bmatrix}$, so the vectors (1,0,0,-.5), (0,1,0,0), and (0,0,1,1.5) are a

basis for the subspace.

8. $A = \begin{bmatrix} 1 & 2 & -1 \\ 0 & 1 & 3 \\ 1 & 4 & 6 \end{bmatrix} \approx \begin{bmatrix} 1 & 2 & -1 \\ 0 & 1 & 3 \\ 0 & 2 & 7 \end{bmatrix} \approx \begin{bmatrix} 1 & 0 & -7 \\ 0 & 1 & 3 \\ 0 & 0 & 1 \end{bmatrix} \approx \begin{bmatrix} 1 & 0 & 0 \\ 0 & 1 & 0 \\ 0 & 0 & 1 \end{bmatrix}$, so the vectors (1,0,0),

(0,1,0), and (0,0,1) are a basis for the row space of A.

$A^t = \begin{bmatrix} 1 & 0 & 1 \\ 2 & 1 & 4 \\ -1 & 3 & 6 \end{bmatrix} \approx \begin{bmatrix} 1 & 0 & 1 \\ 0 & 1 & 2 \\ 0 & 3 & 7 \end{bmatrix} \approx \begin{bmatrix} 1 & 0 & 1 \\ 0 & 1 & 2 \\ 0 & 0 & 1 \end{bmatrix} \approx \begin{bmatrix} 1 & 0 & 0 \\ 0 & 1 & 0 \\ 0 & 0 & 1 \end{bmatrix}$, so the vectors (1,0,0),

113

(0,1,0), and (0,0,1) are a basis for the row space of A^t. Therefore, the column vectors

$$\begin{bmatrix} 1 \\ 0 \\ 0 \end{bmatrix}, \begin{bmatrix} 0 \\ 1 \\ 0 \end{bmatrix}, \text{ and } \begin{bmatrix} 0 \\ 0 \\ 1 \end{bmatrix}$$ are a basis for the column space of A. Both the row space and the column space of A have dimension 3.

10. (a) (i) $\begin{bmatrix} 1 & 0 & 0 \\ 0 & 1 & 0 \\ 0 & 0 & 1 \end{bmatrix}$. (ii) Ranks 3 and 3. Thus unique solution. (iii) $x_1=2$, $x_2=1$, $x_3=3$.

(iv) $\begin{bmatrix} 12 \\ 18 \\ -8 \end{bmatrix} = 2\begin{bmatrix} 1 \\ 2 \\ -1 \end{bmatrix} + 1\begin{bmatrix} -2 \\ -1 \\ 3 \end{bmatrix} + 3\begin{bmatrix} 4 \\ 5 \\ -3 \end{bmatrix}$.

(b) (i) $\begin{bmatrix} 1 & 0 & 3 \\ 0 & 1 & 2 \\ 0 & 0 & 0 \end{bmatrix}$. Ranks 2 and 2. Many solutions. (iii) $x_1 = -3r + 4$, $x_2 = -2r + 1$, $x_3 = r$.

(iv) $\begin{bmatrix} 9 \\ 7 \\ 7 \end{bmatrix} = (-3r + 4)\begin{bmatrix} 3 \\ 2 \\ 3 \end{bmatrix} + (-2r + 1)\begin{bmatrix} -3 \\ -1 \\ -5 \end{bmatrix} + r\begin{bmatrix} 3 \\ 4 \\ -1 \end{bmatrix}$.

11. Use Theorem 4.17. (a) Unique solution. (b) No solution. (c) Many solutions.

12. (a) There are three rows, so the row space must have dimension ≤ 3.
    Five columns, column space must have dimension ≤ 5.
    Since dim row space = dim col space, this dim ≤3. Rank(A) ≤ 3.

13. dim(column space of A) = dim(row space of A) ≤ number of rows of A = m < n

14. (a) The rank of A cannot be greater than 3, so a basis for the column space of A can contain no more than three vectors. The four column vectors in A must therefore be linearly dependent by Theorem 4.8.

16. If the n columns of A are linearly independent, they are a basis for the column space of A (Theorem 4.11) and dim(column space of A) is n, so rank(A) = n.

Section 4.6

If rank(A) = n, then the n column vectors of A are basis for the column space of A because they span the column space of A (Theorem 4.11), but this means they are linearly independent.

20. (a) False. Let A be mxn with m>n. If columns of A are linearly independent its rank is n.

    (c) True. Let A be the augmented matrix and the system be **AX=B**. The rank of A is n, thus the columns of A are linearly independent. They form a basis for **R**^{n}. B is a unique linear combination of these vectors.

Exercise Set 4.6

1. (a) (1,2)·(2,-1) = 0, so the vectors are orthogonal.

    (b) (3,-1)·(0,5) = -5, so the vectors are not orthogonal.

    (d) (4,1)·(2,-3) = 5, so the vectors are not orthogonal.

2. (a) (1,2,1)·(4,-2,0) = 0, (1,2,1)·(2,4,-10) = 0, and (4,-2,0)·(2,4,-10) = 0, so the set of vectors is orthogonal.

    (b) (3,-1,1)·(2,0,1) = 7, so the set of vectors is not orthogonal.

3. (a) $(\frac{1}{3}, \frac{2}{3}, \frac{2}{3}) \cdot (\frac{2}{3}, -\frac{2}{3}, \frac{1}{3}) = 0$, $(\frac{1}{3}, \frac{2}{3}, \frac{2}{3}) \cdot (\frac{2}{3}, \frac{1}{3}, -\frac{2}{3}) = 0$, and

    $(\frac{2}{3}, -\frac{2}{3}, \frac{1}{3}) \cdot (\frac{2}{3}, \frac{1}{3}, -\frac{2}{3}) = 0$, so the set of vectors is orthogonal.

    $(\frac{1}{3}, \frac{2}{3}, \frac{2}{3}) \cdot (\frac{1}{3}, \frac{2}{3}, \frac{2}{3}) = 1$, $(\frac{2}{3}, -\frac{2}{3}, \frac{1}{3}) \cdot (\frac{2}{3}, -\frac{2}{3}, \frac{1}{3}) = 1$, and

    $(\frac{2}{3}, \frac{1}{3}, -\frac{2}{3}) \cdot (\frac{2}{3}, \frac{1}{3}, -\frac{2}{3}) = 1$, so all the vectors are unit vectors. Thus the

    vectors are an orthonormal set.

    (c) $(\frac{1}{\sqrt{2}}, 0, \frac{1}{\sqrt{2}}) \cdot (\frac{1}{\sqrt{2}}, 0, \frac{-1}{\sqrt{2}}) = 0$, $(\frac{1}{\sqrt{2}}, 0, \frac{1}{\sqrt{2}}) \cdot (0,1,0) = 0$, and

115

Section 4.6

$(\frac{1}{\sqrt{2}}, 0, \frac{-1}{\sqrt{2}}) \cdot (0,1,0) = 0$, so the set of vectors is orthogonal.

$(\frac{1}{\sqrt{2}}, 0, \frac{1}{\sqrt{2}}) \cdot (\frac{1}{\sqrt{2}}, 0, \frac{1}{\sqrt{2}}) = 1$, $(\frac{1}{\sqrt{2}}, 0, \frac{-1}{\sqrt{2}}) \cdot (\frac{1}{\sqrt{2}}, 0, \frac{-1}{\sqrt{2}}) = 1$, and

$(0,1,0) \cdot (0,1,0) = 1$, so the vectors are unit vectors. Thus the vectors are an orthonormal set.

(e) $(\frac{1}{\sqrt{32}}, \frac{-2}{\sqrt{32}}, \frac{5}{\sqrt{32}}) \cdot (\frac{1}{\sqrt{32}}, \frac{-2}{\sqrt{32}}, \frac{5}{\sqrt{32}}) = \frac{30}{32} \ne 1$, so $(\frac{1}{\sqrt{32}}, \frac{-2}{\sqrt{32}}, \frac{5}{\sqrt{32}})$ is not a unit vector. Therefore the set is not orthonormal.

4. $v = (v \cdot u_1)u_1 + (v \cdot u_2)u_2 + (v \cdot u_3)u_3$.

$v \cdot u_1 = (2,-3,1) \cdot (0,-1,0) = 3$, $v \cdot u_2 = (2,-3,1) \cdot (\frac{3}{5}, 0, \frac{-4}{5}) = \frac{2}{5}$, and

$v \cdot u_3 = (2,-3,1) \cdot (\frac{4}{5}, 0, \frac{3}{5}) = \frac{11}{5}$, so $v = 3u_1 + \frac{2}{5} u_2 + \frac{11}{5} u_3$.

6. We show that the column vectors are unit vectors and that they are mutually orthogonal.

(a) $a_1 = \begin{bmatrix} 1 \\ 0 \end{bmatrix}$ and $a_2 = \begin{bmatrix} 0 \\ 1 \end{bmatrix}$. $\|a_1\| = \|a_2\| = 1$ and $a_1 \cdot a_2 = 0$.

(c) $a_1 = \begin{bmatrix} \frac{\sqrt{3}}{2} \\ \frac{-1}{2} \end{bmatrix}$ and $a_2 = \begin{bmatrix} \frac{1}{2} \\ \frac{\sqrt{3}}{2} \end{bmatrix}$. $\|a_1\|^2 = \frac{3}{4} + \frac{1}{4} = 1$ and $\|a_2\|^2 = \frac{1}{4} + \frac{3}{4} = 1$,

so $\|a_1\| = \|a_2\| = 1$, and $a_1 \cdot a_2 = \frac{\sqrt{3}}{2} \times \frac{1}{2} - \frac{1}{2} \times \frac{\sqrt{3}}{2} = 0$.

8. (a) $\begin{bmatrix} 0 & -1 \\ 1 & 0 \end{bmatrix}$ (c) $\begin{bmatrix} 1/3 & 2/3 & -2/3 \\ 2/3 & -2/3 & -1/3 \\ -2/3 & 1/3 & 2/3 \end{bmatrix}$

11. To show that A^{-1} is unitary it is necessary to show that $(A^{-1})^{-1} = \overline{(A^{-1})}^t$.

Since A is unitary $A^{-1} = \overline{A}^t$. Thus $(A^{-1})^t = (\overline{A}^t)^t = \overline{A}$, so that $(\overline{A^{-1}})^t = A = (A^{-1})^{-1}$.

13. $\text{proj}_u v = \dfrac{v \cdot u}{u \cdot u} u$.

   (a) $\text{proj}_u v = \dfrac{(7,4) \cdot (1,2)}{(1,2) \cdot (1,2)} (1,2) = 3(1,2) = (3,6)$.

   (c) $\text{proj}_u v = \dfrac{(4,6,4) \cdot (1,2,3)}{(1,2,3) \cdot (1,2,3)} (1,2,3) = 2(1,2,3) = (2,4,6)$.

   (e) $\text{proj}_u v = \dfrac{(1,2,3,0) \cdot (1,-1,2,3)}{(1,-1,2,3) \cdot (1,-1,2,3)} (1,-1,2,3) = \dfrac{1}{3}(1,-1,2,3) = (\dfrac{1}{3}, \dfrac{-1}{3}, \dfrac{2}{3}, 1)$.

14. (a) $\text{proj}_u v = \dfrac{(1,2) \cdot (2,5)}{(2,5) \cdot (2,5)} (2,5) = \dfrac{12}{29}(2,5) = (\dfrac{24}{29}, \dfrac{60}{29})$.

   (c) $\text{proj}_u v = \dfrac{(1,2,3) \cdot (1,2,0)}{(1,2,0) \cdot (1,2,0)} (1,2,0) = (1,2,0)$.

   (e) $\text{proj}_u v = \dfrac{(2,-1,3,1) \cdot (-1,2,1,3)}{(-1,2,1,3) \cdot (-1,2,1,3)} (-1,2,1,3) = \dfrac{2}{15}(-1,2,1,3) = (\dfrac{-2}{15}, \dfrac{4}{15}, \dfrac{2}{15}, \dfrac{2}{5})$.

15. (a) $u_1 = (1,2)$, $u_2 = (-1,3) - \dfrac{(-1,3) \cdot (1,2)}{(1,2) \cdot (1,2)} (1,2) = (-1,3) - (1,2) = (-2,1)$, is an orthogonal basis for $\mathbf{R}^3$.
   $\|u_1\| = \sqrt{5}$ and $\|u_2\| = \sqrt{5}$, so the set $\{(\dfrac{1}{\sqrt{5}}, \dfrac{2}{\sqrt{5}}), (\dfrac{-2}{\sqrt{5}}, \dfrac{1}{\sqrt{5}})\}$ is an orthonormal basis for $\mathbf{R}^2$.

   (c) $u_1 = (1,-1)$, $u_2 = (4,-2) - \dfrac{(4,-2) \cdot (1,-1)}{(1,-1) \cdot (1,-1)} (1,-1) = (1,1)$, is an orthogonal basis for $\mathbf{R}^3$. $\|u_1\| = \sqrt{2}$ and $\|u_2\| = \sqrt{2}$, so the set $\{(\dfrac{1}{\sqrt{2}}, \dfrac{-1}{\sqrt{2}}), (\dfrac{1}{\sqrt{2}}, \dfrac{1}{\sqrt{2}})\}$ is an orthonormal basis for $\mathbf{R}^2$.

16. (a) $\mathbf{u}_1 = (1,1,1)$, $\mathbf{u}_2 = (2,0,1) - \dfrac{(2,0,1)\cdot(1,1,1)}{(1,1,1)\cdot(1,1,1)}(1,1,1) = (1,-1,0)$,

$\mathbf{u}_3 = (2,4,5) - \dfrac{(2,4,5)\cdot(1,1,1)}{(1,1,1)\cdot(1,1,1)}(1,1,1) - \dfrac{(2,4,5)\cdot(1,-1,0)}{(1,-1,0)\cdot(1,-1,0)}(1,-1,0)$

$= (2,4,5) - \dfrac{11}{3}(1,1,1) - (-1)(1,-1,0) = (\dfrac{-2}{3}, \dfrac{-2}{3}, \dfrac{4}{3})$, is an orthogonal basis

for $\mathbf{R}^3$. $\|\mathbf{u}_1\| = \sqrt{3}$, $\|\mathbf{u}_2\| = \sqrt{2}$, and $\|\mathbf{u}_3\| = \dfrac{\sqrt{24}}{3} = \dfrac{2\sqrt{6}}{3}$, so the set

$\{(\dfrac{1}{\sqrt{3}}, \dfrac{1}{\sqrt{3}}, \dfrac{1}{\sqrt{3}}), (\dfrac{1}{\sqrt{2}}, \dfrac{-1}{2}, 0), (\dfrac{-1}{\sqrt{6}}, \dfrac{-1}{\sqrt{6}}, \dfrac{2}{\sqrt{6}})\}$ is an orthonormal basis for $\mathbf{R}^3$.

17. (a) $\mathbf{u}_1 = (1,0,2)$, $\mathbf{u}_2 = (-1,0,1) - \dfrac{(-1,0,1)\cdot(1,0,2)}{(1,0,2)\cdot(1,0,2)}(1,0,2) = (-1,0,1) - \dfrac{1}{5}(1,0,2)$

$= (\dfrac{-6}{5}, 0, \dfrac{3}{5})$, is an orthogonal basis for the subspace of $\mathbf{R}^3$. $\|\mathbf{u}_1\| = \sqrt{5}$ and

$\|\mathbf{u}_2\| = \dfrac{3}{5}\sqrt{5}$, so the set $\{(\dfrac{1}{\sqrt{5}}, 0, \dfrac{2}{\sqrt{5}}), (\dfrac{-2}{\sqrt{5}}, 0, \dfrac{1}{\sqrt{5}})\}$ is an orthonormal basis

for the subspace.

(b) $\mathbf{u}_1 = (1,-1,1)$, $\mathbf{u}_2 = (1,2,-1) - \dfrac{(1,2,-1)\cdot(1,-1,1)}{(1,-1,1)\cdot(1,-1,1)}(1,-1,1) = (1,2,-1) - \dfrac{-2}{3}(1,-1,1)$

$= (\dfrac{5}{3}, \dfrac{4}{3}, \dfrac{-1}{3})$, is an orthogonal basis for the subspace of $\mathbf{R}^3$. $\|\mathbf{u}_1\| = \sqrt{3}$ and

$\|\mathbf{u}_2\| = \dfrac{1}{3}\sqrt{42}$, so the set $\{(\dfrac{1}{\sqrt{3}}, \dfrac{-1}{\sqrt{3}}, \dfrac{1}{\sqrt{3}}), (\dfrac{5}{\sqrt{42}}, \dfrac{4}{\sqrt{42}}, \dfrac{-1}{\sqrt{42}})\}$ is an

orthonormal basis for the subspace.

19. To actually construct such a vector, start with any vector that is not a multiple of the given vector $(1,2,-1,-1)$ and use the Gram-Schmidt process to find a vector orthogonal to $(1,2,-1,-1)$. The vector $(-2,1,0,0)$ is orthogonal to $(1,2,-1,-1)$.

21. First find an orthonormal basis for W. $\mathbf{u}_1 = (0,-1,3)$,

$$u_2 = (1,1,2) - \frac{(1,1,2)\cdot(0,-1,3)}{(0,-1,3)\cdot(0,-1,3)}(0,-1,3) = (1,1,2) - \frac{1}{2}(0,-1,3) = (1, \frac{3}{2}, \frac{1}{2}), \text{ is an}$$

orthogonal basis for the subspace of $\mathbf{R}^3$. $\|u_1\| = \sqrt{10}$ and $\|u_2\| = \frac{1}{2}\sqrt{14}$, so the set

$$\left\{(0, \frac{-1}{\sqrt{10}}, \frac{3}{\sqrt{10}}), (\frac{2}{\sqrt{14}}, \frac{3}{\sqrt{14}}, \frac{1}{\sqrt{14}})\right\} \text{ is an orthonormal basis for W.}$$

(a) $\text{proj}_W(3,-1,2) = \left((3,-1,2)\cdot(0, \frac{-1}{\sqrt{10}}, \frac{3}{\sqrt{10}})\right)(0, \frac{-1}{\sqrt{10}}, \frac{3}{\sqrt{10}})$

$+ \left((3,-1,2)\cdot(\frac{2}{\sqrt{14}}, \frac{3}{\sqrt{14}}, \frac{1}{\sqrt{14}})\right)(\frac{2}{\sqrt{14}}, \frac{3}{\sqrt{14}}, \frac{1}{\sqrt{14}}) = \frac{7}{10}(0,-1,3) + \frac{5}{14}(2,3,1)$

$= (\frac{5}{7}, \frac{13}{35}, \frac{86}{35})$

(c) $\text{proj}_W(4,2,1) = \left((4,2,1)\cdot(0, \frac{-1}{\sqrt{10}}, \frac{3}{\sqrt{10}})\right)(0, \frac{-1}{\sqrt{10}}, \frac{3}{\sqrt{10}})$

$+ \left((4,2,1)\cdot(\frac{2}{\sqrt{14}}, \frac{3}{\sqrt{14}}, \frac{1}{\sqrt{14}})\right)(\frac{2}{\sqrt{14}}, \frac{3}{\sqrt{14}}, \frac{1}{\sqrt{14}}) = \frac{1}{10}(0,-1,3) + \frac{15}{14}(2,3,1)$

$= (\frac{15}{7}, \frac{109}{35}, \frac{48}{35})$

22. First find an orthonormal basis for V. $u_1 = (-1,0,2,1)$,

$$u_2 = (1,-1,0,3) - \frac{(1,-1,0,3)\cdot(-1,0,2,1)}{(-1,0,2,1)\cdot(-1,0,2,1)}(-1,0,2,1) = (1,-1,0,3) - \frac{1}{3}(-1,0,2,1)$$

$= (\frac{4}{3}, -1, \frac{-2}{3}, \frac{8}{3})$, is an orthogonal basis for the subspace of $\mathbf{R}^3$. $\|u_1\| = \sqrt{6}$ and

$\|u_2\| = \frac{1}{3}\sqrt{93}$, so the set $\left\{(\frac{-1}{\sqrt{6}}, 0, \frac{2}{\sqrt{6}}, \frac{1}{\sqrt{6}}), (\frac{4}{\sqrt{93}}, \frac{-3}{\sqrt{93}}, \frac{-2}{\sqrt{93}}, \frac{8}{\sqrt{93}})\right\}$

is an orthonormal basis for V.

(a) $\text{proj}_V(1,-1,1,-1) = \left((1,-1,1,-1)\cdot(\frac{-1}{\sqrt{6}}, 0, \frac{2}{\sqrt{6}}, \frac{1}{\sqrt{6}})\right)(\frac{-1}{\sqrt{6}}, 0, \frac{2}{\sqrt{6}}, \frac{1}{\sqrt{6}})$

$+ \left((1,-1,1,-1)\cdot(\frac{4}{\sqrt{93}}, \frac{-3}{\sqrt{93}}, \frac{-2}{\sqrt{93}}, \frac{8}{\sqrt{93}})\right)(\frac{4}{\sqrt{93}}, \frac{-3}{\sqrt{93}}, \frac{-2}{\sqrt{93}}, \frac{8}{\sqrt{93}})$

Section 4.6

$$= 0(-1,0,2,1) + \frac{-1}{31}(4,-3,-2,8) = (\frac{-4}{31}, \frac{3}{31}, \frac{2}{31}, \frac{-8}{31})$$

(c) $\text{proj}_V (3,2,1,0) = \left((3,2,1,0) \cdot (\frac{-1}{\sqrt{6}}, 0, \frac{2}{\sqrt{6}}, \frac{1}{\sqrt{6}})\right)(\frac{-1}{\sqrt{6}}, 0, \frac{2}{\sqrt{6}}, \frac{1}{\sqrt{6}})$

$+ \left((3,2,1,0) \cdot (\frac{4}{\sqrt{93}}, \frac{-3}{\sqrt{93}}, \frac{-2}{\sqrt{93}}, \frac{8}{\sqrt{93}})\right)(\frac{4}{\sqrt{93}}, \frac{-3}{\sqrt{93}}, \frac{-2}{\sqrt{93}}, \frac{8}{\sqrt{93}})$

$= \frac{-1}{6}(-1,0,2,1) + \frac{4}{93}(4,-3,-2,8) = (\frac{21}{62}, \frac{-4}{31}, \frac{-13}{31}, \frac{11}{62})$

23. $V = \{a(1,1,0) + b(0,0,1)\}$. The set $\{(1,1,0), (0,0,1)\}$ is an orthogonal basis. The vectors $(\frac{1}{\sqrt{2}}, \frac{1}{\sqrt{2}}, 0)$ and $(0,0,1)$ are therefore an orthonormal basis. $\mathbf{v} = \mathbf{w} + \mathbf{w}_\perp$, where

$\mathbf{w} = \text{proj}_V \mathbf{v} = ((1, 2, -1) \cdot (\frac{1}{\sqrt{2}}, \frac{1}{\sqrt{2}}, 0))(\frac{1}{\sqrt{2}}, \frac{1}{\sqrt{2}}, 0) + ((1, 2, -1) \cdot (0,0,1))(0,0,1)$

$= \frac{3}{2}(1,1,0) + (-1)(0,0,1) = (\frac{3}{2}, \frac{3}{2}, -1)$ and

$\mathbf{w}_\perp = \mathbf{v} - \text{proj}_V \mathbf{v} = (1,2,-1) - (\frac{3}{2}, \frac{3}{2}, -1) = (\frac{-1}{2}, \frac{1}{2}, 0)$

25. $W = \{a(1,0,1) + b(0,1,1)\}$. We must find an orthogonal basis. $\mathbf{u}_1 = (1,0,1)$ and

$\mathbf{u}_2 = (0,1,1) - \frac{(0,1,1) \cdot (1,0,1)}{(1,0,1) \cdot (1,0,1)}(1,0,1) = (0,1,1) - \frac{1}{2}(1,0,1) = (\frac{-1}{2}, 1, \frac{1}{2})$ are an

orthogonal basis. The vectors $(\frac{1}{\sqrt{2}}, 0, \frac{1}{\sqrt{2}})$ and $(\frac{-1}{\sqrt{6}}, \frac{2}{\sqrt{6}}, \frac{1}{\sqrt{6}})$ are therefore an orthonormal basis. $\mathbf{v} = \mathbf{w} + \mathbf{w}_\perp$, where

$\mathbf{w} = \text{proj}_W \mathbf{v} = \left((3,2,1) \cdot (\frac{1}{\sqrt{2}}, 0, \frac{1}{\sqrt{2}})\right)(\frac{1}{\sqrt{2}}, 0, \frac{1}{\sqrt{2}})$

$+ \left((3,2,1) \cdot (\frac{-1}{\sqrt{6}}, \frac{2}{\sqrt{6}}, \frac{1}{\sqrt{6}})\right)(\frac{-1}{\sqrt{6}}, \frac{2}{\sqrt{6}}, \frac{1}{\sqrt{6}}) = 2(1,0,1) + \frac{1}{3}(-1,2,1) = (\frac{5}{3}, \frac{2}{3}, \frac{7}{3})$

$\mathbf{w}_\perp = \mathbf{v} - \text{proj}_V \mathbf{v} = (3,2,1) - (\frac{5}{3}, \frac{2}{3}, \frac{7}{3}) = (\frac{4}{3}, \frac{4}{3}, \frac{-4}{3})$

26. $W = \{a(1,1,0) + b(0,0,1)\}$. The set $\{(1,1,0), (0,0,1)\}$ is an orthogonal basis. The vectors

$(\frac{1}{\sqrt{2}}, \frac{1}{\sqrt{2}}, 0)$ and $(0,0,1)$ are therefore an orthonormal basis.

$\text{proj}_W \mathbf{x} = \left((1,3,-2) \cdot (\frac{1}{\sqrt{2}}, \frac{1}{\sqrt{2}}, 0)\right)(\frac{1}{\sqrt{2}}, \frac{1}{\sqrt{2}}, 0) + ((1,3,-2) \cdot (0,0,1))(0,0,1)$

$= 2(1,1,0) + (-2)(0,0,1) = (2,2,-2)$, so

$d(\mathbf{x},W) = \|\mathbf{x} - \text{proj}_W \mathbf{x}\| = \|(1,3,-2) - (2,2,-2)\| = \|(-1,1,0)\| = \sqrt{2}$.

28. $W = \{a(1,2,3)\}$. The vector $(\frac{1}{\sqrt{14}}, \frac{2}{\sqrt{14}}, \frac{3}{\sqrt{14}})$ is an orthonormal basis for W.

    $\text{proj}_W \mathbf{x} = \left((1,3,-2) \cdot (\frac{1}{\sqrt{14}}, \frac{2}{\sqrt{14}}, \frac{3}{\sqrt{14}})\right)(\frac{1}{\sqrt{14}}, \frac{2}{\sqrt{14}}, \frac{3}{\sqrt{14}}) = (\frac{1}{14}, \frac{2}{14}, \frac{3}{14})$, so

    $d(\mathbf{x},W) = \|\mathbf{x} - \text{proj}_W \mathbf{x}\| = (1,3,-2) - (\frac{1}{14}, \frac{2}{14}, \frac{3}{14}) = (\frac{13}{14}, \frac{40}{14}, \frac{-31}{14}) = \frac{\sqrt{2730}}{14}$.

29. $(1,2,-2)$ and $(6,1,4)$ are orthogonal. If the vector (a,b,c) is orthogonal to both, then $(1,2,-2) \cdot (a,b,c) = a + 2b - 2c = 0$ and $(6,1,4) \cdot (a,b,c) = 6a + b + 4c = 0$. One solution to this system of equations is $a = -10$, $b = 16$, and $c = 11$. The set $\{(1,2,-2), (6,1,4), (-10,16,11)\}$ is therefore an orthogonal basis for $\mathbf{R}^3$.

31. $\{\mathbf{u}_1, \mathbf{u}_2, \ldots, \mathbf{u}_n\}$ is a set of n linearly independent vectors in a vector space with dimension n. Therefore $\{\mathbf{u}_1, \mathbf{u}_2, \ldots, \mathbf{u}_n\}$ is a basis for the vector space.

Exercise Set 4.7

1. $T((x_1,y_1)+(x_2,y_2)) = T(x_1+x_2, y_1+y_2) = (3(x_1+x_2), x_1+x_2+y_1+y_2)$
    $= (3x_1+3x_2, x_1+y_1+x_2+y_2) = (3x_1, x_1+y_1) + (3x_2, x_2+y_2)$
    $= T(x_1,y_1) + T(x_2,y_2)$ and
    $T(c(x,y)) = T(cx,cy) = (3cx, cx+cy) = c(3x, x+y) = cT(x,y)$. Thus T is linear.
    $T(1,3) = (3(1), 1+3) = (3,4)$. $T(-1,2) = (3(-1), -1+2) = (-3,1)$.

3. (a) Often easiest to check 2nd condition when we suspect mapping is nonlinear:

    $T(c(x,y)) = T(cx,cy) = (cy)^2 = c^2 y^2$. But $cT(x,y) = cy^2$. $T(c(x,y)) \neq cT(x,y)$. T is not linear.

4. $T((ax^2 + bx + c)+(px^2 + qx + r)) = T((a+p)x^2 + (b+q)x + c+r) = (c+r)x^2 + (a+p)$

    $= (cx^2 + a) + (rx^2 + p) = T(ax^2 + bx + c) + T(px^2 + qx + r)$.

    $T(k(ax^2 + bx + c)) = T(kax^2 + kbx + kc) = kcx^2 + ka = k(cx^2 + a) = kT(ax^2 + bx + c)$.

T is linear. $T(3x^2-x+2) = 2x^2 + 3$. $T(3x^2+bx+2) = 2x^2 + 3$ for any value of b.

6. $T(k(ax + b)) = T(kax + kb) = x + ka$. But $kT(ax + b) = k(x+a) = kx + ka$.

   $T(k(x,y)) \neq kT(x,y)$. Thus T is not linear.

7. $J(f) = \int_0^1 f(x)\,dx$. $J(f + g) = \int_0^1 (f(x)+g(x))\,dx = \int_0^1 f(x)\,dx + \int_0^1 g(x)\,dx = J(f) + J(g)$ and

   $J(cf) = \int_0^1 cf(x)\,dx = c\int_0^1 f(x)\,dx = cJ(f)$, so J is a linear mapping of P_n to **R**.

8. (a) $\begin{bmatrix} 1 & 2 \\ 3 & 0 \end{bmatrix} \begin{bmatrix} x \\ y \end{bmatrix} = \begin{bmatrix} x+2y \\ 3x \end{bmatrix}$; thus (x,y) is in the kernel of T if $x+2y = 0$ and $3x = 0$.
   The only solution of this system of homogeneous equations is $x = 0$, $y = 0$, so only the zero vector is in the kernel of T. The columns of the matrix are linearly independent, so the range is $\mathbf{R}^2$. Dim ker(T) = 0, dim range(T) = 2, and dim domain(T) = 2, so dim ker(T) + dim range(T) = dim domain(T).

   (c) $\begin{bmatrix} 2 & 4 \\ 4 & 8 \end{bmatrix} \begin{bmatrix} x \\ y \end{bmatrix} = \begin{bmatrix} 2x+4y \\ 4x+8y \end{bmatrix}$; thus (x,y) is in the kernel of T if $2x+4y = 0$ and $4x+8y = 0$,

   i.e., if $x = -2y$. The kernel of T is the set $\{(-2r,r)\}$ and the range is the set $\{(r,2r)\}$.
   Dim ker(T) = 1, dim range(T) = 1, and dim domain(T) = 2, so
   dim ker(T) + dim range(T) = dim domain(T).

   (e) $\begin{bmatrix} 1 & 2 & 3 \\ 0 & 1 & 2 \end{bmatrix} \begin{bmatrix} x \\ y \\ z \end{bmatrix} = \begin{bmatrix} x+2y+3z \\ y+2z \end{bmatrix}$; thus (x,y,z) is in the kernel of T if $x+2y+3z = 0$ and

   $y+2z = 0$. The general solution to this system of equations is $x = r$, $y = -2r$, and $z = r$, so the kernel of T is the set $\{(r,-2r,r)\}$. The range is $\mathbf{R}^2$.
   Dim ker(T) = 1, dim range(T) = 2, and dim domain(T) = 3, so dim ker(T) + dim range(T) = dim domain(T).

   (g) $\begin{bmatrix} 0 & 1 & 0 \\ 0 & 2 & 0 \\ 0 & 0 & 4 \end{bmatrix} \begin{bmatrix} x \\ y \\ z \end{bmatrix} = \begin{bmatrix} y \\ 2y \\ 4z \end{bmatrix}$; thus (x,y,z) is in the kernel of T if $y = 0$, $2y = 0$, and $4z = 0$,

   i.e., if $y = z = 0$. The kernel of T is the set $\{(r,0,0)\}$. The range is the set $\{(a,2a,b)\}$.
   Dim ker(T) = 1, dim range(T) = 2, and dim domain(T) = 3,

Section 4.7

so dim ker(T) + dim range(T) = dim domain(T).

9. (a) The kernel is the set {(0,r,s)} and the range is the set {(a,0,0)}. Dim ker(T) = 2, dim range(T) = 1, and dim domain(T) = 3, so dim ker(T) + dim range(T) = dim domain(T).

   (b) The kernel is the set {(r,-r,0)} and the range is $\mathbf{R}^2$. Dim ker(T) = 1, dim range(T) = 2, and dim domain(T) = 3, so dim ker(T) + dim range(T) = dim domain(T).

   (e) The kernel is the zero vector and the range is the set {(3a,a-b,b)}. Dim ker(T) = 0, dim range(T) = 2, and dim domain(T) = 2, so dim ker(T) + dim range(T) = dim domain(T).

10. (a) T(**u**+**w**) = 5(**u**+**w**) = 5**u** + 5**w** = T(**u**) + T(**w**) and T(c**u**) = 5(c**u**) = 5c**u** = c(5**u**) = cT(**u**), so T is linear. ker(T) is the zero vector and range(T) is U (since for any vector **u** in U, **u** = T(.2**u**)).

    (b) T(c**u**) = 2(c**u**) + 3**v** ≠ c(2**u** + 3**v**) = cT(**u**), so T is not linear.

11. (a) Let $\mathbf{u}_1, \mathbf{u}_2, \ldots, \mathbf{u}_n$ be a basis for U.
    The vectors $T(\mathbf{u}_1), T(\mathbf{u}_2), \ldots, T(\mathbf{u}_n)$ span range(T): If **v** is a vector in range(T), then **v** = T(**u**) for some vector $\mathbf{u} = a_1 \mathbf{u}_1 + a_2 \mathbf{u}_2 + \ldots + a_n \mathbf{u}_n$ in U. We get
    $\mathbf{v} = T(\mathbf{u}) = T(a_1 \mathbf{u}_1 + a_2 \mathbf{u}_2 + \ldots + a_n \mathbf{u}_n) = a_1 T(\mathbf{u}_1) + a_2 T(\mathbf{u}_2) + \ldots + a_n T(\mathbf{u}_n)$.
    The vectors $T(\mathbf{u}_1), T(\mathbf{u}_2), \ldots, T(\mathbf{u}_n)$ are linearly independent:
    Consider the identity $a_1 T(\mathbf{u}_1) + a_2 T(\mathbf{u}_2) + \ldots + a_n T(\mathbf{u}_n) = \mathbf{0}$. The linearity of T gives $T(a_1 \mathbf{u}_1 + a_2 \mathbf{u}_2 + \ldots + a_n \mathbf{u}_n) = \mathbf{0}$. Since ker(T) = **0** this implies that $a_1 \mathbf{u}_1 + a_2 \mathbf{u}_2 + \ldots + a_n \mathbf{u}_n = \mathbf{0}$. Since $\mathbf{u}_1, \mathbf{u}_2, \ldots, \mathbf{u}_n$ are linearly independent this means that $a_1 = a_2 = \ldots = a_n = 0$.
    Thus $T(\mathbf{u}_1), T(\mathbf{u}_2), \ldots, T(\mathbf{u}_n)$ are a basis for range(T). So dim range(T) = dim domain(T), and since dim ker(T) = 0, the equality is proved.

13. dim ker(T) + dim range(T) = dim domain(T). dim ker(T) ≥ 0, so dim range(T) ≤ dim domain(T).

15. T(x,y,z) = (x,y,0) = (1,2,0) if x = 1, y = 2, z = r. Thus the set of vectors mapped by T into (1,2,0) is the set {(1,2,r)}.

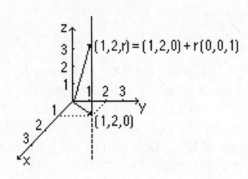
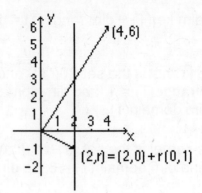

Figure for exercise 15   Figure for exercise 17

17. $T(x,y) = (2x, 3x) = (4,6)$ if $2x = 4$ and $3x = 6$, i.e., if $x = 2$. Thus the set of vectors mapped by T into (4,6) is the set $\{(2, r)\}$. This set is not a subspace of $\mathbf{R}^2$. It does not contain the zero vector.

19. $T(a_2 x^2 + a_1 x + a_0) + T(b_2 x^2 + b_1 x + b_0)$
$= (a_2 + a_1)x^2 + a_1 x + 2a_0 + (b_2 + b_1)x^2 + b_1 x + 2b_0$
$= (a_2 + a_1 + b_2 + b_1)x^2 + (a_1 + b_1)x + 2(a_0 + b_0)$
$= T((a_2 + b_2)x^2 + (a_1 + b_1)x + a_0 + b_0)$
$= T(a_2 x^2 + a_1 x + a_0 + b_2 x^2 + b_1 x + b_0)$ and
$T(c(a_2 x^2 + a_1 x + a_0)) = T(ca_2 x^2 + ca_1 x + ca_0) = (ca_2 + ca_1)x^2 + ca_1 x + 2ca_0$
$= c((a_2 + a_1)x^2 + a_1 x + 2a_0) = cT(a_2 x^2 + a_1 x + a_0)$,
so T is linear.

$T(a_2 x^2 + a_1 x + a_0) = 0$ if $a_2 = a_1 = a_0 = 0$, so ker(T) is the zero polynomial and range(T) is P_2. A basis for P_2 is the set $\{1, x, x^2\}$.

21. $g(a_2 x^2 + a_1 x + a_0) + g(b_2 x^2 + b_1 x + b_0)$
$= 2a_2 x^3 + a_1 x + 3a_0 + 2b_2 x^3 + b_1 x + 3b_0$
$= 2(a_2 + b_2)x^3 + (a_1 + b_1)x + 3(a_0 + b_0) = g((a_2 + b_2)x^2 + (a_1 + b_1)x + a_0 + b_0)$
$= g(a_2 x^2 + a_1 x + a_0 + b_2 x^2 + b_1 x + b_0)$ and
$g(c(a_2 x^2 + a_1 x + a_0)) = g(ca_2 x^2 + ca_1 x + ca_0)$
$= 2ca_2 x^3 + ca_1 x + 3ca_0 = c(2a_2 x^3 + a_1 x + 3a_0)$
$= cg(a_2 x^2 + a_1 x + a_0)$, so g is linear.

Section 4.7

$g(a_2 x^2 + a_1 x + a_0) = 0$ if $a_2 = a_1 = a_0 = 0$, so ker(g) is the zero polynomial and range(g) = $\{a_3 x^3 + a_1 x + a_0\}$. A basis for range(g) is the set $\{1, x, x^3\}$.

22. $D(x^3 - 3x^2 + 2x + 1) = 3x^2 - 6x + 2$.
    $D(a_n x^n + \ldots + a_1 x + a_0) = 0$ if $a_n = \ldots = a_1 = 0$, i.e., ker(D) = the set of constant polynomials. Range(D) = P_{n-1}, because every polynomial of degree less than or equal to n−1 is the derivative of a polynomial of degree one larger than its own degree, and no polynomial of degree n is the derivative of a polynomial of degree n or less.

24. $D(a_n x^n + \ldots + a_1 x + a_0) = na_n x^{n-1} + \ldots + 3a_3 x^2 + 2a_2 x + a_1 = 3x^2 - 4x + 7$ if $a_n = a_{n-1} = \ldots = a_4 = 0$, $a_3 = 1$, $a_2 = -2$, $a_1 = 7$, and $a_0 = r$, where r is any real number. Thus the set of polynomials mapped into $3x^2 - 4x + 7$ is the set $\{x^3 - 2x^2 + 7x + r\}$.

28. Easiest to check 2nd linearity condition: Let A be nxn matrix.
    Then $\det(cA) = |cA|$ (See Theorem 3.4) $= c^2|A| = c^2\det(A) \neq c\det(A)$. Thus det is not linear.

29. (a) $T\left(\begin{bmatrix} 2 & 0 \\ 1 & 3 \end{bmatrix}\right) = \begin{bmatrix} 1 & 2 \\ 3 & 4 \end{bmatrix} \begin{bmatrix} 2 & 0 \\ 1 & 3 \end{bmatrix} = \begin{bmatrix} 4 & 6 \\ 10 & 12 \end{bmatrix}$.

31. (a) $T(A+C) = (A+C)^t = A^t + C^t = T(A) + T(C)$ and $T(cA) = (cA)^t = cA^t = cT(A)$, so T is linear. $A^t = 0$ if and only if $A = 0$, so ker(T) = 0 and range(T) = U.

    (b) $T(A+C) = |A+C|$ and $T(A) + T(C) = |A| + |C| \neq |A+C|$, so T is not linear.

    (f) $T(A+C) = a_{11} + c_{11} = T(A) + T(C)$ and $T(cA) = ca_{11} = cT(A)$, so T is linear.
    $\mathrm{Ker}(T) = \left\{\begin{bmatrix} 0 & a \\ b & c \end{bmatrix}\right\}$ and range(T) = **R**.

    (i) $T(A+C) = A+C + (A+C)^t = A+C + A^t + C^t = A + A^t + C + C^t = T(A) + T(C)$
    and $T(cA) = cA + (cA)^t = cA + cA^t = c(A + A^t) = cT(A)$, so T is linear.

    $\begin{bmatrix} a & b \\ c & d \end{bmatrix} + \begin{bmatrix} a & c \\ b & d \end{bmatrix} = \begin{bmatrix} 2a & b+c \\ b+c & 2d \end{bmatrix}$, so $\ker(T) = \left\{\begin{bmatrix} 0 & r \\ -r & 0 \end{bmatrix}\right\}$ and range(T) is the set of all symmetric matrices.

32. This set is not a subspace because it does not contain the zero vector.

Exercise Set 4.8

1. (a) The dimension of the range of the transformation is the rank of the matrix = 2.
   The domain is $\mathbf{R}^3$, which has dimension 3, so the dimension of the kernel is 1.
   This transformation is not one-to-one.

   (c) The dimension of the range of the transformation is the rank of the matrix = 3.
   The domain is $\mathbf{R}^4$, which has dimension 4, so the dimension of the kernel is 1.
   This transformation is not one-to-one.

   (f) The dimension of the range of the transformation is the rank of the matrix = 3.
   The domain is $\mathbf{R}^3$, which has dimension 3, so the dimension of the kernel is 0.
   This transformation is one-to-one.

2. (a) |A| = 12 ≠ 0, so the transformation is nonsingular and therefore one-to-one.

   (c) |C| = 0, so the transformation is not one-to-one.

   (f) |F| = 212, so the transformation is one-to-one.

3. (a) The set of fixed points is the set of all points for which (x,y) = (x,3y). This is the set $\{(r,0)\}$.

   (c) This transformation has no fixed points since there are no solutions to the equation $y = y + 1$.

   (f) The set of fixed points is the set of all points for which (x,y) = (x+y,x−y). This set contains only the zero vector.

4. (a) $T(\begin{bmatrix}x\\y\end{bmatrix}) = \begin{bmatrix}7x-3y\\5x-2y\end{bmatrix}$. $T(\begin{bmatrix}1\\0\end{bmatrix}) = \begin{bmatrix}7\\5\end{bmatrix}$, $T(\begin{bmatrix}0\\1\end{bmatrix}) = \begin{bmatrix}-3\\-2\end{bmatrix}$. $A = \begin{bmatrix}7 & -3\\5 & -2\end{bmatrix}$, $A^{-1} = \begin{bmatrix}-2 & 3\\-5 & 7\end{bmatrix}$.

   T is invertible. $T^{-1}(\begin{bmatrix}x\\y\end{bmatrix}) = \begin{bmatrix}-2 & 3\\-5 & 7\end{bmatrix}\begin{bmatrix}x\\y\end{bmatrix} = \begin{bmatrix}-2x+3y\\-5x+7y\end{bmatrix}$. $T^{-1}(x, y) = (-2x+3y,-5x+7y)$.
   $T^{-1}(2, 3) = (5, 11)$.

(c) $T(\begin{bmatrix} x \\ y \end{bmatrix}) = \begin{bmatrix} 2x-y \\ -4x+2y \end{bmatrix}$. $T(\begin{bmatrix} 1 \\ 0 \end{bmatrix}) = \begin{bmatrix} 2 \\ -4 \end{bmatrix}$, $T(\begin{bmatrix} 0 \\ 1 \end{bmatrix}) = \begin{bmatrix} -1 \\ 2 \end{bmatrix}$. $A = \begin{bmatrix} 2 & -1 \\ -4 & 2 \end{bmatrix}$, $|A|=0$.

T is singular, T^{-1} does not exist.

5. (a) $T(\begin{bmatrix} x \\ y \\ z \end{bmatrix}) = \begin{bmatrix} x+y-z \\ -3x+2y-z \\ 3x-3y+2z \end{bmatrix}$. $T(\begin{bmatrix} 1 \\ 0 \\ 0 \end{bmatrix}) = \begin{bmatrix} 1 \\ -3 \\ 3 \end{bmatrix}$, $T(\begin{bmatrix} 0 \\ 1 \\ 0 \end{bmatrix}) = \begin{bmatrix} 1 \\ 2 \\ -3 \end{bmatrix}$, $T(\begin{bmatrix} 0 \\ 0 \\ 1 \end{bmatrix}) = \begin{bmatrix} -1 \\ -1 \\ 2 \end{bmatrix}$. $A = \begin{bmatrix} 1 & 1 & -1 \\ -3 & 2 & -1 \\ 3 & -3 & 2 \end{bmatrix}$.

$A^{-1} = \begin{bmatrix} 1 & 1 & 1 \\ 3 & 5 & 4 \\ 3 & 6 & 5 \end{bmatrix}$. T is invertible. $T^{-1}(\begin{bmatrix} x \\ y \\ z \end{bmatrix}) = \begin{bmatrix} 1 & 1 & 1 \\ 3 & 5 & 4 \\ 3 & 6 & 5 \end{bmatrix}\begin{bmatrix} x \\ y \\ z \end{bmatrix} = \begin{bmatrix} x+y+z \\ 3x+5y+4z \\ 3x+6y+5z \end{bmatrix}$.

$T^{-1}(x, y, z) = (x+y+z, 3x+5y+4z, 3x+6y+5z)$. $T^{-1}(1,-1,2) = (2,6,7)$.

(c) $T(\begin{bmatrix} x \\ y \\ z \end{bmatrix}) = \begin{bmatrix} x+2y+3z \\ y-z \\ x+3y+2z \end{bmatrix}$. $T(\begin{bmatrix} 1 \\ 0 \\ 0 \end{bmatrix}) = \begin{bmatrix} 1 \\ 0 \\ 0 \end{bmatrix}$, $T(\begin{bmatrix} 0 \\ 1 \\ 0 \end{bmatrix}) = \begin{bmatrix} 2 \\ 1 \\ 3 \end{bmatrix}$, $T(\begin{bmatrix} 0 \\ 0 \\ 1 \end{bmatrix}) = \begin{bmatrix} 3 \\ -1 \\ 2 \end{bmatrix}$. $A = \begin{bmatrix} 1 & 2 & 3 \\ 0 & 1 & -1 \\ 1 & 3 & 2 \end{bmatrix}$, $|A|=0$.

T is singular, T^{-1} does not exist.

6. T is one-to-one if and only if ker(T) is the zero vector if and only if dim ker(T) = 0 if and only if dim range(T) = dim domain(T).

8. Converse Theorem 4.31: Let T: U $\to$ V be a linear transformation. If T preserves linear independence then it is one-to-one.
Proof: Suppose T(**u**) = T(**w**). Then **0** = T(**u**) − T(**w**) = T(**u** − **w**).
Let **u** − **w** = $a_1 \mathbf{u}_1 + a_2 \mathbf{u}_2 + \ldots + a_n \mathbf{u}_n$, where $\{\mathbf{u}_1, \mathbf{u}_2, \ldots, \mathbf{u}_n\}$ is a basis for U.
Thus **0** = T(**u** − **w**) = $T(a_1 \mathbf{u}_1 + a_2 \mathbf{u}_2 + \ldots + a_n \mathbf{u}_n) = a_1 T(\mathbf{u}_1) + a_2 T(\mathbf{u}_2) + \ldots + a_n T(\mathbf{u}_n)$. But $\{T(\mathbf{u}_1), T(\mathbf{u}_2), \ldots, T(\mathbf{u}_n)\}$ is a linearly independent set in V so $a_1 = a_2 = \ldots = a_n = 0$. Therefore **u** − **w** = **0**, **u** = **w**, and T is one-to-one.

9. (a) $T(u_1)=v_1$ and $T(u_2)=v_2$. $T(u_1)+T(u_2)= v_1+v_2$. $T(u_1+u_2)= v_1+v_2$ since T is linear.
Thus $T^{-1}(v_1+v_2)= u_1+u_2$.

(b) T(u)=v. cT(u)=cv. T(cu)=cv, since T is linear. T^{-1}(cv)=cu.

Exercise Set 4.9

1. (r, r, 1) = r(1,1,0) + (0,0,1).

3. (r+1, 2r, r) = r(1,2,1) + (1,0,0).

5. (−4r+3s−2, −5r+5s−6, r, s) = r(−4,−5,1,0) + s(3,5,0,1) + (−2,−6,0,0).

7. The system A**x** = **y** has solutions if the vector **y** is in range(T), i.e., if the coordinates of **y** = (y_1, y_2, y_3) satisfy the condition $y_3 = y_1 + y_2$.

   (a) 2 = 1 + 1, so solutions exist.   (d) 5 ≠ 2 + 4, so there are no solutions.

8. Any particular solution of the system will do in place of x_1. (2,3,1) is another particular solution (obtained from the general solution by letting r = 1).

10. The coefficient matrix is A. Since x_1 = (1,−1,4) is a solution, substitute x_1 = 1, x_2 = −1, x_3 = 4 in the left side of each equation to find the number on the right.

    $$x_1 + 2x_2 + x_3 = 3$$
    $$x_2 + 2x_3 = 7$$
    $$x_1 + x_2 - x_3 = -4$$

13. (a) $(D^2+D-2)e^{mx}$ = 0, so $(m^2+m-2)e^{mx}$ = 0, which gives (m+2)(m−1) = 0, so that m = −2 or m = 1. Thus a basis for the kernel is the set $\{e^{-2x}, e^x\}$.
    $\ker(D^2+D-2) = \{ae^{-2x} + be^x\}$.

    (c) $(D^2+2D-8)e^{mx}$ = 0, so $(m^2+2m-8)e^{mx}$ = 0, which gives (m+4)(m−2) = 0, so that m = −4 or m = 2. Thus a basis for the kernel is the set $\{e^{-4x}, e^{2x}\}$.
    $\ker(D^2+2D-8) = \{ae^{-4x} + be^{2x}\}$.

14. (a) $(D^2+5D+6)e^{mx}$ = 0 gives $(m^2+5m+6)e^{mx}$ = 0, which gives (m+3)(m+2) = 0, so that m = −3 or m = −2. Thus a basis for the kernel is the set $\{e^{-3x}, e^{-2x}\}$.

    A particular solution is given by 6y = 8 or y = 4/3, so the general solution is
    $y = re^{-3x} + se^{-2x} + 4/3$.

(c) $(D^2 -7D+12)e^{mx} = 0$ gives $(m^2 -7m+12)e^{mx} = 0$, which gives $(m-3)(m-4) = 0$, so that $= 3$ or $m = 4$. Thus a basis for the kernel is the set $\{e^{3x}, e^{4x}\}$.

A particular solution is given by $12y = 24$ or $y = 2$, so the general solution is $y = re^{3x} + se^{4x} + 2$.

Chapter 4 Review Exercises

1. W is the set of vectors of the form $a(1, 3, 7)$. Let $a(1, 3, 7)$ and $b(1, 3, 7)$ be elements of W. Then $a(1, 3, 7) + b(1, 3, 7) = (a+b)(1, 3, 7)$, an element of V. Let k be a scalar. Then $k(a(1, 3, 7)) = (ka)(1, 3, 7)$, an element of V. V is closed under addition and scalar multiplication. V is a subset of the vector space $\mathbf{R}^3$. V inherits all the other algebraic properties of a vector space from $\mathbf{R}^3$ - it is a subspace of $\mathbf{R}^3$. Thus V is a vector space. It is the line defined by the vector $(1, 3, 7)$.

2. U is the set of 2x2 matrices where all the elements are nonnegative. Let A be an element of U, and k be a negative number. Then kA has all negative elements. kA is not in U. U is not closed under scalar multiplication. U is not a vector space.

3. W is the set of 2x2 matrices whose elements add up to zero. Let A and B be in W and let
k be a scalar. Then $a_{11}+ a_{12} + a_{21}+ a_{22} = 0$, and $b_{11}+ b_{12} + b_{21}+ b_{22} = 0$. Thus $a_{11}+ a_{12} + a_{21}+ a_{22} + b_{11}+ b_{12} + b_{21}+ b_{22} = 0$, implying that $(a_{11}+b_{11})+(a_{12}+b_{12})+(a_{21}+b_{21})+(a_{22}+b_{22}) = 0$. A+B is in W. $k(a_{11}+ a_{12} + a_{21}+ a_{22}) = 0$, implying that $ka_{11}+ ka_{12} + ka_{21}+ ka_{22} = 0$. kA is in W. W is closed under addition and scalar multiplication. W is a subset of the vector space of 2x2 matrices. It inherits all the other vector space properties from this space - it is a subspace of M_{22}. Thus W is a vector space.

4. $(f + g)(x) = 3x - 1 + 2x^2 + 3 = 2x^2 + 3x + 2$, $3f(x) = 3(3x - 1) = 9x - 3$, and $(2f - 3g)(x) = 2(3x - 1) - 3(2x^2 + 3) = -6x^2 + 6x - 11$.

5. (a) Let f and g be in V. Then $f(2) = 0$ and $g(2) = 0$. $(f+g)(2) = f(2)+g(2) = 0$. Thus f+g is in V. Let k be a scalar. Then $kf(2) = k(f(2)) = k(0) = 0$. kf is in V. V is closed under addition and
scalar multiplication. V is a subset of the vector space U of functions having the real numbers as domain. V inherits all the other vector space properties from this space. V is a vector space - a subspace of this vector space U.
(b) Let f and g be in W. Then $f(2) = 1$ and $g(2) = 1$. $(f+g)(2) = f(2)+g(2) = 2$. Thus f+g is not in W. W is not closed under addition. It is not a vector space.

6. (a) $(a, b, a-2) + (c, d, c-2) = (a+c, b+d, a+c-4)$, so the sum of two such vectors is not in the set. Thus the set is not a subspace of $\mathbf{R}^3$.

(b) $(a,-2a,3a) + (b,-2b,3b) = (a+b, -2(a+b), 3(a+b))$ and $c(a, -2a, 3a) = (ca, -2ca, 3ca)$, so the sum and scalar product of vectors in the set is in the set. Thus the set is a subspace of $\mathbf{R}^3$.

(c) $(a, b, 2a-3b) + (e, f, 2e-3f) = (a+e, b+f, 2(a+e)-3(b+f))$ and $c(a, b, 2a-3b) = (ca, cb, 2ca-3cb)$, so the sum and scalar product of vectors in the set is in the set. Thus the set is a subspace of $\mathbf{R}^3$.

(d) $(a,2,b) + (c,2,d) = (a+c, 4, b+d)$, so the sum of vectors in the set is not in the set. Thus the set is not a subspace of $\mathbf{R}^3$.

7. Only the subset (a) is a subspace of $\mathbf{R}^3$. None of the other subsets is closed under scalar multiplication.

8. (a) Not a subspace: $\begin{bmatrix} 1 & 2 \\ 3 & 4 \end{bmatrix}$ is in the subset. $0\begin{bmatrix} 1 & 2 \\ 3 & 4 \end{bmatrix} = \begin{bmatrix} 0 & 0 \\ 0 & 0 \end{bmatrix}$ is not in the subset. Not closed under scalar multiplication.

(b) A subspace: Let $A = \begin{vmatrix} a & 0 \\ b & c \end{vmatrix}$ and $B = \begin{vmatrix} p & 0 \\ q & r \end{vmatrix}$; (2, 2) elements are zero.

Then $A+B = \begin{vmatrix} a & 0 \\ b & c \end{vmatrix} + \begin{vmatrix} p & 0 \\ q & r \end{vmatrix} = \begin{vmatrix} a+p & 0 \\ b+q & c+r \end{vmatrix}$. Thus closed under addition.

Let k be a scalar. The $k\begin{vmatrix} a & 0 \\ b & c \end{vmatrix} = \begin{vmatrix} ka & 0 \\ kb & kc \end{vmatrix}$. Closed under scalar multiplication.

(c) A subspace: $\begin{bmatrix} a & b \\ -b & c \end{bmatrix} + \begin{bmatrix} p & q \\ -q & r \end{bmatrix} = \begin{bmatrix} a+p & b+q \\ -(b+q) & c+r \end{bmatrix}$.

$k\begin{bmatrix} a & b \\ -b & c \end{bmatrix} = \begin{bmatrix} ka & kb \\ -kb & kc \end{bmatrix}$. Closed under addition and under scalar multiplication.

(d) Not a subspace: Consider $A=\begin{bmatrix} 1 & 1 \\ 1 & 1 \end{bmatrix}$ and $B=\begin{bmatrix} 1 & 2 \\ 3 & 6 \end{bmatrix}$. $|A|=0$ and $|B|=0$.

$A+B=\begin{bmatrix} 2 & 3 \\ 4 & 7 \end{bmatrix}$. $|A+B|=2\neq 0$. Not closed under addition.

9. $3x^2 + ax - b + 3x^2 + cx - d = 6x^2 + (a+c)x - (b+d)$ is not in S, so the set is not closed under addition and therefore is not a subspace of P_2.

130

Chapter 4 Review Exercises

10. Necessary: Let **v** be in the subspace and 0 be the zero scalar. Then 0**v** = **0**, the zero vector (Theorem 4.1(a)). The subspace is closed under scalar multiplication. Thus **0** is in the subspace.
    Not sufficient: The subset of **R**^{2} consisting of vectors of the form (a, a^2) contains the zero vector. It is not closed under addition, thus not a subspace.

11. (a) (3,15,−4) = 2(1,2,−1) + 3(2,4,0) − (5,1,2).

    (b) Not a linear combination. The three vectors lie in the xz plane. (−3, −4, 7) does not lie in this plane.

12. No: $2A+3B-C = 2\begin{bmatrix} 1 & 2 \\ 4 & 3 \end{bmatrix} + 3\begin{bmatrix} 0 & -2 \\ 1 & 5 \end{bmatrix} - \begin{bmatrix} 1 & 1 \\ 1 & 1 \end{bmatrix} = \begin{bmatrix} 1 & -3 \\ 10 & 20 \end{bmatrix}$.

13. (1, −2, 3) and (−2, 4, −6) are linearly dependent. Need at least three linearly independent vectors to span **R**^{3}. Thus vectors do not span **R**^{3}.
    (x_1, x_2, x_3) = a(1, −2, 3) + b(−2, 4, −6) + c(0, 6, 4) = (a−2b)(1, −2, 3) + (0, 6, 4).
    Vectors (1, −2, 3), (0, 6, 4) are linearly independent (they are not collinear).
    Thus vectors span a 2D subspace of **R**^{3} having basis {(1, −2, 3), (0, 6, 4)}.

14. (10,9,8) = 2(−1,3,1) + 3(4,1,2).

15. $13x^2 + 8x - 21 = 2(2x^2 + x - 3) - 3(-3x^2 - 2x + 5)$.

16. (a) a(1,−2,0) + b(0,1,3) + c(2,0,12) = (0,0,0) if and only if a + 2c = 0, −2a + b = 0, and 3b + 12c = 0. System has many solutions a=−2r, b=−4r, c=r. Get
    −2r(1,−2,0)−4r(0,1,3)+r(2,0,12)=(0,0,0).
    e.g., let r=1, −2(1,−2,0)−4(0,1,3)+(2,0,12)=(0,0,0). Vectors are linearly dependent.

    (b) a(−1,18,7) + b(−1,4,1) + c(1,3,2) = (0,0,0) if and only if −a − b + c = 0, 18a + 4b + 3c = 0, and 7a + b + 2c = 0. Many solutions, a=(−1/2)r, b=(3/2)r, c=r.
    Get (−1/2)r(−1,18,7)+(3/2)r(−1,4,1)+r(1,3,2)=(0,0,0). e.g., let r=2, get
    −1(−1,18,7)+3(−1,4,1)+2(1,3,2)=(0,0,0). Vectors are linearly dependent.

    (c) a(5,−1,3) + b(2,1,0) + c(3,−2,2) = (0,0,0) if and only if 5a + 2b + 3c = 0, −a + b − 2c = 0, and 3a + 2c = 0. System has unique solution a = b = c = 0. The vectors are therefore linearly independent.

17. (a) and (b) In each case the set consists of two linearly independent vectors. By Theorem 4.11 they are therefore a basis for **R**^{2}.

(c) and (d)   In each case the set consists of three linearly independent vectors. By Theorem 4.11 they are therefore a basis for $\mathbf{R}^3$.

18. $ax^2 + bx + c = -a(-x^2) + (b/3)(3x) + (c/2)2$.

19. Any of the sets $\{(1,-2,3), (4,1,-1), (1,0,0)\}$, $\{(1,-2,3), (4,1,-1), (0,1,0)\}$, $\{(1,-2,3), (4,1,-1), (0,0,1)\}$ is a basis for $\mathbf{R}^3$.

20. $(a,b,c,a-2b+3c) = a(1,0,0,1) + b(0,1,0,-2) + c(0,0,1,3)$. The linearly independent set $\{(1,0,0,1), (0,1,0,-2), (0,0,1,3)\}$ is a basis for the subspace.

21. $\begin{bmatrix} 1 & 0 & 0 \\ 0 & 0 & 0 \\ 0 & 0 & 0 \end{bmatrix}, \begin{bmatrix} 0 & 1 & 0 \\ 0 & 0 & 0 \\ 0 & 0 & 0 \end{bmatrix}, \begin{bmatrix} 0 & 0 & 1 \\ 0 & 0 & 0 \\ 0 & 0 & 0 \end{bmatrix}, \begin{bmatrix} 0 & 0 & 0 \\ 0 & 1 & 0 \\ 0 & 0 & 0 \end{bmatrix}, \begin{bmatrix} 0 & 0 & 0 \\ 0 & 0 & 1 \\ 0 & 0 & 0 \end{bmatrix}$, and $\begin{bmatrix} 0 & 0 & 0 \\ 0 & 0 & 0 \\ 0 & 0 & 1 \end{bmatrix}$ are a basis for the vector space of upper triangular 3x3 matrices.

22. $a(x^2 + 2x - 3) + b(3x^2 + x - 1) + c(4x^2 + 3x - 3) = 0$ if and only if $a + 3b + 4c = 0$, $2a + b + 3c = 0$, and $-3a - b - 3c = 0$. This system of homogeneous equations has the unique solution $a = b = c = 0$. Thus the given functions are linearly independent. The dimension of P_2 is 3, so the three functions are a basis.

23. (a) $\begin{bmatrix} 1 & 2 & -1 \\ -1 & 3 & 4 \\ 0 & 5 & 3 \end{bmatrix} \approx \begin{bmatrix} 1 & 2 & -1 \\ 0 & 5 & 3 \\ 0 & 5 & 3 \end{bmatrix} \approx \begin{bmatrix} 1 & 2 & -1 \\ 0 & 1 & 3/5 \\ 0 & 0 & 0 \end{bmatrix}$, so the rank of the matrix is 2.

(b) $\begin{bmatrix} 2 & 1 & 4 \\ -2 & 0 & -1 \\ 3 & 2 & 7 \end{bmatrix} \approx \begin{bmatrix} 1 & 1/2 & 2 \\ 0 & 1 & 3 \\ 0 & 1/2 & 1 \end{bmatrix} \approx \begin{bmatrix} 1 & 1/2 & 2 \\ 0 & 1 & 3 \\ 0 & 0 & 1 \end{bmatrix}$, so the rank of the matrix is 3.

(c) $\begin{bmatrix} -2 & 4 & 8 \\ 1 & -2 & 4 \\ 4 & -8 & 16 \end{bmatrix} \approx \begin{bmatrix} 1 & -2 & -4 \\ 0 & 0 & 1 \\ 0 & 0 & 0 \end{bmatrix}$, so the rank of the matrix is 2.

24. $\begin{bmatrix} 1 & -2 & 3 & 4 \\ -1 & 3 & 1 & -2 \\ 2 & -3 & 10 & 10 \end{bmatrix} \approx \begin{bmatrix} 1 & -2 & 3 & 4 \\ 0 & 1 & 4 & 2 \\ 0 & 1 & 4 & 2 \end{bmatrix} \approx \begin{bmatrix} 1 & -2 & 3 & 4 \\ 0 & 1 & 4 & 2 \\ 0 & 0 & 0 & 0 \end{bmatrix}$, so the vectors

$(1,-2,3,4)$ and $(0,1,4,2)$ are a basis for the subspace.

25. $\mathbf{v} = a\mathbf{v}_1 + b\mathbf{v}_2 = a\mathbf{v}_1 + b\mathbf{v}_2 + 0\mathbf{v}_3$.

26. If $a\mathbf{v}_1 + b\mathbf{v}_2 = \mathbf{0}$ then $a\mathbf{v}_1 + b\mathbf{v}_2 + 0\mathbf{v}_3 = \mathbf{0}$ and since the set $\{\mathbf{v}_1, \mathbf{v}_2, \mathbf{v}_3\}$ is linearly independent this means $a = b = 0$, so $\{\mathbf{v}_1, \mathbf{v}_2\}$ must be linearly independent.

If $a\mathbf{v}_1 + c\mathbf{v}_3 = \mathbf{0}$ then $a\mathbf{v}_1 + 0\mathbf{v}_2 + c\mathbf{v}_3 = \mathbf{0}$ and since the set $\{\mathbf{v}_1, \mathbf{v}_2, \mathbf{v}_3\}$ is linearly independent this means $a = c = 0$, so $\{\mathbf{v}_1, \mathbf{v}_3\}$ must be linearly independent.

If $b\mathbf{v}_2 + c\mathbf{v}_3 = \mathbf{0}$ then $0\mathbf{v}_1 + b\mathbf{v}_2 + c\mathbf{v}_3 = \mathbf{0}$ and since the set $\{\mathbf{v}_1, \mathbf{v}_2, \mathbf{v}_3\}$ is linearly independent this means $b = c = 0$, so $\{\mathbf{v}_2, \mathbf{v}_3\}$ must be linearly independent.

Since $\{\mathbf{v}_1, \mathbf{v}_2, \mathbf{v}_3\}$ is linearly independent, none of the three vectors can be the zero vector. Thus $a\mathbf{v}_1 = \mathbf{0}$ (or $b\mathbf{v}_2 = \mathbf{0}$ or $c\mathbf{v}_3 = \mathbf{0}$) only if $a = 0$ (or $b = 0$ or $c = 0$).

27. $a(\mathbf{v}_1 + 2\mathbf{v}_2) + b(3\mathbf{v}_1 - \mathbf{v}_2) = (a + 3b)\mathbf{v}_1 + (2a - b)\mathbf{v}_2$. There are scalars c and d, not both zero, with $c\mathbf{v}_1 + d\mathbf{v}_2 = \mathbf{0}$. Solve the system $c = a + 3b$, $d = 2a - b$: $a = \frac{3d+c}{7}$, $b = \frac{2c-d}{7}$. $3d+c$ and $2c-d$ cannot both be zero unless both c and d are zero, so at least one of a and b is nonzero and $a(\mathbf{v}_1 + 2\mathbf{v}_2) + b(3\mathbf{v}_1 - \mathbf{v}_2) = c\mathbf{v}_1 + d\mathbf{v}_2 = \mathbf{0}$. So $\mathbf{v}_1 + 2\mathbf{v}_2$ and $3\mathbf{v}_1 - \mathbf{v}_2$ are linearly dependent.

28. If rank$(A) = n$, the row space of A is $\mathbf{R}^n$, so the reduced echelon form of A must have n linearly independent rows; i.e., it must be I_n. If A is row equivalent to I_n, the rows of I_n are linear combinations of the rows of A. But the rows of I_n span $\mathbf{R}^n$, so the rows of A span $\mathbf{R}^n$ and rank$(A) = n$.

29. $\text{proj}_\mathbf{u} \mathbf{v} = \frac{\mathbf{v} \cdot \mathbf{u}}{\mathbf{u} \cdot \mathbf{u}} \mathbf{u}$.

(a) $\text{proj}_\mathbf{u} \mathbf{v} = \dfrac{(1,3)\cdot(2,4)}{(2,4)\cdot(2,4)}(2,4) = \dfrac{7}{10}(2,4) = (\dfrac{7}{5}, \dfrac{14}{5})$

(b) $\text{proj}_\mathbf{u} \mathbf{v} = \dfrac{(-1,3,4)\cdot(-1,2,4)}{(-1,2,4)\cdot(-1,2,4)}(-1,2,4) = \dfrac{23}{21}(-1,2,4) = \left(-\dfrac{23}{21}, \dfrac{46}{21}, \dfrac{92}{21}\right).$

30. $\mathbf{u}_1 = (1,2,3,-1)$, $\mathbf{u}_2 = (2,0,-1,1) - \dfrac{(2,0,-1,1)\cdot(1,2,3,-1)}{(1,2,3,-1)\cdot(1,2,3,-1)}(1,2,3,-1)$

$= (2,0,-1,1) - \dfrac{-2}{15}(1,2,3,-1) = (\dfrac{32}{15}, \dfrac{4}{15}, \dfrac{-9}{15}, \dfrac{13}{15})$, and

$\mathbf{u}_3 = (3,2,0,1) - \dfrac{(3,2,0,1)\cdot(1,2,3,-1)}{(1,2,3,-1)\cdot(1,2,3,-1)}(1,2,3,-1) - \dfrac{(3,2,0,1)\cdot(32,4,-9,13)}{(32,4,-9,13)\cdot(32,4,-9,13)}(32,4,-9,13)$

$= (3,2,0,1) - \dfrac{2}{5}(1,2,3,-1) - \dfrac{39}{430}(32,4,-9,13)$

$= (\dfrac{13}{5}, \dfrac{6}{5}, \dfrac{-6}{5}, \dfrac{7}{5}) - \dfrac{39}{86}(\dfrac{32}{5}, \dfrac{4}{5}, \dfrac{-9}{5}, \dfrac{13}{5}) = (\dfrac{-26}{86}, \dfrac{72}{86}, \dfrac{-33}{86}, \dfrac{19}{86})$,

are an orthogonal basis for the subspace of $\mathbf{R}^4$. $\|\mathbf{u}_1\| = \sqrt{15}$, $\|\mathbf{u}_2\| = \dfrac{1}{15}\sqrt{1290}$,

and $\|\mathbf{u}_3\| = \dfrac{1}{86}\sqrt{7310}$, so the set $\{(\dfrac{1}{\sqrt{15}}, \dfrac{2}{\sqrt{15}}, \dfrac{3}{\sqrt{15}}, \dfrac{-1}{\sqrt{15}})$,

$(\dfrac{32}{\sqrt{1290}}, \dfrac{4}{\sqrt{1290}}, \dfrac{-9}{\sqrt{1290}}, \dfrac{13}{\sqrt{1290}}), (\dfrac{-26}{\sqrt{7310}}, \dfrac{72}{\sqrt{7310}}, \dfrac{-33}{\sqrt{7310}}, \dfrac{19}{\sqrt{7310}})\}$

is an orthonormal basis for the subspace.

31. $(x, y, x+2y) = x(1,0,1) + y(0,1,2)$. The vectors $(1,0,1)$ and $(0,1,2)$ span the subspace and are linearly independent so they are a basis. $\mathbf{u}_1 = (1,0,1)$ and

$\mathbf{u}_2 = (0,1,2) - \dfrac{(0,1,2)\cdot(1,0,1)}{(1,0,1)\cdot(1,0,1)}(1,0,1) = (0,1,2) - (1,0,1) = (-1,1,1)$, are an orthogonal

basis, and $\|\mathbf{u}_1\| = \sqrt{2}$ and $\|\mathbf{u}_2\| = \sqrt{3}$, so the set $\left\{(\dfrac{1}{\sqrt{2}}, 0, \dfrac{1}{\sqrt{2}}), (\dfrac{-1}{\sqrt{3}}, \dfrac{1}{\sqrt{3}}, \dfrac{1}{\sqrt{3}})\right\}$

is an orthonormal basis for the subspace.

32. $\mathbf{u}_1 = (2,1,1)$ and $\mathbf{u}_2 = (1,-1,3) - \dfrac{(1,-1,3)\cdot(2,1,1)}{(2,1,1)\cdot(2,1,1)}(2,1,1) = (1,-1,3) - \dfrac{2}{3}(2,1,1)$

$= (\dfrac{-1}{3}, \dfrac{-5}{3}, \dfrac{7}{3})$, are an orthogonal basis for W. $\|\mathbf{u}_1\| = \sqrt{6}$ and $\|\mathbf{u}_2\| = \dfrac{5}{3}\sqrt{3}$,

so $(\dfrac{2}{\sqrt{6}}, \dfrac{1}{\sqrt{6}}, \dfrac{1}{\sqrt{6}})$ and $(\dfrac{-1}{5\sqrt{3}}, \dfrac{-5}{5\sqrt{3}}, \dfrac{7}{5\sqrt{3}})$ are an orthonormal basis.

$\text{proj}_W(3,1,-2) = ((3,1,-2)\cdot(\dfrac{2}{\sqrt{6}}, \dfrac{1}{\sqrt{6}}, \dfrac{1}{\sqrt{6}}))(\dfrac{2}{\sqrt{6}}, \dfrac{1}{\sqrt{6}}, \dfrac{1}{\sqrt{6}})$

$\qquad + ((3,1,-2)\cdot(\dfrac{-1}{5\sqrt{3}}, \dfrac{-5}{5\sqrt{3}}, \dfrac{7}{5\sqrt{3}}))(\dfrac{-1}{5\sqrt{3}}, \dfrac{-5}{5\sqrt{3}}, \dfrac{7}{5\sqrt{3}})$

$\qquad = \dfrac{5}{6}(2,1,1) + \dfrac{-22}{75}(-1,-5,7) = (\dfrac{294}{150}, \dfrac{345}{150}, \dfrac{-183}{150})$

33. $W = \{a(1,3,0) + b(0,0,1)\}$. $(1,3,0)$ and $(0,0,1)$ are an orthogonal basis for the subspace, so $(\dfrac{1}{\sqrt{10}}, \dfrac{3}{\sqrt{10}}, 0)$ and $(0,0,1)$ are an orthonormal basis. Let $\mathbf{x} = (1,2,-4)$.

$\text{proj}_W \mathbf{x} = ((1,2,-4)\cdot(\dfrac{1}{\sqrt{10}}, \dfrac{3}{\sqrt{10}}, 0))(\dfrac{1}{\sqrt{10}}, \dfrac{3}{\sqrt{10}}, 0) + ((1,2,-4)\cdot(0,0,1))(0,0,1)$

$= \dfrac{7}{10}(1,3,0) - 4(0,0,1) = (\dfrac{7}{10}, \dfrac{21}{10}, -4)$ Thus

$d(\mathbf{x},W) = \|\mathbf{x} - \text{proj}_W \mathbf{x}\| = \|(1,2,-4) - (\dfrac{7}{10}, \dfrac{21}{10}, -4)\| = \|(\dfrac{3}{10}, \dfrac{-1}{10}, 0)\| = \dfrac{1}{10}\sqrt{10}$.

34. If A is orthogonal, the rows of A form an orthonormal set. The rows of A are the columns of A^t, so from the definition of orthogonal matrix, A^t is orthogonal. Interchange A and A^t in the argument above to show that if A^t is orthogonal then A is orthogonal.

35. $W = \{a(1,0,1) + b(0,1,-2)\}$. $\mathbf{u}_1 = (1,0,1)$ and $\mathbf{u}_2 = (0,1,-2) - \dfrac{(0,1,-2)\cdot(1,0,1)}{(1,0,1)\cdot(1,0,1)}(1,0,1)$

$= (0,1,-2) - (-1)(1,0,1) = (1,1,-1)$ are an orthogonal basis. The vectors

$(\dfrac{1}{\sqrt{2}}, 0, \dfrac{1}{\sqrt{2}})$ and $(\dfrac{1}{\sqrt{3}}, \dfrac{1}{\sqrt{3}}, \dfrac{-1}{\sqrt{3}})$ are therefore an orthonormal basis.

$v = (1,3,-1) = w + w\perp$, where

$w = \text{proj}_W v = \left((1,3,-1)\cdot(\frac{1}{\sqrt{2}}, 0, \frac{1}{\sqrt{2}})\right)(\frac{1}{\sqrt{2}}, 0, \frac{1}{\sqrt{2}})$

$+ \left((1,3,-1)\cdot(\frac{1}{\sqrt{3}}, \frac{1}{\sqrt{3}}, \frac{-1}{\sqrt{3}})\right)(\frac{1}{\sqrt{3}}, \frac{1}{\sqrt{3}}, \frac{-1}{\sqrt{3}}) = \frac{5}{3}(1,1,-1) = (\frac{5}{3}, \frac{5}{3}, \frac{-5}{3})$ and

$w_\perp = v - \text{proj}_V v = (1,3,-1) - (\frac{5}{3}, \frac{5}{3}, \frac{-5}{3}) = (\frac{-2}{3}, \frac{4}{3}, \frac{2}{3})$

36. Suppose **u** and **v** are orthogonal and that a**u** + b**v** = **0**, so that a**u** = -b**v**. Then a**u**·a**u** = a**u**·(-b**v**) = (-ab)**u**·**v** = 0, so a**u** = **0**. Thus a = 0 since **u** ≠ **0**. In the same way b = 0, and so **u** and **v** are linearly independent.

37. If **u**·**v** = 0 and **u**·**w** = 0 then **u**·(a**v** + b**w**) = **u**·(a**v**) + **u**·(b**w**) = a(**u**·**v**) + b(**u**·**w**) = 0.

38. (a) True: The vectors are both in the subspace that has dimension 2, and they are linearly independent.

    (b) False: The dimension of **R**² is 2. No set of more than two vectors can be linearly independent.

    (c) True: This is a direct result of Theorem 4.11 and the definitions.

    (d) True: If two vectors in **R**² are not a basis, they are linearly dependent and therefore collinear.

    (e) False: For the vectors to be linearly dependent all three would have to lie on the same line or in the same plane. It is much more likely that the first two vectors would not lie on the same line and that the third vector would not lie in the plane of the first two.

39. (a) False: Can have any number of linearly dependent vectors. e.g., **v**, 2**v**, 3**v**, 4**v**, ...

    (b) True: Space is of dim n. Thus basis consists of n linearly independent vectors. Any other vector is linearly dependent on these.

    (c) True: Space is of dim n. Thus need at least n vectors to span the space.

    (d) False: Let $\{v_1, ..., v_n\}$ be a basis. Then add any vector **v**. $\{v_1, ..., v_n, v\}$ spans V and is linearly dependent.

Chapter 4 Review Exercises

40. $T((x_1,y_1)+(x_2,y_2)) = T(x_1+x_2,y_1+y_2) = (2(x_1+x_2), x_1+x_2+3(y_1+y_2))$
   $= (2x_1+2x_2, x_1+3y_1+x_2+3y_2) = (2x_1, x_1+3y_1) + (2x_2, x_2+3y_2)$
   $= T(x_1,y_1) + T(x_2,y_2)$ and
   $T(c(x,y)) = T(cx,cy) = (2cx, cx+3cy) = c(2x, x+3y) = cT(x,y)$. Thus T is linear.
   $T(1,2) = (2(1), 1+6) = (3,7)$.

41. $T((ax^2+bx+c)+(px^2+qx+r)) = T((a+p)x^2+(b+q)x+c+r) = 2(a+p)x+(b+q)$
   $= (2ax+b) + (2px+q) = T(ax^2+bx+c) + T(px^2+qx+r)$.
   $T(k(ax^2+bx+c)) = T(kax^2+kbx+kc) = 2kax+kb = k(2ax+b) = kT(ax^2+bx+c)$.
   T is linear. $T(3x^2-2x+1) = 6x-2$. $T(3x^2-2x+c) = 6x-2$ for any value of c.

42. $\begin{bmatrix} 6 & 4 \\ 3 & 2 \end{bmatrix}\begin{bmatrix} x \\ y \end{bmatrix} = \begin{bmatrix} 6x+4y \\ 3x+2y \end{bmatrix}$, thus (x,y) is in the kernel of T if $3x+2y = 0$, i.e., if $y = -3x/2$.

   The kernel of T is the set $\{(r,-3r/2)\}$ and the range is the set $\{(2r,r)\}$. Dim ker(T) = 1,
   dim range(T) = 1, and dim domain(T) = 2, so dim ker(T) + dim range(T) = dim domain(T).

43. $\begin{bmatrix} 1 & 1 & 1 \\ 0 & 1 & -1 \\ 2 & 3 & 1 \end{bmatrix}\begin{bmatrix} x \\ y \\ z \end{bmatrix} = \begin{bmatrix} x+y+z \\ y-z \\ 2x+3y+z \end{bmatrix}$; thus (x,y,z) is in the kernel of T if $x+y+z = 0$,

   $y-z = 0$, and $2x+3y+z = 0$, i.e., if $x = -2y$ and $z = y$. The kernel of T is the set $\{(-2r,r,r)\}$
   with basis $\{(-2,1,1)\}$, and a basis for the range is the set $\{(1,0,2), (1,1,3)\}$.

44. (a) The dimension of the range of the transformation is the rank of the matrix. It is thus 2.
   The domain is R^4, which has dimension 4, so the dimension of the kernel is 2.
   This transformation is not one-to-one.

   (b) $|B| \neq 0$, so the transformation is one-to-one.

45. The kernel is the set $\{(0,r,r)\}$ with basis $\{(0,1,1)\}$ and the range is the set $\{(a,2a,b)\}$ with basis $\{(1,2,0), (0,0,1)\}$.

46. $g(a_2 x^2 + a_1 x + a_0) + g(b_2 x^2 + b_1 x + b_0)$

137

$$= (a_2 - a_1)x^3 - a_1 x + 2a_0 + (b_2 - b_1)x^3 - b_1 x + 2b_0$$
$$= (a_2 + b_2 - a_1 - b_1)x^3 - (a_1 + b_1)x + 2(a_0 + b_0)$$
$$= g((a_2 + b_2)x^2 + (a_1 + b_1)x + a_0 + b_0)$$
$$= g(a_2 x^2 + a_1 x + a_0 + b_2 x^2 + b_1 x + b_0).$$

Addition is preserved.

$$g(c(a_2 x^2 + a_1 x + a_0)) = g(ca_2 x^2 + ca_1 x + ca_0) = (ca_2 - ca_1)x^3 - ca_1 x + 2ca_0$$
$$= c((a_2 - a_1)x^3 - a_1 x + 2a_0) = cg(a_2 x^2 + a_1 x + a_0).$$

Scalar multiplication is preserved. Thus g is linear.

Ker(g) is the set of all polynomials $a_2 x^2 + a_1 x + a_0$ with $a_2 - a_1 = 0$, $a_1 = 0$, and $a_0 = 0$, i.e., $a_2 = a_1 = a_0 = 0$; so ker(g) is the zero polynomial. Range(g) is the set of all polynomials $ax^3 + bx + c$. The set $\{x^3, x, 1\}$ is a basis for range(g).

47. $(D^2 - 2D + 1)(a_n x^n + \ldots + a_1 x + a_0) =$
$n(n-1)a_n x^{n-2} + \ldots + 6a_3 x + 2a_2 - 2(na_n x^{n-1} + \ldots + 2a_2 x + a_1)$
$+ (a_n x^n + \ldots + a_1 x + a_0)$. Thus,
$(D^2 - 2D + 1)(a_n x^n + \ldots + a_1 x + a_0) + (D^2 - 2D + 1)(b_n x^n + \ldots + b_1 x + b_0)$
$= n(n-1)a_n x^{n-2} + \ldots + 6a_3 x + 2a_2 - 2(na_n x^{n-1} + \ldots + 2a_2 x + a_1)$
$+ (a_n x^n + \ldots + a_1 x + a_0) + n(n-1)b_n x^{n-2} + \ldots + 6b_3 x + 2b_2$
$- 2(nb_n x^{n-1} + \ldots + 2b_2 x + b_1) + (b_n x^n + \ldots + b_1 x + b_0)$
$= n(n-1)(a_n + b_n)x^{n-2} + \ldots + 6(a_3 + b_3)x + 2(a_2 + b_2)$
$- 2(n(a_n + b_n)x^{n-1} + \ldots + 2(a_2 + b_2)x + a_1 + b_1) + ((a_n + b_n)x^n + \ldots$
$+ (a_1 + b_1)x + a_0 + b_0)$
$= (D^2 - 2D + 1)((a_n + b_n)x^n + \ldots + (a_1 + b_1)x + a_0 + b_0).$

Addition is preserved.

$(D^2 - 2D + 1)(c(a_n x^n + \ldots + a_1 x + a_0))$
$= (D^2 - 2D + 1)(ca_n x^n + \ldots + ca_1 x + ca_0)$

$$= n(n-1)ca_n x^{n-2} + \ldots + 6ca_3 x + 2ca_2 - 2(nca_n x^{n-1} + \ldots + 2ca_2 x + ca_1)$$
$$+ (ca_n x^n + \ldots + ca_1 x + ca_0) = c(n(n-1)a_n x^{n-2} + \ldots + 6a_3 x + 2a_2$$
$$- 2(na_n x^{n-1} + \ldots + 2a_2 x + a_1) + (a_n x^n + \ldots + a_1 x + a_0))$$
$$= c(D^2 - 2D + 1)(a_n x^n + \ldots + a_1 x + a_0).$$

Scalar multiplication is preserved. Thus $(D^2 - 2D + 1)$ is linear.
$$(D^2 - 2D + 1)(a_n x^n + \ldots + a_1 x + a_0) = a_n x^n + (a_{n-1} - 2na_n)x^{n-1}$$
$$+ (a_{n-2} - 2(n-1)a_{n-1} + n(n-1)a_n)x^{n-2} + \ldots + (a_1 - 4a_2 + 6a_3)x + (a_0 - 2a_1 + 2a_2).$$

Thus if
$(D^2 - 2D + 1)(a_n x^n + \ldots + a_1 x + a_0) = 12x - 4$, then $a_n = a_{n-1} = \ldots = a_2 = 0$, $a_1 = 12$, and $a_0 = 20$. Thus the only polynomial mapped into $12x - 4$ is the polynomial $12x + 20$.

Chapter 5

Exercise Set 5.1

1. $(2,-3) = 2(1,0) + -3(0,1)$, so $\mathbf{u}_B = \begin{bmatrix} 2 \\ -3 \end{bmatrix}$.

2. $(8,-1) = a(3,-1) + b(2,1) = (3a+2b, -a+b)$, so $8 = 3a+2b$ and $-1 = -a+b$. This system of equations has the unique solution $a = 2$, $b = 1$, so $\mathbf{u}_B = \begin{bmatrix} 2 \\ 1 \end{bmatrix}$.

5. $(4,0,-2) = 4(1,0,0) + 0(0,1,0) + -2(0,0,1)$, so $\mathbf{u}_B = \begin{bmatrix} 4 \\ 0 \\ -2 \end{bmatrix}$.

6. $(6,-3,1) = a(1,-1,0) + b(2,1,-1) + c(2,0,0)$, so $6 = a+2b+2c$, $-3 = -a+b$, and $1 = -b$. This system of equations has the unique solution $a = 2$, $b = -1$, $c = 3$, so $\mathbf{u}_B = \begin{bmatrix} 2 \\ -1 \\ 3 \end{bmatrix}$.

10. $2x - 6 = a(3x - 5) + b(x - 1)$, so $2 = 3a+b$ and $-6 = -5a-b$. This system of equations has the unique solution $a = 2$, $b = -4$, so $\mathbf{u}_B = \begin{bmatrix} 2 \\ -4 \end{bmatrix}$.

12. $3x^2 - 6x - 2 = a(x^2) + b(x - 1) + c(2x)$, so $3 = a$, $-6 = b+2c$, and $-2 = -b$. This system of equations has the unique solution $a = 3$, $b = 2$, $c = -4$, so $\mathbf{u}_B = \begin{bmatrix} 3 \\ 2 \\ -4 \end{bmatrix}$.

13. $\mathbf{u} \cdot (0,-1,0) = 0$, $\mathbf{u} \cdot (3/5,0,-4/5) = 11$, $\mathbf{u} \cdot (4/5,0,3/5) = -2$, so $\mathbf{u}_B = \begin{bmatrix} 0 \\ 11 \\ -2 \end{bmatrix}$.

Section 5.1

15. $\mathbf{u}\cdot(1,0,0) = 2$, $\mathbf{u}\cdot(0,1/\sqrt{2},1/\sqrt{2}) = 5/\sqrt{2}$, $\mathbf{u}\cdot(0,1/\sqrt{2},-1/\sqrt{2}) = -3/\sqrt{2}$, so $\mathbf{u}_B = \begin{bmatrix} 2 \\ 5/\sqrt{2} \\ -3/\sqrt{2} \end{bmatrix}$.

16. $P = \begin{bmatrix} 2 & 1 \\ 3 & 2 \end{bmatrix}$, and $\mathbf{u}_{B'} = P\mathbf{u}_B = \begin{bmatrix} 4 \\ 7 \end{bmatrix}$, $\mathbf{v}_{B'} = P\mathbf{v}_B = \begin{bmatrix} 5 \\ 7 \end{bmatrix}$, and $\mathbf{w}_{B'} = P\mathbf{w}_B = \begin{bmatrix} 8 \\ 14 \end{bmatrix}$.

18. $P = \begin{bmatrix} 1 & 2 \\ 1 & -3 \end{bmatrix}$, and $\mathbf{u}_{B'} = P\mathbf{u}_B = \begin{bmatrix} 2 \\ -3 \end{bmatrix}$, $\mathbf{v}_{B'} = P\mathbf{v}_B = \begin{bmatrix} -3 \\ 7 \end{bmatrix}$, and $\mathbf{w}_{B'} = P\mathbf{w}_B = \begin{bmatrix} 5 \\ 0 \end{bmatrix}$.

20. $P = \begin{bmatrix} 2 & -3 \\ -3 & 4 \end{bmatrix}$, and $\mathbf{u}_{B'} = P\mathbf{u}_B = \begin{bmatrix} -1 \\ 1 \end{bmatrix}$, $\mathbf{v}_{B'} = P\mathbf{v}_B = \begin{bmatrix} 6 \\ -9 \end{bmatrix}$, and $\mathbf{w}_{B'} = P\mathbf{w}_B = \begin{bmatrix} 2 \\ -4 \end{bmatrix}$.

21. The transition matrix from B' to B is $P = \begin{bmatrix} 5 & 3 \\ 3 & 2 \end{bmatrix}$, so the transition matrix from B to B' is

$P^{-1} = \begin{bmatrix} 2 & -3 \\ -3 & 5 \end{bmatrix}$, and $\mathbf{u}_{B'} = P^{-1}\mathbf{u}_B = \begin{bmatrix} -19 \\ 31 \end{bmatrix}$.

23. The transition matrix from B to the standard basis is $R = \begin{bmatrix} 1 & 3 \\ 2 & 0 \end{bmatrix}$ and the transition matrix

from B' to the standard basis is $Q = \begin{bmatrix} 2 & 3 \\ 1 & 2 \end{bmatrix}$. $P = Q^{-1}R = \begin{bmatrix} 2 & -3 \\ -1 & 2 \end{bmatrix}\begin{bmatrix} 1 & 3 \\ 2 & 0 \end{bmatrix}$

$= \begin{bmatrix} -4 & 6 \\ 3 & -3 \end{bmatrix}$, and $\mathbf{u}_{B'} = P\mathbf{u}_B = \begin{bmatrix} 24 \\ -15 \end{bmatrix}$.

25. $3x^2 = 3(x^2) + 0(x) + 0(1)$, $x - 1 = 0(x^2) + 1(x) + -1(1)$, and $4 = 0(x^2) + 0(x) + 4(1)$, so

the transition matrix from B' to B is $P = \begin{bmatrix} 3 & 0 & 0 \\ 0 & 1 & 0 \\ 0 & -1 & 4 \end{bmatrix}$. The transition matrix from B to B' is

$P^{-1} = \begin{bmatrix} 1/3 & 0 & 0 \\ 0 & 1 & 0 \\ 0 & 1/4 & 1/4 \end{bmatrix}$. The coordinate vectors relative to B' of $3x^2 + 4x + 8$, $6x^2 + 4$,

Section 5.1

$8x + 12$, and $3x^2 + 4x + 4$ are respectively $P^{-1}\begin{bmatrix}3\\4\\8\end{bmatrix} = \begin{bmatrix}1\\4\\3\end{bmatrix}$, $P^{-1}\begin{bmatrix}6\\0\\4\end{bmatrix} = \begin{bmatrix}2\\0\\1\end{bmatrix}$,

$P^{-1}\begin{bmatrix}0\\8\\12\end{bmatrix} = \begin{bmatrix}0\\8\\5\end{bmatrix}$, and $P^{-1}\begin{bmatrix}3\\4\\4\end{bmatrix} = \begin{bmatrix}1\\4\\2\end{bmatrix}$.

26. $x + 2 = 1(x) + 2(1)$ and $3 = 0(x) + 3(1)$, so the transition matrix from B' to B is

$P = \begin{bmatrix}1 & 0\\2 & 3\end{bmatrix}$ and the transition matrix from B to B' is $P^{-1} = \frac{1}{3}\begin{bmatrix}3 & 0\\-2 & 1\end{bmatrix}$. The coordinate

vectors relative to B' of $3x + 3$, $6x$, $6x + 9$, and $12x - 3$ are respectively $P^{-1}\begin{bmatrix}3\\3\end{bmatrix} = \begin{bmatrix}3\\-1\end{bmatrix}$,

$P^{-1}\begin{bmatrix}6\\0\end{bmatrix} = \begin{bmatrix}6\\-4\end{bmatrix}$, $P^{-1}\begin{bmatrix}6\\9\end{bmatrix} = \begin{bmatrix}6\\-1\end{bmatrix}$, and $P^{-1}\begin{bmatrix}12\\-3\end{bmatrix} = \begin{bmatrix}12\\-9\end{bmatrix}$.

27. Let $T(\begin{bmatrix}a & 0\\0 & b\end{bmatrix}) = (a,b)$. $T(\begin{bmatrix}a & 0\\0 & b\end{bmatrix} + \begin{bmatrix}d & 0\\0 & e\end{bmatrix}) = T(\begin{bmatrix}a+d & 0\\0 & b+e\end{bmatrix}) = (a+d, b+e)$

$= (a,b) + (d,e) = T(\begin{bmatrix}a & 0\\0 & b\end{bmatrix}) + T(\begin{bmatrix}d & 0\\0 & e\end{bmatrix})$ and $T(c\begin{bmatrix}a & 0\\0 & b\end{bmatrix}) = T(\begin{bmatrix}ca & 0\\0 & cb\end{bmatrix})$

$= (ca, cb) = c(a,b) = c\,T(\begin{bmatrix}a & 0\\0 & b\end{bmatrix})$ so T is linear. T is one-to-one because if

$T(\begin{bmatrix}x & 0\\0 & y\end{bmatrix}) = (a,b)$, then $x = a$ and $y = b$, and T is onto because if (a,b) is an element of

$\mathbf{R}^2$ then $T(\begin{bmatrix}a & 0\\0 & b\end{bmatrix}) = (a,b)$. Thus T is an isomorphism.

Exercise Set 5.2

Section 5.2

1. $T(0,1,-1) = T(0(1,0,0) + 1(0,1,0) - 1(0,0,1)) = T(0,1,0) - T(0,0,1) = (0,-2) - (-1,1)$

   $= (1,-3)$. Alternatively, the matrix of T with respect to the standard basis is

   $A = \begin{bmatrix} 2 & 0 & -1 \\ 1 & -2 & 1 \end{bmatrix}$. $A \begin{bmatrix} 0 \\ 1 \\ -1 \end{bmatrix} = \begin{bmatrix} 1 \\ -3 \end{bmatrix}$, so $T(0,1,-1) = (1,-3)$.

2. $T(3,-2) = T(3(1,0) - 2(0,1)) = 3T(1,0) - 2T(0,1) = 3(4) - 2(-3) = 18$. Alternatively, the matrix of T with respect to the standard basis is $[\,4\ -3\,]$. $[\,4\ -3\,]\begin{bmatrix} 3 \\ -2 \end{bmatrix} = 18$, so $T(3,-2) = 18$.

4. $T(3x^2 - 2x + 1) = T(3(x^2) - 2(x) + 1(1)) = 3T(x^2) - 2T(x) + T(1) = 3(3x+1) - 2(2) + 2x - 5$

   $= 9x + 3 - 4 + 2x - 5 = 11x - 6$. Alternatively, the matrix of T with respect to the standard

   basis is $A = \begin{bmatrix} 3 & 0 & 2 \\ 1 & 2 & -5 \end{bmatrix}$. $A \begin{bmatrix} 3 \\ -2 \\ 1 \end{bmatrix} = \begin{bmatrix} 11 \\ -6 \end{bmatrix}$, so $T(3x^2 - 2x + 1) = 11x - 6$.

6. The coordinate vectors of $T(u_1)$ and $T(u_2)$ relative to the basis $\{v_1, v_2\}$ are $\begin{bmatrix} 2 \\ 3 \end{bmatrix}$ and $\begin{bmatrix} 4 \\ -1 \end{bmatrix}$, so $A = \begin{bmatrix} 2 & 4 \\ 3 & -1 \end{bmatrix}$. The coordinate vector of u relative to the basis $\{u_1, u_2\}$ is $\begin{bmatrix} 2 \\ 5 \end{bmatrix}$, so the coordinate vector of $T(u)$ relative to $\{v_1, v_2\}$ is $A \begin{bmatrix} 2 \\ 5 \end{bmatrix} = \begin{bmatrix} 24 \\ 1 \end{bmatrix}$. Thus $T(u)$

   $= 24v_1 + v_2$.

8. The coordinate vectors of $T(u_1)$, $T(u_2)$, and $T(u_3)$ relative to the basis $\{v_1, v_2, v_3\}$ are

   $\begin{bmatrix} 1 \\ 1 \\ 1 \end{bmatrix}$,

$\begin{bmatrix} 3 \\ -2 \\ 0 \end{bmatrix}$, and $\begin{bmatrix} 1 \\ 2 \\ -1 \end{bmatrix}$, so $A = \begin{bmatrix} 1 & 3 & 1 \\ 1 & -2 & 2 \\ 1 & 0 & -1 \end{bmatrix}$. The coordinate vector of **u** relative to the basis

$\{u_1, u_2, u_3\}$ is $\begin{bmatrix} 3 \\ 2 \\ -5 \end{bmatrix}$, so the coordinate vector of $T(u)$ relative to $\{v_1, v_2, v_3\}$ is $A \begin{bmatrix} 3 \\ 2 \\ -5 \end{bmatrix}$

$= \begin{bmatrix} 4 \\ -11 \\ 8 \end{bmatrix}$. Thus $T(u) = 4v_1 - 11v_2 + 8v_3$.

9. (a) $T(1,0,0) = (1,0) = 1(1,0) + 0(0,1)$, $T(0,1,0) = (0,0) = 0(1,0) + 0(0,1)$, and $T(0,0,1)$

$= (0,1) = 0(1,0) + 1(0,1)$, so $A = \begin{bmatrix} 1 & 0 & 0 \\ 0 & 0 & 1 \end{bmatrix}$. $(1,2,3) = 1(1,0,0) + 2(0,1,0) + 3(0,0,1)$,

so the coordinate vector of $T(1,2,3)$ relative to the standard basis of $\mathbf{R}^2$ is $A \begin{bmatrix} 1 \\ 2 \\ 3 \end{bmatrix}$

$= \begin{bmatrix} 1 \\ 3 \end{bmatrix}$. Thus $T(1,2,3) = 1(1,0) + 3(0,1) = (1,3)$.

(c) $T(1,0,0) = (1,2) = 1(1,0) + 2(0,1)$, $T(0,1,0) = (1,-1) = 1(1,0) - 1(0,1)$, and $T(0,0,1)$

$= (0,0) = 0(1,0) + 0(0,1)$, so $A = \begin{bmatrix} 1 & 1 & 0 \\ 2 & -1 & 0 \end{bmatrix}$. $(1,2,3) = 1(1,0,0) + 2(0,1,0) + 3(0,0,1)$,
so the coordinate vector of $T(1,2,3)$ relative to the standard basis of $\mathbf{R}^2$ is

$A \begin{bmatrix} 1 \\ 2 \\ 3 \end{bmatrix} = \begin{bmatrix} 3 \\ 0 \end{bmatrix}$. Thus $T(1,2,3) = 3(1,0) + 0(0,1) = (3,0)$.

10. (a) $T(1,0,0) = (1,0,0) = 1(1,0,0) + 0(0,1,0) + 0(0,0,1)$, $T(0,1,0) = (0,2,0) = 0(1,0,0)$

$+ 2(0,1,0)$, and $T(0,0,1) = (0,0,3) = 0(1,0,0) + 0(0,1,0) + 3(0,0,1)$, so $A = \begin{bmatrix} 1 & 0 & 0 \\ 0 & 2 & 0 \\ 0 & 0 & 3 \end{bmatrix}$.

$(-1,5,2) = -1(1,0,0) + 5(0,1,0) + 2(0,0,1)$, so the coordinate vector of $T(-1,5,2)$

relative to the standard basis of $\mathbf{R}^3$ is $A \begin{bmatrix} -1 \\ 5 \\ 2 \end{bmatrix} = \begin{bmatrix} -1 \\ 10 \\ 6 \end{bmatrix}$.

Thus $T(-1,5,2) = -1(1,0,0) + 10(0,1,0) + 6(0,0,1) = (-1,10,6)$.

(c) $T(1,0,0) = (1,0,0)$, $T(0,1,0) = (0,0,0)$, and $T(0,0,1) = (0,0,0)$, so $A = \begin{bmatrix} 1 & 0 & 0 \\ 0 & 0 & 0 \\ 0 & 0 & 0 \end{bmatrix}$.

The coordinate vector of $T(-1,5,2)$ relative to the standard basis of $\mathbf{R}^3$ is $A \begin{bmatrix} -1 \\ 5 \\ 2 \end{bmatrix}$

$= \begin{bmatrix} -1 \\ 0 \\ 0 \end{bmatrix}$, so $T(-1,5,2) = (-1,0,0)$.

11. $T(\mathbf{u}_1) = (2,1) = -2\mathbf{u}_1' + 1\mathbf{u}_2'$, $T(\mathbf{u}_2) = (2,3) = -2\mathbf{u}_1' + 3\mathbf{u}_2'$, and

$T(\mathbf{u}_3) = (-1,2) = 1\mathbf{u}_1' + 2\mathbf{u}_2'$,

so $A = \begin{bmatrix} -2 & -2 & 1 \\ 1 & 3 & 2 \end{bmatrix}$. $\mathbf{u} = (3,-4,0) = 2\mathbf{u}_1 + \mathbf{u}_2 - \mathbf{u}_3$, so the coordinate vector of $\mathbf{u}$

relative to the basis $\{\mathbf{u}_1, \mathbf{u}_2, \mathbf{u}_3\}$ is $\begin{bmatrix} 2 \\ 1 \\ -1 \end{bmatrix}$ and the coordinate vector of $T(\mathbf{u})$ relative to the

basis $\{\mathbf{u}_1', \mathbf{u}_2'\}$ is $A \begin{bmatrix} 2 \\ 1 \\ -1 \end{bmatrix} = \begin{bmatrix} -7 \\ 3 \end{bmatrix}$. Thus $T(\mathbf{u}) = -7\mathbf{u}_1' + 3\mathbf{u}_2' = (-7,3)$.

13. $T(\mathbf{u}_1) = T(1,2) = (2,3) = 2\mathbf{u}_1 + 1\mathbf{u}_2$ and $T(\mathbf{u}_2) = T(0,-1) = (0,-1) = 0\mathbf{u}_1 + 1\mathbf{u}_2$, so

$A = \begin{bmatrix} 2 & 0 \\ 1 & 1 \end{bmatrix}$. $\mathbf{u} = (-1,3) = -1\mathbf{u}_1 - 5\mathbf{u}_2$, so the coordinate vector of $\mathbf{u}$ relative to the

basis $\{\mathbf{u}_1, \mathbf{u}_2\}$ is $\begin{bmatrix} -1 \\ -5 \end{bmatrix}$ and the coordinate vector of $T(\mathbf{u})$ relative to the basis $\{\mathbf{u}_1, \mathbf{u}_2\}$ is

$A\begin{bmatrix} -1 \\ -5 \end{bmatrix} = \begin{bmatrix} -2 \\ -6 \end{bmatrix}$. Thus $T(u) = -2u_1 - 6u_2 = (-2, 2)$.

14. $D(2x^2) = 4x = 0(2x^2) + 4(x) + 0(-1)$, $D(x) = 1 = 0(2x^2) + 0(x) - (-1)$, and $D(-1) = 0$

    $= 0(2x^2) + 0(x) + 0(-1)$, so $A = \begin{bmatrix} 0 & 0 & 0 \\ 4 & 0 & 0 \\ 0 & -1 & 0 \end{bmatrix}$. $3x^2 - 2x + 4 = \frac{3}{2}(2x^2) - 2(x) - 4(-1)$, so

    the coordinate vector of $3x^2 - 2x + 4$ relative to the given basis is $\begin{bmatrix} 3/2 \\ -2 \\ -4 \end{bmatrix}$, and the

    coordinate vector of $T(3x^2 - 2x + 4)$ is $A\begin{bmatrix} 3/2 \\ -2 \\ -4 \end{bmatrix} = \begin{bmatrix} 0 \\ 6 \\ 2 \end{bmatrix}$. Thus $T(3x^2 - 2x + 4)$

    $= 0(2x^2) + 6(x) + 2(-1) = 6x - 2$.

16. (a) $T(x^2) = 0 = 0(x^2) + 0(x) + 0(1)$, $T(x) = x^2 + x = 1(x^2) + 1(x) + 0(1)$,

    and $T(1) = x^2 - x = 1(x^2) - 1(x) + 0(1)$, so $A = \begin{bmatrix} 0 & 1 & 1 \\ 0 & 1 & -1 \\ 0 & 0 & 0 \end{bmatrix}$.

    (b) $T(x) = x = 0(x^2) + 1(x) + 0(1)$ and $T(1) = x^2 + 1 = 1(x^2) + 0(x) + 1(1)$, so $A = \begin{bmatrix} 0 & 1 \\ 1 & 0 \\ 0 & 1 \end{bmatrix}$.

17. $T(x^2 + x) = x = 1(x) + 0(1)$, $T(x) = 0 = 0(x) + 0(1)$, and $T(1) = 1 = 0(x) + 1(1)$, so

    $A = \begin{bmatrix} 1 & 0 & 0 \\ 0 & 0 & 1 \end{bmatrix}$. $3x^2 + 2x - 1 = 3(x^2 + x) - 1(x) - 1(1)$, so the coordinate vector for

    $3x^2 + 2x - 1$ relative to the basis $\{x^2 + x, x, 1\}$ is $\begin{bmatrix} 3 \\ -1 \\ -1 \end{bmatrix}$, and the coordinate vector for

    $T(3x^2 + 2x - 1)$ relative to the basis $\{x, 1\}$ is $A\begin{bmatrix} 3 \\ -1 \\ -1 \end{bmatrix} = \begin{bmatrix} 3 \\ -1 \end{bmatrix}$. Thus $T(3x^2 + 2x - 1)$

19. $T(x) = x = 1(x) + 0(1)$ and $T(1) = x - 1 = 1(x) - 1(1)$, so $A = \begin{bmatrix} 1 & 1 \\ 0 & -1 \end{bmatrix}$.

$x + 1 = 1(x) + 1(1)$ and $x - 1 = 1(x) - 1(1)$, so $P = \begin{bmatrix} 1 & 1 \\ 1 & -1 \end{bmatrix}$ and $P^{-1} = \frac{1}{2}\begin{bmatrix} 1 & 1 \\ 1 & -1 \end{bmatrix}$.

$P^{-1}AP = \frac{1}{2}\begin{bmatrix} 1 & 1 \\ 3 & -1 \end{bmatrix}$, which is the matrix of T with respect to the basis $\{x+1, x-1\}$.

20. $T(1,0) = (2,1) = 2(1,0) + 1(0,1)$ and $T(0,1) = (0,1) = 0(1,0) + 1(0,1)$, so $A = \begin{bmatrix} 2 & 0 \\ 1 & 1 \end{bmatrix}$.

$(1,1) = 1(1,0) + 1(0,1)$ and $(2,1) = 2(1,0) + 1(0,1)$, so $P = \begin{bmatrix} 1 & 2 \\ 1 & 1 \end{bmatrix}$ and $P^{-1} = \begin{bmatrix} -1 & 2 \\ 1 & -1 \end{bmatrix}$.

$P^{-1}AP = \begin{bmatrix} 2 & 2 \\ 0 & 1 \end{bmatrix}$, which is the matrix of T with respect to the basis $\{(1,1), (2,1)\}$.

22. (a) Let $\{u_1, u_2, \ldots, u_m\}$ be a basis for U, and let $v_{m+1}, \ldots, v_n$ be additional linearly independent vectors in V so that $\{u_1, u_2, \ldots, u_m, v_{m+1}, \ldots, v_n\}$ is a basis for V. Let T be a linear transformation that maps each of $u_1, u_2, \ldots, u_m$ into the zero vector of W. Then each element of U will be in the kernel of T. If $\dim(W) \geq n-m$, then $v_{m+1}, \ldots, v_n$ can be mapped by T into linearly independent vectors in W, and $U = \ker(T)$. If $\dim(W) < n-m$, then $T(v_{m+1}), \ldots, T(v_n)$ will be linearly dependent and there will be constants $a_{m+1}, \ldots, a_n$, not all zero, such that $T(a_{m+1}v_{m+1} + \ldots + a_n v_n)$ $= a_{m+1}T(v_{m+1}) + \ldots + a_n T(v_n) = 0$. The vector $a_{m+1}v_{m+1} + \ldots + a_n v_n$ is not in U, for if it were, there would be constants $b_1, b_2, \ldots, b_m$ such that $b_1 u_1 + b_2 u_2 + \ldots + b_m u_m$ $= a_{m+1}v_{m+1} + \ldots + a_n v_n$; i.e., $b_1 u_1 + b_2 u_2 + \ldots + b_m u_m - a_{m+1}v_{m+1} - \ldots - a_n v_n = 0$. This cannot be because the vectors $u_1, u_2, \ldots, u_m, v_{m+1}, \ldots, v_n$ are linearly independent. Thus in this case U is contained in but not equal to ker(T). Thus: yes, if $\dim(W) \geq \dim(V) - \dim(U)$, no if $\dim(W) < \dim(V) - \dim(U)$.

(b) The set $\{(1,3,-1), (1,0,0), (0,1,0)\}$ is a basis for $\mathbf{R}^3$. Let T be the linear transformation given by $T(1,3,-1) = (0,0)$, $T(1,0,0) = (1,0)$, and $T(0,1,0) = (0,1)$. Let $u = a_1(1,3,-1) + a_2(1,0,0) + a_3(0,1,0)$ and suppose $T(u) = (0,0)$. Thus

$a_1 T(1,3,-1) + a_2 T(1,0,0) + a_3 T(0,1,0) = a_1(0,0) + a_2(1,0) + a_3(0,1) = (0,0)$, so that $a_2(1,0) + a_3(0,1) = (0,0)$. Since (1,0) and (0,1) are linearly independent, a_2 and a_3 must be zero and thus **u** is a multiple of (1,3,-1).

23. The set {(2,-1), (1,0)} is a basis for $\mathbf{R}^2$. Let T be the linear transformation given by T(2,-1) = (0,0) and T(1,0) = (1,0). Let $\mathbf{u} = a_1(2,-1) + a_2(1,0)$ and suppose T(**u**) = (0,0). Thus $a_1 T(2,-1) + a_2 T(1,0) = a_1(0,0) + a_2(1,0) = (0,0)$, so that $a_2(1,0) = (0,0)$, and therefore $a_2 = 0$. Thus **u** is a multiple of (2,-1).

25. T(**u** + **v**) = **u** + **v** = T(**u**) + T(**v**) and T(c**u**) = c**u** = cT(**u**), so T is linear. Let B = {$\mathbf{u}_1, \mathbf{u}_2, \ldots, \mathbf{u}_n$} be a basis for U. T($\mathbf{u}_i$) = $\mathbf{u}_i$, so if A is the matrix of T with respect to B, its ith column will have a 1 in the ith position and zeros everywhere else. Thus $A = I_n$.

28. If **u** is an element of U and $\mathbf{u}_B$ is the coordinate vector of **u** relative to basis B, then the coordinate vector of T(**u**) relative to the basis B' is given by $A\mathbf{u}_B$, where A is the matrix of T with respect to the bases B and B'. If A is also the matrix of L with respect to the same two bases, then the coordinate vector of L(**u**) relative to the basis B' will also be given by $A\mathbf{u}_B$. But this means that the coordinate vector of L(**u**) relative to the basis B' is the same as the coordinate vector of T(**u**) relative to the basis B'. Thus L(**u**) = T(**u**) for every vector **u** in U and therefore L = T.

Exercise Set 5.3

1. (a) $C^{-1}AC = \begin{bmatrix} 3 & -5 \\ -1 & 2 \end{bmatrix}\begin{bmatrix} 1 & 2 \\ -1 & 3 \end{bmatrix}\begin{bmatrix} 2 & 5 \\ 1 & 3 \end{bmatrix} = \begin{bmatrix} 7 & 13 \\ -2 & -3 \end{bmatrix}$.

   (c) $C^{-1}AC = \begin{bmatrix} 4 & -1 \\ -7 & 2 \end{bmatrix}\begin{bmatrix} 0 & 4 \\ 3 & 2 \end{bmatrix}\begin{bmatrix} 2 & 1 \\ 7 & 4 \end{bmatrix} = \begin{bmatrix} 92 & 53 \\ -156 & -90 \end{bmatrix}$.

2. (a) $C^{-1}AC = \begin{bmatrix} -1 & 2 & 2 \\ 0 & 1 & 1 \\ 2 & 0 & -1 \end{bmatrix}\begin{bmatrix} 2 & 0 & 0 \\ -2 & 2 & 1 \\ 2 & 0 & 1 \end{bmatrix}\begin{bmatrix} -1 & 2 & 0 \\ 2 & -3 & 1 \\ -2 & 4 & -1 \end{bmatrix} = \begin{bmatrix} 2 & 0 & 0 \\ 0 & 2 & 0 \\ 0 & 0 & 1 \end{bmatrix}$.

3. (a) The eigenvalues and eigenvectors of this matrix were found in Exercise 1 in Section 3.4. They are $\lambda = 6$ with eigenvectors $r\begin{bmatrix} 4 \\ 1 \end{bmatrix}$ and $\lambda = 1$ with

Section 5.3

eigenvectors $s\begin{bmatrix} -1 \\ 1 \end{bmatrix}$. $\frac{1}{5}\begin{bmatrix} 1 & 1 \\ -1 & 4 \end{bmatrix}\begin{bmatrix} 5 & 4 \\ 1 & 2 \end{bmatrix}\begin{bmatrix} 4 & -1 \\ 1 & 1 \end{bmatrix} = \begin{bmatrix} 6 & 0 \\ 0 & 1 \end{bmatrix}$.

(c) $\begin{vmatrix} 1-\lambda & 1 \\ 0 & 1-\lambda \end{vmatrix} = (1-\lambda)(1-\lambda)$, so the only eigenvalue is $\lambda = 1$. The eigenvectors are

the solutions of $\begin{bmatrix} 0 & 1 \\ 0 & 0 \end{bmatrix}\begin{bmatrix} x_1 \\ x_2 \end{bmatrix} = \mathbf{0}$, so the eigenvectors are vectors of the form $r\begin{bmatrix} 1 \\ 0 \end{bmatrix}$.

There are not two linearly independent eigenvectors, so matrix cannot be diagonalized.

(d) $\begin{vmatrix} 4-\lambda & -1 \\ 2 & 1-\lambda \end{vmatrix} = (4-\lambda)(1-\lambda) + 2 = \lambda^2 - 5\lambda + 6 = (\lambda-2)(\lambda-3)$, so the eigenvalues are

$\lambda = 2$ and $\lambda = 3$. For $\lambda = 2$, the eigenvectors are the solutions of

$\begin{bmatrix} 2 & -1 \\ 2 & -1 \end{bmatrix}\begin{bmatrix} x_1 \\ x_2 \end{bmatrix} = \mathbf{0}$, so the eigenvectors are vectors of the form $r\begin{bmatrix} 1 \\ 2 \end{bmatrix}$. For $\lambda = 3$,

the eigenvectors are the solutions of $\begin{bmatrix} 1 & -1 \\ 2 & -2 \end{bmatrix}\begin{bmatrix} x_1 \\ x_2 \end{bmatrix} = \mathbf{0}$, so the eigenvectors are

vectors of the form $s\begin{bmatrix} 1 \\ 1 \end{bmatrix}$. $\begin{bmatrix} -1 & 1 \\ 2 & -1 \end{bmatrix}\begin{bmatrix} 4 & -1 \\ 2 & 1 \end{bmatrix}\begin{bmatrix} 1 & 1 \\ 2 & 1 \end{bmatrix} = \begin{bmatrix} 2 & 0 \\ 0 & 3 \end{bmatrix}$.

4. (a) $\begin{vmatrix} -7-\lambda & 10 \\ -5 & 8-\lambda \end{vmatrix} = (-7-\lambda)(8-\lambda) + 50 = \lambda^2 - \lambda - 6 = (\lambda+2)(\lambda-3)$, so the eigenvalues are

$\lambda = -2$ and $\lambda = 3$. For $\lambda = -2$, the eigenvectors are the solutions of

$\begin{bmatrix} -5 & 10 \\ -5 & 10 \end{bmatrix}\begin{bmatrix} x_1 \\ x_2 \end{bmatrix} = \mathbf{0}$, so the eigenvectors are vectors of the form $r\begin{bmatrix} 2 \\ 1 \end{bmatrix}$. For $\lambda = 3$,

the eigenvectors are the solutions of $\begin{bmatrix} -10 & 10 \\ -5 & 5 \end{bmatrix}\begin{bmatrix} x_1 \\ x_2 \end{bmatrix} = \mathbf{0}$, so the eigenvectors are vectors of the form $s\begin{bmatrix}1\\1\end{bmatrix}$. $\begin{bmatrix}1 & -1\\-1 & 2\end{bmatrix}\begin{bmatrix}-7 & 10\\-5 & 8\end{bmatrix}\begin{bmatrix}2 & 1\\1 & 1\end{bmatrix} = \begin{bmatrix}-2 & 0\\0 & 3\end{bmatrix}$.

(c) $\begin{vmatrix}1-\lambda & -2\\2 & -3-\lambda\end{vmatrix} = (1-\lambda)(-3-\lambda) + 4 = \lambda^2 + 2\lambda + 1 = (\lambda+1)(\lambda+1)$, so the only eigenvalue is $\lambda = -1$. The eigenvectors are the solutions of $\begin{bmatrix}2 & -2\\2 & -2\end{bmatrix}\begin{bmatrix}x_1\\x_2\end{bmatrix} = \mathbf{0}$, so the eigenvectors are vectors of the form $r\begin{bmatrix}1\\-1\end{bmatrix}$. Since there are not two linearly independent eigenvectors, the matrix cannot be diagonalized.

(e) $\begin{vmatrix}a-\lambda & b\\0 & a-\lambda\end{vmatrix} = (a-\lambda)(a-\lambda)$, so the only eigenvalue is $\lambda = a$. The eigenvectors are the solutions of $\begin{bmatrix}0 & b\\0 & 0\end{bmatrix}\begin{bmatrix}x_1\\x_2\end{bmatrix} = \mathbf{0}$, so the eigenvectors are vectors of the form $r\begin{bmatrix}1\\0\end{bmatrix}$.

There are not two linearly independent eigenvectors, so the matrix cannot be diagonalized.

5. (a) The eigenvalues and eigenvectors of this matrix were found in Exercise 13 in Section 4.5. They are $\lambda = 1$, $\lambda = 2$, $\lambda = 8$, with corresponding eigenvectors

$r\begin{bmatrix}1\\-1\\1\end{bmatrix}, s\begin{bmatrix}0\\1\\1\end{bmatrix}, t\begin{bmatrix}1\\0\\1\end{bmatrix}$. $\begin{bmatrix}-1 & -1 & 1\\-1 & 0 & 1\\2 & 1 & -1\end{bmatrix}\begin{bmatrix}15 & 7 & -7\\-1 & 1 & 1\\13 & 7 & -5\end{bmatrix}\begin{bmatrix}1 & 0 & 1\\-1 & 1 & 0\\1 & 1 & 1\end{bmatrix} = \begin{bmatrix}1 & 0 & 0\\0 & 2 & 0\\0 & 0 & 8\end{bmatrix}$.

(c) $\begin{vmatrix}1-\lambda & 0 & 0\\-2 & 1-\lambda & 2\\-2 & 0 & 3-\lambda\end{vmatrix} = (1-\lambda)^2(3-\lambda)$, so the eigenvalues are $\lambda = 1$ and $\lambda = 3$.

For $\lambda = 1$, the eigenvectors are $r\begin{bmatrix}1\\0\\1\end{bmatrix} + s\begin{bmatrix}0\\1\\0\end{bmatrix}$. For $\lambda = 3$, the eigenvectors are

$t\begin{bmatrix}0\\1\\1\end{bmatrix}$. $\begin{bmatrix}1&0&0\\1&1&-1\\-1&0&1\end{bmatrix}\begin{bmatrix}1&0&0\\-2&1&2\\-2&0&3\end{bmatrix}\begin{bmatrix}1&0&0\\0&1&1\\1&0&1\end{bmatrix} = \begin{bmatrix}1&0&0\\0&1&0\\0&0&3\end{bmatrix}$.

6. (a) $\begin{vmatrix}1-\lambda & 2\\ 2 & 1-\lambda\end{vmatrix} = (1-\lambda)(1-\lambda) - 4 = \lambda^2 - 2\lambda - 3 = (\lambda-3)(\lambda+1)$, so eigenvalues are $\lambda = 3$

and $\lambda = -1$, with corresponding eigenvectors $r\begin{bmatrix}1\\1\end{bmatrix}$ and $s\begin{bmatrix}-1\\1\end{bmatrix}$. The set

$\left\{\begin{bmatrix}\frac{1}{\sqrt{2}}\\ \frac{1}{\sqrt{2}}\end{bmatrix}, \begin{bmatrix}\frac{-1}{\sqrt{2}}\\ \frac{1}{\sqrt{2}}\end{bmatrix}\right\}$ is an orthonormal basis. $\begin{bmatrix}\frac{1}{\sqrt{2}} & \frac{1}{\sqrt{2}}\\ \frac{-1}{\sqrt{2}} & \frac{1}{\sqrt{2}}\end{bmatrix}\begin{bmatrix}1&2\\2&1\end{bmatrix}\begin{bmatrix}\frac{1}{\sqrt{2}} & \frac{-1}{\sqrt{2}}\\ \frac{1}{\sqrt{2}} & \frac{1}{\sqrt{2}}\end{bmatrix} =$

$\begin{bmatrix}3&0\\0&-1\end{bmatrix}$.

(b) $\begin{vmatrix}11-\lambda & 2\\ 2 & 14-\lambda\end{vmatrix} = (11-\lambda)(14-\lambda) - 4 = \lambda^2 - 25\lambda + 150 = (\lambda-15)(\lambda-10)$, so the

eigenvalues are $\lambda = 15$ and $\lambda = 10$, with corresponding eigenvectors

$r\begin{bmatrix}1\\2\end{bmatrix}$ and $s\begin{bmatrix}-2\\1\end{bmatrix}$. The set $\left\{\begin{bmatrix}\frac{1}{\sqrt{5}}\\ \frac{2}{\sqrt{5}}\end{bmatrix}, \begin{bmatrix}\frac{-2}{\sqrt{5}}\\ \frac{1}{\sqrt{5}}\end{bmatrix}\right\}$ is an orthonormal basis.

$\begin{bmatrix}\frac{1}{\sqrt{5}} & \frac{2}{\sqrt{5}}\\ \frac{-2}{\sqrt{5}} & \frac{1}{\sqrt{5}}\end{bmatrix}\begin{bmatrix}11&2\\2&14\end{bmatrix}\begin{bmatrix}\frac{1}{\sqrt{5}} & \frac{-2}{\sqrt{5}}\\ \frac{2}{\sqrt{5}} & \frac{1}{\sqrt{5}}\end{bmatrix} = \begin{bmatrix}15&0\\0&10\end{bmatrix}$.

7. (a) $\begin{vmatrix}1-\lambda & 5\\ 5 & 1-\lambda\end{vmatrix} = (1-\lambda)(1-\lambda) - 25 = \lambda^2 - 2\lambda - 24 = (\lambda-6)(\lambda+4)$, so the

eigenvalues are $\lambda = 6$ and $\lambda = -4$, with corresponding eigenvectors

$r\begin{bmatrix}1\\1\end{bmatrix}$ and $s\begin{bmatrix}-1\\1\end{bmatrix}$. The set $\left\{\begin{bmatrix}\frac{1}{\sqrt{2}}\\\frac{1}{\sqrt{2}}\end{bmatrix},\begin{bmatrix}\frac{-1}{\sqrt{2}}\\\frac{1}{\sqrt{2}}\end{bmatrix}\right\}$ is an orthonormal basis.

$$\begin{bmatrix}\frac{1}{\sqrt{2}} & \frac{1}{\sqrt{2}}\\ \frac{-1}{\sqrt{2}} & \frac{1}{\sqrt{2}}\end{bmatrix}\begin{bmatrix}1 & 5\\5 & 1\end{bmatrix}\begin{bmatrix}\frac{1}{\sqrt{2}} & \frac{-1}{\sqrt{2}}\\ \frac{1}{\sqrt{2}} & \frac{1}{\sqrt{2}}\end{bmatrix} = \begin{bmatrix}6 & 0\\0 & -4\end{bmatrix}.$$

(c) $\begin{vmatrix}1-\lambda & 3\\3 & 9-\lambda\end{vmatrix} = (1-\lambda)(9-\lambda) - 9 = \lambda^2 - 10\lambda = (\lambda-10)\lambda$, so the eigenvalues

are $\lambda = 10$ and $\lambda = 0$, with corresponding eigenvectors $r\begin{bmatrix}1\\3\end{bmatrix}$ and $s\begin{bmatrix}-3\\1\end{bmatrix}$.

The set $\left\{\begin{bmatrix}\frac{1}{\sqrt{10}}\\\frac{3}{\sqrt{10}}\end{bmatrix},\begin{bmatrix}\frac{-3}{\sqrt{10}}\\\frac{1}{\sqrt{10}}\end{bmatrix}\right\}$ is an orthonormal basis.

$$\begin{bmatrix}\frac{1}{\sqrt{10}} & \frac{3}{\sqrt{10}}\\ \frac{-3}{\sqrt{10}} & \frac{1}{\sqrt{10}}\end{bmatrix}\begin{bmatrix}1 & 3\\3 & 9\end{bmatrix}\begin{bmatrix}\frac{1}{\sqrt{10}} & \frac{-3}{\sqrt{10}}\\ \frac{3}{\sqrt{10}} & \frac{1}{\sqrt{10}}\end{bmatrix} = \begin{bmatrix}10 & 0\\0 & 0\end{bmatrix}.$$

8. (a) $\begin{vmatrix}-\lambda & 2 & 0\\2 & -\lambda & 0\\0 & 0 & 1-\lambda\end{vmatrix} = \lambda^2(1-\lambda) - 4(1-\lambda)$, so the eigenvalues are $\lambda = 1$ and $\lambda = \pm 2$.

For $\lambda = 1$, the eigenvectors are $r\begin{bmatrix}0\\0\\1\end{bmatrix}$, for $\lambda = 2$, the eigenvectors are $s\begin{bmatrix}1\\1\\0\end{bmatrix}$, and for

$\lambda = -2$, the eigenvectors are $t\begin{bmatrix}1\\-1\\0\end{bmatrix}$.

$$\begin{bmatrix} 0 & 0 & 1 \\ 1/\sqrt{2} & 1/\sqrt{2} & 0 \\ 1/\sqrt{2} & -1/\sqrt{2} & 0 \end{bmatrix} \begin{bmatrix} 0 & 2 & 0 \\ 2 & 0 & 0 \\ 0 & 0 & 1 \end{bmatrix} \begin{bmatrix} 0 & 1/\sqrt{2} & 1/\sqrt{2} \\ 0 & 1/\sqrt{2} & -1/\sqrt{2} \\ 1 & 0 & 0 \end{bmatrix} = \begin{bmatrix} 1 & 0 & 0 \\ 0 & 2 & 0 \\ 0 & 0 & -2 \end{bmatrix}.$$

(b) $\begin{vmatrix} 9-\lambda & -3 & 3 \\ -3 & 6-\lambda & -6 \\ 3 & -6 & 6-\lambda \end{vmatrix} = (9-\lambda)(6-\lambda)^2 + 54\lambda - 324 = -\lambda(15-\lambda)(6-\lambda)$, so the

eigenvalues are $\lambda = 0$, $\lambda = 15$, and $\lambda = 6$. For $\lambda = 0$, the eigenvectors are $r\begin{bmatrix} 0 \\ 1 \\ 1 \end{bmatrix}$,

for $\lambda = 15$, the eigenvectors are $s\begin{bmatrix} 1 \\ -1 \\ 1 \end{bmatrix}$, and for $\lambda = 6$, the eigenvectors are $t\begin{bmatrix} 2 \\ 1 \\ -1 \end{bmatrix}$.

$$\begin{bmatrix} 0 & 1/\sqrt{2} & 1/\sqrt{2} \\ 1/\sqrt{3} & -1/\sqrt{3} & 1/\sqrt{3} \\ 2/\sqrt{6} & 1/\sqrt{6} & -1/\sqrt{6} \end{bmatrix} \begin{bmatrix} 9 & -3 & 3 \\ -3 & 6 & -6 \\ 3 & -6 & 6 \end{bmatrix} \begin{bmatrix} 0 & 1/\sqrt{3} & 2/\sqrt{6} \\ 1/\sqrt{2} & -1/\sqrt{3} & 1/\sqrt{6} \\ 1/\sqrt{2} & 1/\sqrt{3} & -1/\sqrt{6} \end{bmatrix}$$

$$= \begin{bmatrix} 0 & 0 & 0 \\ 0 & 15 & 0 \\ 0 & 0 & 6 \end{bmatrix}.$$

9. (a) $\begin{bmatrix} 1 & 5 \\ 5 & 1 \end{bmatrix}^8 = \begin{bmatrix} \frac{1}{\sqrt{2}} & \frac{-1}{\sqrt{2}} \\ \frac{1}{\sqrt{2}} & \frac{1}{\sqrt{2}} \end{bmatrix} \begin{bmatrix} 6 & 0 \\ 0 & -4 \end{bmatrix}^8 \begin{bmatrix} \frac{1}{\sqrt{2}} & \frac{1}{\sqrt{2}} \\ \frac{-1}{\sqrt{2}} & \frac{1}{\sqrt{2}} \end{bmatrix}$

$= \frac{1}{2} \begin{bmatrix} 1 & -1 \\ 1 & 1 \end{bmatrix} \begin{bmatrix} 1679616 & 0 \\ 0 & 65536 \end{bmatrix} \begin{bmatrix} 1 & 1 \\ -1 & 1 \end{bmatrix} = \begin{bmatrix} 872576 & 807040 \\ 807040 & 872576 \end{bmatrix}.$

(d) $\begin{bmatrix} 1.5 & -.5 \\ -.5 & 1.5 \end{bmatrix}^{16} = \begin{bmatrix} \frac{1}{\sqrt{2}} & \frac{-1}{\sqrt{2}} \\ \frac{1}{\sqrt{2}} & \frac{1}{\sqrt{2}} \end{bmatrix} \begin{bmatrix} 1 & 0 \\ 0 & 2 \end{bmatrix}^{16} \begin{bmatrix} \frac{1}{\sqrt{2}} & \frac{1}{\sqrt{2}} \\ \frac{-1}{\sqrt{2}} & \frac{1}{\sqrt{2}} \end{bmatrix}$

Section 5.3

$$= \frac{1}{2}\begin{bmatrix} 1 & -1 \\ 1 & 1 \end{bmatrix}\begin{bmatrix} 1 & 0 \\ 0 & 65536 \end{bmatrix}\begin{bmatrix} 1 & 1 \\ -1 & 1 \end{bmatrix} = \begin{bmatrix} 32768.5 & -32767.5 \\ -32767.5 & 32768.5 \end{bmatrix}.$$

10. (a) $\begin{bmatrix} 0 & 2 & 0 \\ 2 & 0 & 0 \\ 0 & 0 & 1 \end{bmatrix}^6 = \begin{bmatrix} 0 & 1/\sqrt{2} & 1/\sqrt{2} \\ 0 & 1/\sqrt{2} & -1/\sqrt{2} \\ 1 & 0 & 0 \end{bmatrix}\begin{bmatrix} 1 & 0 & 0 \\ 0 & 2 & 0 \\ 0 & 0 & -2 \end{bmatrix}^6 \begin{bmatrix} 0 & 0 & 1 \\ 1/\sqrt{2} & 1/\sqrt{2} & 0 \\ 1/\sqrt{2} & -1/\sqrt{2} & 0 \end{bmatrix}$

$$= \frac{1}{2}\begin{bmatrix} 0 & 1 & 1 \\ 0 & 1 & -1 \\ \sqrt{2} & 0 & 0 \end{bmatrix}\begin{bmatrix} 1 & 0 & 0 \\ 0 & 64 & 0 \\ 0 & 0 & 64 \end{bmatrix}\begin{bmatrix} 0 & 0 & \sqrt{2} \\ 1 & 1 & 0 \\ 1 & -1 & 0 \end{bmatrix} = \begin{bmatrix} 64 & 0 & 0 \\ 0 & 64 & 0 \\ 0 & 0 & 1 \end{bmatrix}.$$

(b) $\begin{bmatrix} 9 & -3 & 3 \\ -3 & 6 & -6 \\ 3 & -6 & 6 \end{bmatrix}^5 = \begin{bmatrix} 0 & 1/\sqrt{3} & 2/\sqrt{6} \\ 1/\sqrt{2} & -1/\sqrt{3} & 1/\sqrt{6} \\ 1/\sqrt{2} & 1/\sqrt{3} & -1/\sqrt{6} \end{bmatrix}\begin{bmatrix} 0 & 0 & 0 \\ 0 & 15 & 0 \\ 0 & 0 & 6 \end{bmatrix}^5 \begin{bmatrix} 0 & 1/\sqrt{2} & 1/\sqrt{2} \\ 1/\sqrt{3} & -1/\sqrt{3} & 1/\sqrt{3} \\ 2/\sqrt{6} & 1/\sqrt{6} & -1/\sqrt{6} \end{bmatrix}$

$$= \frac{1}{6}\begin{bmatrix} 0 & \sqrt{2} & 2 \\ \sqrt{3} & -\sqrt{2} & 1 \\ \sqrt{3} & \sqrt{2} & -1 \end{bmatrix}\begin{bmatrix} 0 & 0 & 0 \\ 0 & 759375 & 0 \\ 0 & 0 & 7776 \end{bmatrix}\begin{bmatrix} 0 & \sqrt{3} & \sqrt{3} \\ \sqrt{2} & -\sqrt{2} & \sqrt{2} \\ 2 & 1 & -1 \end{bmatrix}$$

$$= \begin{bmatrix} 258309 & -250533 & 250533 \\ -250533 & 254421 & -254421 \\ 250533 & -254421 & 254421 \end{bmatrix}.$$

11. (a) If A and B are similar, then $B = C^{-1}AC$, so that $|B| = |C^{-1}AC| = |C^{-1}||A||C| = |A|$.

(c) We know from Exercise 16, Section 2.3 that for nxn matrices E and F, $tr(EF) = tr(FE)$. Thus if $B = C^{-1}AC$, then $tr(B) = tr(C^{-1}(AC)) = tr((AC)C^{-1}) = tr(A(CC^{-1})) = tr(A)$.

(f) If $B = C^{-1}AC$ and A is nonsingular, then B is also nonsingular and $B^{-1} = (C^{-1}AC)^{-1} = C^{-1}A^{-1}C$, so B^{-1} is similar to A^{-1}.

13. (a) Let $A = C^{-1}BC$ and let D be the diagonal matrix $D = E^{-1}AE$. Then $D = E^{-1}(C^{-1}BC)E = (CE)^{-1}B(CE)$, so B is diagonalizable to the same diagonal matrix D.

(b) If $A = C^{-1}BC$ then $A + kI = C^{-1}BC + kC^{-1}IC = C^{-1}BC + C^{-1}kIC = C^{-1}(B+kI)C$, so

B + kI and A + kI are similar for any scalar k.

15. Consider the symmetric matrix $\begin{bmatrix} 1 & 2 \\ 2 & 1 \end{bmatrix}$ of Exercise 6(a). It has eigenvectors $\lambda = 3$, $\lambda = -1$ with corresponding eigenvectors $r\begin{bmatrix} 1 \\ 1 \end{bmatrix}$, $s\begin{bmatrix} -1 \\ 1 \end{bmatrix}$. Let $C = \begin{bmatrix} 1/\sqrt{2} & -1/\sqrt{2} \\ 1/\sqrt{2} & 1/\sqrt{2} \end{bmatrix}$. Then $C^{-1}AC = \begin{bmatrix} 3 & 0 \\ 0 & -1 \end{bmatrix}$.

However, if we let $C = \begin{bmatrix} -1/\sqrt{2} & 1/\sqrt{2} \\ 1/\sqrt{2} & 1/\sqrt{2} \end{bmatrix}$, reversing the order of the normalized eigenvectors, then $C^{-1}AC = \begin{bmatrix} -1 & 0 \\ 0 & 3 \end{bmatrix}$. Thus the diagonal matrix is not unique.

An eigenvalue λ_i will occupy the ith diagonal position in the diagonal matrix if the ith column of C is a normalized eigenvector corresponding to λ_i.

17. If $B = C^{-1}AC = C^t AC$, then $B^t = (C^t AC)^t = C^t A^t (C^t)^t = C^t A^t C = C^t AC = B$. Thus B is symmetric.

19. (a) $T(1,0) = (4,2) = 4(1,0) + 2(0,1)$ and $T(0,1) = (2,4) = 2(1,0) + 4(0,1)$, so the matrix representation of T relative to the standard basis is $A = \begin{bmatrix} 4 & 2 \\ 2 & 4 \end{bmatrix}$.

$\begin{vmatrix} 4-\lambda & 2 \\ 2 & 4-\lambda \end{vmatrix} = (4-\lambda)(4-\lambda) - 4 = \lambda^2 - 8\lambda + 12 = (\lambda-6)(\lambda-2)$, so the eigenvalues are $\lambda = 6$ and $\lambda = 2$ with corresponding eigenvectors $r\begin{bmatrix} 1 \\ 1 \end{bmatrix}$ and $s\begin{bmatrix} -1 \\ 1 \end{bmatrix}$. Orthonormal eigenvectors are $\begin{bmatrix} \frac{1}{\sqrt{2}} \\ \frac{1}{\sqrt{2}} \end{bmatrix}$ and $\begin{bmatrix} \frac{-1}{\sqrt{2}} \\ \frac{1}{\sqrt{2}} \end{bmatrix}$. Let B' be the basis $\left\{ \left(\frac{1}{\sqrt{2}}, \frac{1}{\sqrt{2}}\right), \left(\frac{-1}{\sqrt{2}}, \frac{1}{\sqrt{2}}\right) \right\}$.

The matrix representation of T relative to B' is $A' = \begin{bmatrix} 6 & 0 \\ 0 & 2 \end{bmatrix}$. The transition matrix from B' to the standard basis is $P = \begin{bmatrix} \frac{1}{\sqrt{2}} & \frac{-1}{\sqrt{2}} \\ \frac{1}{\sqrt{2}} & \frac{1}{\sqrt{2}} \end{bmatrix}$ and the orthogonal transformation is $A' = P^t A P$.

The standard basis defines an xy coordinate system and the basis B' defines an x'y' coordinate system, rotated 45° counterclockwise from the xy system. The transformation T is a scaling in the x'y' system with factor 6 in the x' direction and factor 2 in the y' direction.

20. (a) $T(1,0) = (8,9) = 8(1,0) + 9(0,1)$ and $T(0,1) = (-6,-7) = -6(1,0) - 7(0,1)$, so the matrix representation of T relative to the standard basis is $A = \begin{bmatrix} 8 & -6 \\ 9 & -7 \end{bmatrix}$.

$\begin{vmatrix} 8-\lambda & -6 \\ 9 & -7-\lambda \end{vmatrix} = (8-\lambda)(-7-\lambda) + 54 = \lambda^2 - \lambda - 2 = (\lambda-2)(\lambda+1)$, so the eigenvalues are $\lambda = 2$ and $\lambda = -1$ with corresponding eigenvectors $r\begin{bmatrix} 1 \\ 1 \end{bmatrix}$ and $s\begin{bmatrix} 2 \\ 3 \end{bmatrix}$.

Let B' be the basis $\{(1,1), (2,3)\}$. The matrix representation of T relative to B' is $A' = \begin{bmatrix} 2 & 0 \\ 0 & -1 \end{bmatrix}$. The transition matrix from B' to the standard basis is $P = \begin{bmatrix} 1 & 2 \\ 1 & 3 \end{bmatrix}$ and $P^{-1} A P = A'$.

The standard basis defines an xy coordinate system and the basis B' defines an x'y' coordinate system, which is not rectangular. The transformation T is a scaling in the x'y' system with factor 2 in the x' direction and factor 1 in the y' direction followed by a reflection about the x' axis.

(c) $T(1,0) = (3,2) = 3(1,0) + 2(0,1)$ and $T(0,1) = (-4,-3) = -4(1,0) - 3(0,1)$, so the matrix representation of T relative to the standard basis is $A = \begin{bmatrix} 3 & -4 \\ 2 & -3 \end{bmatrix}$.

$\begin{vmatrix} 3-\lambda & -4 \\ 2 & -3-\lambda \end{vmatrix} = (3-\lambda)(-3-\lambda) + 8 = \lambda^2 - 1 = (\lambda-1)(\lambda+1)$, so the eigenvalues are $\lambda = 1$ and $\lambda = -1$ with corresponding eigenvectors $r\begin{bmatrix} 2 \\ 1 \end{bmatrix}$ and $s\begin{bmatrix} 1 \\ 1 \end{bmatrix}$.

Let B' be the basis $\{(2,1), (1,1)\}$. The matrix representation of T relative to B' is

$A' = \begin{bmatrix} 1 & 0 \\ 0 & -1 \end{bmatrix}$. The transition matrix from B' to the standard basis is $P = \begin{bmatrix} 2 & 1 \\ 1 & 1 \end{bmatrix}$ and $P^{-1}AP = A'$.

The standard basis defines an xy coordinate system and the basis B' defines an x'y' coordinate system, which is not rectangular. The transformation T is a reflection about the x' axis.

Exercise Set 5.4

1. (a) $x^2 + 4xy + 2y^2 = [x\ y]\begin{bmatrix} 1 & 2 \\ 2 & 2 \end{bmatrix}\begin{bmatrix} x \\ y \end{bmatrix}$.

   (c) $7x^2 - 6xy - y^2 = [x\ y]\begin{bmatrix} 7 & -3 \\ -3 & -1 \end{bmatrix}\begin{bmatrix} x \\ y \end{bmatrix}$.

   (e) $-3x^2 - 7xy + 4y^2 = [x\ y]\begin{bmatrix} -3 & -7/2 \\ -7/2 & 4 \end{bmatrix}\begin{bmatrix} x \\ y \end{bmatrix}$.

2. (a) $11x^2 + 4xy + 14y^2 - 60 = [x\ y]\begin{bmatrix} 11 & 2 \\ 2 & 14 \end{bmatrix}\begin{bmatrix} x \\ y \end{bmatrix} - 60$. From Exercise 6(b) in Section 5.3, $C^t\begin{bmatrix} 11 & 2 \\ 2 & 14 \end{bmatrix}C = \begin{bmatrix} 15 & 0 \\ 0 & 10 \end{bmatrix}$, where $C = \begin{bmatrix} \frac{1}{\sqrt{5}} & \frac{-2}{\sqrt{5}} \\ \frac{2}{\sqrt{5}} & \frac{1}{\sqrt{5}} \end{bmatrix}$, so the given equation becomes $[x\ y]C\begin{bmatrix} 15 & 0 \\ 0 & 10 \end{bmatrix}C^t\begin{bmatrix} x \\ y \end{bmatrix} - 60 = 0$, or $[x'\ y']\begin{bmatrix} 15 & 0 \\ 0 & 10 \end{bmatrix}\begin{bmatrix} x' \\ y' \end{bmatrix} - 60 = 0$, where $\begin{bmatrix} x' \\ y' \end{bmatrix} = C^t\begin{bmatrix} x \\ y \end{bmatrix}$. Thus $15x'^2 + 10y'^2 = 60$; i.e., $\frac{x'^2}{4} + \frac{y'^2}{6} = 1$. The graph is an ellipse with the lines $y = 2x$ and $x = -2y$ as axes.

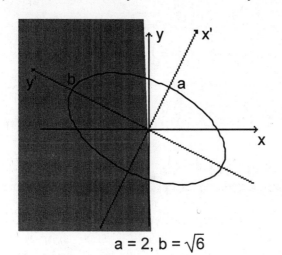

$a = 2, b = \sqrt{6}$

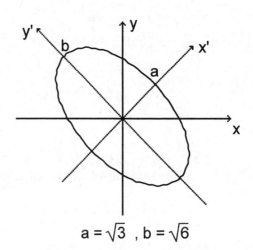

$a = \sqrt{3}, b = \sqrt{6}$

Figure for 2(a)   Figure for 2(b)

(b) $3x^2 + 2xy + 3y^2 - 12 = [x\ y]\begin{bmatrix} 3 & 1 \\ 1 & 3 \end{bmatrix}\begin{bmatrix} x \\ y \end{bmatrix} - 12$. From Exercise 6(c) in Section

5.3, $C^t \begin{bmatrix} 3 & 1 \\ 1 & 3 \end{bmatrix} C = \begin{bmatrix} 4 & 0 \\ 0 & 2 \end{bmatrix}$, where $C = \begin{bmatrix} \frac{1}{\sqrt{2}} & \frac{-1}{\sqrt{2}} \\ \frac{1}{\sqrt{2}} & \frac{1}{\sqrt{2}} \end{bmatrix}$, so the given equation

becomes $[x\ y] C \begin{bmatrix} 4 & 0 \\ 0 & 2 \end{bmatrix} C^t \begin{bmatrix} x \\ y \end{bmatrix} - 12 = 0$, or $[x'\ y'] \begin{bmatrix} 4 & 0 \\ 0 & 2 \end{bmatrix} \begin{bmatrix} x' \\ y' \end{bmatrix} - 12 = 0$,

where $\begin{bmatrix} x' \\ y' \end{bmatrix} = C^t \begin{bmatrix} x \\ y \end{bmatrix}$. Thus $4x'^2 + 2y'^2 = 12$; i.e., $\frac{x'^2}{3} + \frac{y'^2}{6} = 1$. The graph is an ellipse with the lines $y = x$ and $y = -x$ as axes.

3. (a) $a_n = a_{n-1} + 2a_{n-2}$, $a_1 = 1$, and $a_2 = 2$. Let $b_n = a_{n-1}$. Thus $\begin{bmatrix} a_n \\ b_n \end{bmatrix} = \begin{bmatrix} 1 & 2 \\ 1 & 0 \end{bmatrix} \begin{bmatrix} a_{n-1} \\ b_{n-1} \end{bmatrix}$

The matrix has eigenvalues $\lambda = -1$ and $\lambda = 2$ with corresponding eigenvectors

$\begin{bmatrix} 1 \\ -1 \end{bmatrix}$ and $\begin{bmatrix} 2 \\ 1 \end{bmatrix}$. Let $C = \begin{bmatrix} 1 & 2 \\ -1 & 1 \end{bmatrix}$. $C^{-1} = \frac{1}{3}\begin{bmatrix} 1 & -2 \\ 1 & 1 \end{bmatrix}$, and

$\begin{bmatrix} a_n \\ b_n \end{bmatrix} = C \begin{bmatrix} (-1)^{n-2} & 0 \\ 0 & 2^{n-2} \end{bmatrix} C^{-1} \begin{bmatrix} 2 \\ 1 \end{bmatrix} = \frac{1}{3}\begin{bmatrix} 2^n + 2^{n-1} \\ 2^{n-1} + 2^{n-2} \end{bmatrix}$, so

$a_n = \frac{1}{3}(2^n + 2^{n-1}) = 2^{n-1}$. $a_{10} = 2^9 = 512$.

(c) $a_n = 3a_{n-1} + 4a_{n-2}$, $a_1 = 1$, and $a_2 = -1$. Let $b_n = a_{n-1}$. Thus $\begin{bmatrix} a_n \\ b_n \end{bmatrix} = \begin{bmatrix} 3 & 4 \\ 1 & 0 \end{bmatrix} \begin{bmatrix} a_{n-1} \\ b_{n-1} \end{bmatrix}$

Section 5.4

The matrix has eigenvalues $\lambda = -1$ and $\lambda = 4$ with corresponding eigenvectors

$\begin{bmatrix} 1 \\ -1 \end{bmatrix}$ and $\begin{bmatrix} 4 \\ 1 \end{bmatrix}$. Let $C = \begin{bmatrix} 1 & 4 \\ -1 & 1 \end{bmatrix}$. $C^{-1} = \frac{1}{5}\begin{bmatrix} 1 & -4 \\ 1 & 1 \end{bmatrix}$, and

$\begin{bmatrix} a_n \\ b_n \end{bmatrix} = C \begin{bmatrix} (-1)^{n-2} & 0 \\ 0 & 4^{n-2} \end{bmatrix} C^{-1} \begin{bmatrix} -1 \\ 1 \end{bmatrix} = \begin{bmatrix} (-1)^{n-1} \\ (-1)^{n-2} \end{bmatrix}$, so $a_n = (-1)^{n-1}$.

$a_{12} = (-1)^{11} = -1$.

4. $m\ddot{x}_1 = \frac{1}{a}(-2Tx_1 + Tx_2)$ and $m\ddot{x}_2 = \frac{1}{a}(Tx_1 - 2Tx_2)$, so $\begin{bmatrix} \ddot{x}_1 \\ \ddot{x}_2 \end{bmatrix} = \frac{T}{ma}\begin{bmatrix} -2 & 1 \\ 1 & -2 \end{bmatrix}\begin{bmatrix} x_1 \\ x_2 \end{bmatrix}$

The matrix has eigenvalues $\lambda = -3$ and $\lambda = -1$ with corresponding eigenvectors $\begin{bmatrix} 1 \\ -1 \end{bmatrix}$

and $\begin{bmatrix} 1 \\ 1 \end{bmatrix}$. $C^{-1}AC = \begin{bmatrix} -3 & 0 \\ 0 & -1 \end{bmatrix}$, where $C = \begin{bmatrix} 1 & 1 \\ -1 & 1 \end{bmatrix}$. Let $\begin{bmatrix} x_1' \\ x_2' \end{bmatrix} = C^{-1}\begin{bmatrix} x_1 \\ x_2 \end{bmatrix}$.

$\begin{bmatrix} \ddot{x}_1' \\ \ddot{x}_2' \end{bmatrix} = \frac{T}{ma}\begin{bmatrix} -3 & 0 \\ 0 & -1 \end{bmatrix}\begin{bmatrix} x_1' \\ x_2' \end{bmatrix}$, so that $\ddot{x}_1' = \frac{-3T}{ma} x_1'$ and $\ddot{x}_2' = \frac{-T}{ma} x_2'$.

Solutions of these equations are $x_1' = b_1 \cos(\alpha_1 t + \gamma_1)$ and $x_2' = b_2 \cos(\alpha_2 t + \gamma_2)$, where $\alpha_1 = (3T/ma)^{1/2}$ and $\alpha_2 = (T/ma)^{1/2}$. We now must solve for x_1 and x_2.

$\begin{bmatrix} x_1 \\ x_2 \end{bmatrix} = C\begin{bmatrix} x_1' \\ x_2' \end{bmatrix} = \begin{bmatrix} 1 & 1 \\ -1 & 1 \end{bmatrix}\begin{bmatrix} x_1' \\ x_2' \end{bmatrix} = x_1'\begin{bmatrix} 1 \\ -1 \end{bmatrix} + x_2'\begin{bmatrix} 1 \\ 1 \end{bmatrix}$

$= b_1 \cos(\alpha_1 t + \gamma_1)\begin{bmatrix} 1 \\ -1 \end{bmatrix} + b_2 \cos(\alpha_2 t + \gamma_2)\begin{bmatrix} 1 \\ 1 \end{bmatrix}$. Thus the normal modes are

mode 1: $\begin{bmatrix} x_1 \\ x_2 \end{bmatrix} = \cos(\alpha_1 t + \gamma_1)\begin{bmatrix} 1 \\ -1 \end{bmatrix}$, where $\alpha_1 = \left(\frac{3T}{ma}\right)^{1/2}$, and

mode 2: $\begin{bmatrix} x_1 \\ x_2 \end{bmatrix} = \cos(\alpha_2 t + \gamma_2)\begin{bmatrix} 1 \\ 1 \end{bmatrix}$, where $\alpha_2 = \left(\frac{T}{ma}\right)^{1/2}$.

5. $m\ddot{x}_1 = \frac{1}{a}(-2Tx_1 + Tx_2)$ and $m\ddot{x}_2 = \frac{1}{a}(Tx_1 - 2Tx_2)$, so $\begin{bmatrix} \ddot{x}_1 \\ \ddot{x}_2 \end{bmatrix} = \frac{T}{ma} \begin{bmatrix} -2 & 1 \\ 1 & -2 \end{bmatrix} \begin{bmatrix} x_1 \\ x_2 \end{bmatrix}$

The matrix has eigenvalues $\lambda = -3$ and $\lambda = -1$ with corresponding eigenvectors $\begin{bmatrix} 1 \\ -1 \end{bmatrix}$

and $\begin{bmatrix} 1 \\ 1 \end{bmatrix}$. $C^{-1}AC = \begin{bmatrix} -3 & 0 \\ 0 & -1 \end{bmatrix}$, where $C = \begin{bmatrix} 1 & 1 \\ -1 & 1 \end{bmatrix}$. Let $\begin{bmatrix} x_1' \\ x_2' \end{bmatrix} = C^{-1} \begin{bmatrix} x_1 \\ x_2 \end{bmatrix}$.

$\begin{bmatrix} \ddot{x}_1' \\ \ddot{x}_2' \end{bmatrix} = \frac{T}{ma} \begin{bmatrix} -3 & 0 \\ 0 & -1 \end{bmatrix} \begin{bmatrix} x_1' \\ x_2' \end{bmatrix}$, so that $\ddot{x}_1' = \frac{-3T}{ma} x_1'$ and $\ddot{x}_2' = \frac{-T}{ma} x_2'$.

Solutions of these equations are $x_1' = b_1 \cos(\alpha_1 t + \gamma_1)$ and $x_2' = b_2 \cos(\alpha_2 t + \gamma_2)$, where $\alpha_1 = (3T/ma)^{1/2}$ and $\alpha_2 = (T/ma)^{1/2}$. We now must solve for x_1 and x_2.

$\begin{bmatrix} x_1 \\ x_2 \end{bmatrix} = C \begin{bmatrix} x_1' \\ x_2' \end{bmatrix} = \begin{bmatrix} 1 & 1 \\ -1 & 1 \end{bmatrix} \begin{bmatrix} x_1' \\ x_2' \end{bmatrix} = x_1' \begin{bmatrix} 1 \\ -1 \end{bmatrix} + x_2' \begin{bmatrix} 1 \\ 1 \end{bmatrix}$

$= b_1 \cos(\alpha_1 t + \gamma_1) \begin{bmatrix} 1 \\ -1 \end{bmatrix} + b_2 \cos(\alpha_2 t + \gamma_2) \begin{bmatrix} 1 \\ 1 \end{bmatrix}$. Thus the normal modes are

mode 1: $\begin{bmatrix} x_1 \\ x_2 \end{bmatrix} = \cos(\alpha_1 t + \gamma_1) \begin{bmatrix} 1 \\ -1 \end{bmatrix}$, where $\alpha_1 = \left(\frac{3T}{ma}\right)^{1/2}$, and

mode 2: $\begin{bmatrix} x_1 \\ x_2 \end{bmatrix} = \cos(\alpha_2 t + \gamma_2) \begin{bmatrix} 1 \\ 1 \end{bmatrix}$, where $\alpha_2 = \left(\frac{T}{ma}\right)^{1/2}$.

6. $M\ddot{x}_1 = -5x_1 + 2x_2$ and $M\ddot{x}_2 = 2x_1 - 2x_2$, so $\begin{bmatrix} \ddot{x}_1 \\ \ddot{x}_2 \end{bmatrix} = \frac{1}{M} \begin{bmatrix} -5 & 2 \\ 2 & -2 \end{bmatrix} \begin{bmatrix} x_1 \\ x_2 \end{bmatrix}$.

The matrix has eigenvalues $\lambda = -1$ and $\lambda = -6$ with corresponding eigenvectors $\begin{bmatrix} 1 \\ 2 \end{bmatrix}$

and $\begin{bmatrix} 2 \\ -1 \end{bmatrix}$. $C^{-1}AC = \begin{bmatrix} -1 & 0 \\ 0 & -6 \end{bmatrix}$, where $C = \begin{bmatrix} 1 & 2 \\ 2 & -1 \end{bmatrix}$. Let $\begin{bmatrix} x_1' \\ x_2' \end{bmatrix} = C^{-1} \begin{bmatrix} x_1 \\ x_2 \end{bmatrix}$.

$$\begin{bmatrix} \ddot{x}_1' \\ \ddot{x}_2' \end{bmatrix} = \frac{1}{M}\begin{bmatrix} -1 & 0 \\ 0 & -6 \end{bmatrix}\begin{bmatrix} x_1' \\ x_2' \end{bmatrix}, \text{ so that } \ddot{x}_1' = \frac{-1}{M}x_1' \text{ and } \ddot{x}_2' = \frac{-6}{M}x_2'.$$

Solutions of these equations are $x_1' = b_1 \cos(\alpha_1 t + \gamma_1)$ and $x_2' = b_2 \cos(\alpha_2 t + \gamma_2)$, where $\alpha_1 = (1/M)^{1/2}$ and $\alpha_2 = (6/M)^{1/2}$. We now must solve for x_1 and x_2.

$$\begin{bmatrix} x_1 \\ x_2 \end{bmatrix} = C\begin{bmatrix} x_1' \\ x_2' \end{bmatrix} = \begin{bmatrix} 1 & 2 \\ 2 & -1 \end{bmatrix}\begin{bmatrix} x_1' \\ x_2' \end{bmatrix} = x_1'\begin{bmatrix} 1 \\ 2 \end{bmatrix} + x_2'\begin{bmatrix} 2 \\ -1 \end{bmatrix}$$

$$= b_1 \cos(\alpha_1 t + \gamma_1)\begin{bmatrix} 1 \\ 2 \end{bmatrix} + b_2 \cos(\alpha_2 t + \gamma_2)\begin{bmatrix} 2 \\ -1 \end{bmatrix}.$$

Chapter 5 Review Exercises

1. $(-1, 18) = a(1, 3) + b(-1, 4)$. Thus, $-1 = a - b$ and $18 = 3a + 4b$. This system of equations has the unique solution $a = 2$, $b = 3$, so the coordinate vector is $\begin{bmatrix} a \\ b \end{bmatrix} = \begin{bmatrix} 2 \\ 3 \end{bmatrix}$.

2. $3x^2 + 2x - 13 = a(x^2 + 1) + b(x + 2) + c(x - 3)$. Thus, $3 = a$, $2 = b + c$, and $-13 = a + 2b - 3c$. This system of equations has the unique solution $a = 3$, $b = -2$, $c = 4$, thus the coordinate vector is $\begin{bmatrix} a \\ b \\ c \end{bmatrix} = \begin{bmatrix} 3 \\ -2 \\ 4 \end{bmatrix}$.

3. $(0, 5, -15) \cdot (0, 1, 0) = 5$, $(0, 5, -15) \cdot (-3/5, 0, 4/5) = -12$. $(0, 5, -15) \cdot (4/5, 0, 3/5) = -9$.

    Thus the coordinate vector is $\begin{bmatrix} 5 \\ -12 \\ -9 \end{bmatrix}$.

4. $P = \begin{bmatrix} 1 & 5 \\ 3 & 2 \end{bmatrix}$, and $u_{B'} = Pu_B = \begin{bmatrix} 8 \\ 11 \end{bmatrix}$, $v_{B'} = Pv_B = \begin{bmatrix} -5 \\ 11 \end{bmatrix}$, and $w_{B'} = Pw_B = \begin{bmatrix} 9 \\ 14 \end{bmatrix}$.

5. The transition matrix from B to the standard basis is $R = \begin{bmatrix} -1 & 2 \\ 2 & 1 \end{bmatrix}$ and the transition matrix

from B' to the standard basis is $Q = \begin{bmatrix} 4 & -3 \\ 3 & 2 \end{bmatrix}$.

$P = Q^{-1}R = \frac{1}{17}\begin{bmatrix} 2 & 3 \\ -3 & 4 \end{bmatrix}\begin{bmatrix} -1 & 2 \\ 2 & 1 \end{bmatrix} = \frac{1}{17}\begin{bmatrix} 4 & 7 \\ 11 & -2 \end{bmatrix}$.

$u_{B'} = P u_B = \frac{1}{17}\begin{bmatrix} 4 & 7 \\ 11 & -2 \end{bmatrix}\begin{bmatrix} 4 \\ 1 \end{bmatrix} = \frac{1}{17}\begin{bmatrix} 23 \\ 42 \end{bmatrix}$.

6. The matrix with respect to the standard basis is $A = \begin{bmatrix} 3 & -1 \\ 2 & 4 \end{bmatrix}$. $A\begin{bmatrix} 2 \\ 7 \end{bmatrix} = \begin{bmatrix} -1 \\ 32 \end{bmatrix}$. Thus, $T(2,7) = (-1,32)$.

7. The matrix of T with respect to the given bases is $A = \begin{bmatrix} 1 & 3 \\ 5 & -1 \\ -2 & 2 \end{bmatrix}$.

   $A\begin{bmatrix} 2 \\ -3 \end{bmatrix} = \begin{bmatrix} -7 \\ 13 \\ -10 \end{bmatrix}$. Thus, $T(u) = -7v_1 + 13v_2 - 10v_3$.

8. $T(1,0,0) = (2,0)$, $T(0,1,0) = (0,-3)$, and $T(0,0,1) = (0,0)$. The matrix of T with respect to the standard bases is $A = \begin{bmatrix} 2 & 0 & 0 \\ 0 & -3 & 0 \end{bmatrix}$. $A\begin{bmatrix} 1 \\ 2 \\ 3 \end{bmatrix} = \begin{bmatrix} 2 \\ -6 \end{bmatrix}$. Thus, $T(1,2,3) = (2,-6)$.

9. $T(x^2) = x^2$, $T(x) = -x^2$, and $T(1) = 2x$, so $A = \begin{bmatrix} 1 & -1 & 0 \\ 0 & 0 & 2 \\ 0 & 0 & 0 \end{bmatrix}$. $A\begin{bmatrix} 2 \\ -1 \\ 3 \end{bmatrix} = \begin{bmatrix} 3 \\ 6 \\ 0 \end{bmatrix}$.

   Thus, $T(2x^2 - x + 3) = 3x^2 + 6x$.

10. $T(1,0) = (3,1)$ and $T(0,1) = (0,-1)$, so the matrix of T with respect to the standard basis is $A = \begin{bmatrix} 3 & 0 \\ 1 & -1 \end{bmatrix}$. The transition matrix from the basis $\{(1,2), (2,3)\}$ to the standard basis is

    $P = \begin{bmatrix} 1 & 2 \\ 2 & 3 \end{bmatrix}$. Thus $B = P^{-1}AP = \begin{bmatrix} -3 & 2 \\ 2 & -1 \end{bmatrix}\begin{bmatrix} 3 & 0 \\ 1 & -1 \end{bmatrix}\begin{bmatrix} 1 & 2 \\ 2 & 3 \end{bmatrix} = \begin{bmatrix} -11 & -20 \\ 7 & 13 \end{bmatrix}$ is the matrix of T with respect to the basis $\{(1,2), (2,3)\}$.

11. $C^{-1}AC = \begin{bmatrix} 1 & -1 \\ -1 & 2 \end{bmatrix}\begin{bmatrix} 4 & -2 \\ 1 & 1 \end{bmatrix}\begin{bmatrix} 2 & 1 \\ 1 & 1 \end{bmatrix} = \begin{bmatrix} 3 & 0 \\ 0 & 2 \end{bmatrix}$.

Chapter 5 Review Exercises

12. $\begin{vmatrix} 1-\lambda & 1 \\ -2 & 4-\lambda \end{vmatrix} = (3-\lambda)(2-\lambda)$, so the eigenvalues are $\lambda = 3$ and $\lambda = 2$. For $\lambda = 3$, the eigenvectors are $r\begin{bmatrix} 1 \\ 2 \end{bmatrix}$ and for $\lambda = 2$, the eigenvectors are $s\begin{bmatrix} 1 \\ 1 \end{bmatrix}$. Let $C = \begin{bmatrix} 1 & 1 \\ 2 & 1 \end{bmatrix}$.

$$C^{-1}AC = \begin{bmatrix} -1 & 1 \\ 2 & -1 \end{bmatrix}\begin{bmatrix} 1 & 1 \\ -2 & 4 \end{bmatrix}\begin{bmatrix} 1 & 1 \\ 2 & 1 \end{bmatrix} = \begin{bmatrix} 3 & 0 \\ 0 & 2 \end{bmatrix}.$$

13. $\begin{vmatrix} 7-\lambda & -2 & 1 \\ -2 & 10-\lambda & -2 \\ 1 & -2 & 7-\lambda \end{vmatrix} = (6-\lambda)(6-\lambda)(12-\lambda)$, so the eigenvalues are $\lambda = 6$ and $\lambda = 12$.

For $\lambda = 6$, the eigenvectors are vectors of the form $r\begin{bmatrix} 1 \\ 0 \\ -1 \end{bmatrix} + s\begin{bmatrix} 1 \\ 1 \\ 1 \end{bmatrix}$. For $\lambda = 12$, the eigenvectors are vectors of the form $t\begin{bmatrix} 1 \\ -2 \\ 1 \end{bmatrix}$. Orthonormal eigenvectors are

$$\begin{bmatrix} 1/\sqrt{2} \\ 0 \\ -1/\sqrt{2} \end{bmatrix}, \begin{bmatrix} 1/\sqrt{3} \\ 1/\sqrt{3} \\ 1/\sqrt{3} \end{bmatrix}, \begin{bmatrix} 1/\sqrt{6} \\ -2/\sqrt{6} \\ 1/\sqrt{6} \end{bmatrix}. \text{ Let } C = \begin{bmatrix} 1/\sqrt{2} & 1/\sqrt{3} & 1/\sqrt{6} \\ 0 & 1/\sqrt{3} & -2/\sqrt{6} \\ -1/\sqrt{2} & 1/\sqrt{3} & 1/\sqrt{6} \end{bmatrix}.$$

$$\begin{bmatrix} 1/\sqrt{2} & 0 & -1/\sqrt{2} \\ 1/\sqrt{3} & 1/\sqrt{3} & 1/\sqrt{3} \\ 1/\sqrt{6} & -2/\sqrt{6} & 1/\sqrt{6} \end{bmatrix}\begin{bmatrix} 7 & -2 & 1 \\ -2 & 10 & -2 \\ 1 & -2 & 7 \end{bmatrix}\begin{bmatrix} 1/\sqrt{2} & 1/\sqrt{3} & 1/\sqrt{6} \\ 0 & 1/\sqrt{3} & -2/\sqrt{6} \\ -1/\sqrt{2} & 1/\sqrt{3} & 1/\sqrt{6} \end{bmatrix} = \begin{bmatrix} 6 & 0 & 0 \\ 0 & 6 & 0 \\ 0 & 0 & 12 \end{bmatrix}.$$

14. $\begin{vmatrix} a-\lambda & b \\ b & c-\lambda \end{vmatrix} = (a-\lambda)(c-\lambda) - b^2 = \lambda^2 - (a+c)\lambda + ac - b^2$. The characteristic equation $\lambda^2 - (a+c)\lambda + ac - b^2 = 0$ has roots $\lambda = \frac{1}{2}(a+c \pm \sqrt{D})$ where $D = (a-c)^2 + 4b^2$ (from the quadratic formula). D is nonnegative for all values of a, b, and c, so the roots are real.

15. If A is symmetric then, A can be diagonalized, $D = C^{-1}AC$, where the diagonal elements of D are the eigenvalues of A. If A has only one eigenvalue, λ, then $D = \lambda I$, so $\lambda I = C^{-1}AC$. Thus $A = CC^{-1}ACC^{-1} = C\lambda IC^{-1} = \lambda CIC^{-1} = \lambda CC^{-1} = \lambda I$.

16. $-x^2 - 16xy + 11y^2 - 30 = [x\ y]\begin{bmatrix} -1 & -8 \\ -8 & 11 \end{bmatrix}\begin{bmatrix} x \\ y \end{bmatrix} - 30$. The symmetric matrix has

eigenvalues $\lambda = 15$ and $\lambda = -5$ with corresponding orthonormal eigenvectors

$\begin{bmatrix} \frac{1}{\sqrt{5}} \\ \frac{-2}{\sqrt{5}} \end{bmatrix}$ and $\begin{bmatrix} \frac{2}{\sqrt{5}} \\ \frac{1}{\sqrt{5}} \end{bmatrix}$, so $C^t \begin{bmatrix} -1 & -8 \\ -8 & 11 \end{bmatrix} C = \begin{bmatrix} 15 & 0 \\ 0 & -5 \end{bmatrix}$, where $C = \begin{bmatrix} \frac{1}{\sqrt{5}} & \frac{2}{\sqrt{5}} \\ \frac{-2}{\sqrt{5}} & \frac{1}{\sqrt{5}} \end{bmatrix}$, so the

given equation becomes $[x\ y]\ C \begin{bmatrix} 15 & 0 \\ 0 & -5 \end{bmatrix} C^t \begin{bmatrix} x \\ y \end{bmatrix} - 30 = 0$, or

$[x'\ y']\begin{bmatrix} 15 & 0 \\ 0 & -5 \end{bmatrix}\begin{bmatrix} x' \\ y' \end{bmatrix} - 30 = 0$, where $[x'\ y'] = [x\ y]\ C$. Thus $15x'^2 - 5y'^2 = 30$;

i.e., $\frac{x'^2}{2} - \frac{y'^2}{6} = 1$. The graph is a hyperbola with axes $y = -2x$ and $x = 2y$.

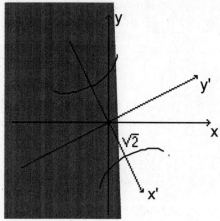

17. $a_n = 4a_{n-1} + 5a_{n-2}$, $a_1 = 3$, and $a_2 = 2$. Let $b_n = a_{n-1}$. Thus $\begin{bmatrix} a_n \\ b_n \end{bmatrix} = \begin{bmatrix} 4 & 5 \\ 1 & 0 \end{bmatrix}\begin{bmatrix} a_{n-1} \\ b_{n-1} \end{bmatrix}$.

The matrix has eigenvalues $\lambda = -1$ and $\lambda = 5$ with corresponding eigenvectors

$\begin{bmatrix} 1 \\ -1 \end{bmatrix}$ and $\begin{bmatrix} 5 \\ 1 \end{bmatrix}$. Let $C = \begin{bmatrix} 1 & 5 \\ -1 & 1 \end{bmatrix}$. $C^{-1} = \frac{1}{6}\begin{bmatrix} 1 & -5 \\ 1 & 1 \end{bmatrix}$, and

$\begin{bmatrix} a_n \\ b_n \end{bmatrix} = C \begin{bmatrix} (-1)^{n-2} & 0 \\ 0 & 5^{n-2} \end{bmatrix} C^{-1} \begin{bmatrix} 2 \\ 3 \end{bmatrix} = \frac{1}{6}\begin{bmatrix} 13(-1)^{n-1} + 5^n \\ 13(-1)^{n-2} + 5^{n-1} \end{bmatrix}$, so

$a_n = \frac{1}{6}(13(-1)^{n-1} + 5^n)$. $a_{12} = \frac{1}{6}(13(-1)^{11} + 5^{12}) = \frac{1}{6}(-13 + 244140625)$
$= 40,690,102$.

Chapter 6

Exercise Set 6.1

1. $\mathbf{u} = (x_1, x_2)$, $\mathbf{v} = (y_1, y_2)$, $\mathbf{w} = (z_1, z_2)$, and c is a scalar.

   $\langle \mathbf{u},\mathbf{v}\rangle = 4x_1 y_1 + 9x_2 y_2 = 4y_1 x_1 + 9y_2 x_2 = \langle \mathbf{v},\mathbf{u}\rangle$,

   $\langle \mathbf{u}+\mathbf{v},\mathbf{w}\rangle = 4(x_1 + y_1)z_1 + 9(x_2 + y_2)z_2 = 4x_1 z_1 + 4y_1 z_1 + 9x_2 z_2 + 9y_2 z_2$

   $= 4x_1 z_1 + 9x_2 z_2 + 4y_1 z_1 + 9y_2 z_2 = \langle \mathbf{u},\mathbf{w}\rangle + \langle \mathbf{v},\mathbf{w}\rangle$,

   $\langle c\mathbf{u},\mathbf{v}\rangle = 4cx_1 y_1 + 9cx_2 y_2 = c(4x_1 y_1 + 9x_2 y_2) = c\langle \mathbf{u},\mathbf{v}\rangle$, and

   $\langle \mathbf{u},\mathbf{u}\rangle = 4x_1 x_1 + 9x_2 x_2 = 4x_1^2 + 9x_2^2 \geq 0$ and equality holds if and only if $4x_1^2 = 0$ and $9x_2^2 = 0$, i.e., if and only if $x_1 = 0$ and $x_2 = 0$. Thus the given function is an inner product on $\mathbf{R}^2$.

3. $\langle \mathbf{u},\mathbf{u}\rangle = 2x_1 x_1 - x_2 x_2 = 2x_1^2 - x_2^2 < 0$ for the vector $\mathbf{u} = (1,2)$, so condition 4 of the definition is not satisfied.

4. $\mathbf{u} = \begin{bmatrix} a & b \\ c & d \end{bmatrix}$, $\mathbf{v} = \begin{bmatrix} e & f \\ g & h \end{bmatrix}$, and $\mathbf{w} = \begin{bmatrix} j & k \\ l & m \end{bmatrix}$.

   $\langle \mathbf{u}+\mathbf{v},\mathbf{w}\rangle = (a+e)j + (b+f)k + (c+g)l + (d+h)m = aj + ej + bk + fk + cl + gl + dm + hm$

   $= aj + bk + cl + dm + ej + fk + gl + hm = \langle \mathbf{u},\mathbf{w}\rangle + \langle \mathbf{v},\mathbf{w}\rangle$, so axiom 2 is satisfied.

   $\langle \mathbf{u},\mathbf{u}\rangle = aa + bb + cc + dd = a^2 + b^2 + c^2 + d^2 \geq 0$ and equality holds if and only if $a = b = c = d = 0$, so axiom 4 is satisfied.

5. $\mathbf{u} = \begin{bmatrix} a & b \\ c & d \end{bmatrix}$, $\mathbf{v} = \begin{bmatrix} e & f \\ g & h \end{bmatrix}$, $\mathbf{w} = \begin{bmatrix} j & k \\ l & m \end{bmatrix}$, and s is a scalar.

   $\langle \mathbf{u},\mathbf{v}\rangle = ae + 2bf + 3cg + 4dh = ea + 2fb + 3gc + 4hd = \langle \mathbf{v},\mathbf{u}\rangle$,

   $\langle \mathbf{u}+\mathbf{v},\mathbf{w}\rangle = (a+e)j + 2(b+f)k + 3(c+g)l + 4(d+h)m$

$$= aj + ej + 2bk + 2fk + 3cl + 3gl + 4dm + 4hm$$

$$= aj + 2bk + 3cl + 4dm + ej + 2fk + 3gl + 4hm = \langle u,w \rangle + \langle v,w \rangle,$$

$$\langle su,v \rangle = sae + 2sbf + 3scg + 4sdh = s(ea + 2fb + 3gc + 4hd) = s\langle u,v \rangle, \text{ and}$$

$$\langle u,u \rangle = aa + 2bb + 3cc + 4dd = a^2 + 2b^2 + 3c^2 + 4d^2 \geq 0 \text{ and equality holds if and only if}$$

$a = b = c = d = 0$. Thus the given function is an inner product on M_{22}.

(a) $\langle u,v \rangle = 1 \times 4 + 2(2 \times 1) + 3(0 \times -3) + 4(-3 \times 2) = 4 + 4 + 0 - 24 = -16.$

8. (a) $\langle f,g \rangle = \int_0^1 (2x+1)(3x-2) \, dx = \int_0^1 (6x^2 - x - 2) \, dx = \left[2x^3 - \frac{1}{2}x^2 - 2x \right]_0^1 = -\frac{1}{2}.$

   (c) $\langle f,g \rangle = \int_0^1 (x^2 + 3x - 2)(x+1) \, dx = \int_0^1 (x^3 + 4x^2 + x - 2) \, dx = \left[\frac{1}{4}x^4 + \frac{4}{3}x^3 + \frac{1}{2}x^2 - 2x \right]_0^1$

   $= \frac{1}{12}.$

9. (a) $\|f\|^2 = \int_0^1 (4x-2)^2 \, dx = \int_0^1 (16x^2 - 16x + 4) \, dx = \left[\frac{16}{3}x^3 - 8x^2 + 4x \right]_0^1 = \frac{4}{3}$, so

   $\|f\| = \frac{2}{\sqrt{3}}.$

   (c) $\|f\|^2 = \int_0^1 (3x^2+2)^2 \, dx = \int_0^1 (9x^4 + 12x^2 + 4) \, dx = \left[\frac{9}{5}x^5 + 4x^3 + 4x \right]_0^1 = \frac{49}{5}$, so

   $\|f\| = \frac{7}{\sqrt{5}}.$

10. $\langle f,g \rangle = \int_0^1 (x^2)(4x-3) \, dx = \int_0^1 (4x^3 - 3x^2) \, dx = [x^4 - x^3]_0^1 = 0$, the functions are orthogonal.

12. $\langle f,g \rangle = \int_0^1 (5x^2)(9x) \, dx = \int_0^1 (45x^3) \, dx = \left[\frac{45}{4}x^4 \right]_0^1 = \frac{45}{4},$

$\|f\|^2 = \int_0^1 (5x^2)^2 \, dx = \int_0^1 (25x^4) \, dx = [5x^5]_0^1 = 5$, so $\|f\| = \sqrt{5}$, and

$\|g\|^2 = \int_0^1 (9x)^2 \, dx = \int_0^1 (81x^2) \, dx = [27x^3]_0^1 = 27$, so $\|g\| = 3\sqrt{3}$. Thus

$\cos\theta = \dfrac{45}{4\sqrt{5}\,3\sqrt{3}} = \dfrac{3\times 15}{4\times 3\sqrt{15}} = \dfrac{\sqrt{15}}{4}$.

13. $\langle f,g \rangle = \int_0^1 (6x+12)(ax+b) \, dx = \int_0^1 (6ax^2 + 12ax + 6bx + 12b) \, dx$

$= [2ax^3 + 6ax^2 + 3bx^2 + 12bx]_0^1 = 2a + 6a + 3b + 12b$, so any choice of a and b that makes

$8a + 15b = 0$ will do. Let $a = 15$ and $b = -8$. $g(x) = 15x - 8$ is orthogonal to $f(x)$.

14. $d(f,g) = \|f-g\| = \|2x+4\|$. $\|2x+4\|^2 = \int_0^1 (2x+4)^2 \, dx = \int_0^1 (4x^2 + 16x + 16) \, dx$

$= \left[\dfrac{4}{3}x^3 + 8x^2 + 16x\right]_0^1 = \dfrac{4}{3} + 8 + 16 = \dfrac{76}{3}$, so $d(f,g) = \sqrt{\dfrac{76}{3}}$. $\left(= 2\sqrt{\dfrac{19}{3}}\right)$

15. $d(f,g)^2 = \|f-g\|^2 = \|-2x+3\|^2 = \int_0^1 (-2x+3)^2 \, dx = \int_0^1 (4x^2 - 12x + 9) \, dx$

$= \left[\dfrac{4}{3}x^3 - 6x^2 + 9x\right]_0^1 = \dfrac{4}{3} - 6 + 9 = \dfrac{13}{3}$, and $d(f,h)^2 = \|f-h\|^2 = \|3x-4\|^2 = \int_0^1 (3x-4)^2 \, dx$

$= \int_0^1 (9x^2 - 24x + 16) \, dx = [3x^3 - 12x^2 + 16x]_0^1 = 7 > \dfrac{13}{3}$, so g is closer to f.

16. (a) $\left\langle \begin{bmatrix} 1 & 2 \\ 3 & 4 \end{bmatrix}, \begin{bmatrix} -2 & 0 \\ -3 & 5 \end{bmatrix} \right\rangle = 1\times -2 + 2\times 0 + 3\times -3 + 4\times 5 = -2 + 0 - 9 + 20 = 9$.

17. (a) $\left\| \begin{bmatrix} 1 & 2 \\ 3 & 4 \end{bmatrix} \right\|^2 = 1^2 + 2^2 + 3^2 + 4^2 = 1 + 4 + 9 + 16 = 30$, so $\left\| \begin{bmatrix} 1 & 2 \\ 3 & 4 \end{bmatrix} \right\| = \sqrt{30}$.

(c) $\left\|\begin{bmatrix} 5 & -2 \\ -1 & 6 \end{bmatrix}\right\|^2 = 5^2 + (-2)^2 + (-1)^2 + 6^2 = 25 + 4 + 1 + 36 = 66$, so $\left\|\begin{bmatrix} 5 & -2 \\ -1 & 6 \end{bmatrix}\right\| = \sqrt{66}$

18. (a) $\left\langle \begin{bmatrix} 1 & 2 \\ -1 & 1 \end{bmatrix}, \begin{bmatrix} 2 & 4 \\ 3 & -7 \end{bmatrix} \right\rangle = 1 \times 2 + 2 \times 4 + -1 \times 3 + 1 \times -7 = 2 + 8 - 3 - 7 = 0$, so the matrices are orthogonal.

19. $\left\langle \begin{bmatrix} 1 & 2 \\ 3 & 4 \end{bmatrix}, \begin{bmatrix} a & b \\ c & d \end{bmatrix} \right\rangle = a + 2b + 3c + 4d$, so any choice of a,b,c, and d satisfying the condition $a + 2b + 3c + 4d = 0$ will do. One such choice is $a = -3, b = 2, c = 1, d = -1$.

20. (a) $d\left(\begin{bmatrix} 4 & 0 \\ -1 & 3 \end{bmatrix}, \begin{bmatrix} 1 & 1 \\ 1 & 1 \end{bmatrix}\right) = \left\|\begin{bmatrix} 3 & -1 \\ -2 & 2 \end{bmatrix}\right\|$. $\left\|\begin{bmatrix} 3 & -1 \\ -2 & 2 \end{bmatrix}\right\|^2 = 18$, so

    $d\left(\begin{bmatrix} 4 & 0 \\ -1 & 3 \end{bmatrix}, \begin{bmatrix} 1 & 1 \\ 1 & 1 \end{bmatrix}\right) = \sqrt{18} = 3\sqrt{2}$.

21. (a) $\langle u,v \rangle = (2-i)(3+2i) + (3+2i)(2-i) = 2(6 + 2 - 3i + 4i) = 16 + 2i$.

    $\|u\|^2 = (2-i)(2+i) + (3+2i)(3-2i) = 4 + 1 + 9 + 4 = 18$, so $\|u\| = \sqrt{18} = 3\sqrt{2}$.

    $\|v\|^2 = (3-2i)(3+2i) + (2+i)(2-i) = 18$, so $\|v\| = \sqrt{18} = 3\sqrt{2}$.

    $d(u,v)^2 = \|u-v\|^2 = \|(-1+i, 1+i)\|^2 = (-1+i)(-1-i) + (1+i)(1-i) = 4$, so $d(u,v) = 2$.

    u and **v** are not orthogonal since $\langle u,v \rangle \neq 0$.

    (d) $\langle u,v \rangle = (2-3i)(1) + (-2+3i)(1) = 2 - 3i - 2 + 3i = 0$.

    $\|u\|^2 = (2-3i)(2+3i) + (-2+3i)(-2-3i) = 4 + 9 + 4 + 9 = 26$, so $\|u\| = \sqrt{26}$.

    $\|v\|^2 = (1)(1) + (1)(1) = 2$, so $\|v\| = \sqrt{2}$.

    $d(u,v)^2 = \|u-v\|^2 = \|(1-3i, -3+3i)\|^2 = (1-3i)(1+3i) + (-3+3i)(-3-3i) = 28$, so

$d(\mathbf{u},\mathbf{v}) = \sqrt{28} = 2\sqrt{7}$. $\mathbf{u}$ and $\mathbf{v}$ are orthogonal since $\langle \mathbf{u},\mathbf{v}\rangle = 0$.

22. (a) $\langle \mathbf{u},\mathbf{v}\rangle = (1+4i)(1-i) + (1+i)(-4-i) = 1 + 4 - i + 4i - 4 + 1 - i - 4i = 2-2i$.

    $\|\mathbf{u}\|^2 = (1+4i)(1-4i) + (1+i)(1-i) = 1 + 16 + 1 + 1 = 19$, so $\|\mathbf{u}\| = \sqrt{19}$.

    $\|\mathbf{v}\|^2 = (1+i)(1-i) + (-4+i)(-4-i) = 1 + 1 + 16 + 1 = 19$, so $\|\mathbf{v}\| = \sqrt{19}$.

    $d(\mathbf{u},\mathbf{v})^2 = \|\mathbf{u}-\mathbf{v}\|^2 = \|(3i,5)\|^2 = (3i)(-3i) + (5)(5) = 34$, so

    $d(\mathbf{u},\mathbf{v}) = \sqrt{34}$. $\mathbf{u}$ and $\mathbf{v}$ are not orthogonal since $\langle \mathbf{u},\mathbf{v}\rangle \neq 0$.

    (c) $\langle \mathbf{u},\mathbf{v}\rangle = (1-3i)(2+i) + (1+i)(-5i) = 2 + 3 - 6i + i + 5 - 5i = 10-10i$.

    $\|\mathbf{u}\|^2 = (1-3i)(1+3i) + (1+i)(1-i) = 1 + 9 + 1 + 1 = 12$, so $\|\mathbf{u}\| = \sqrt{12} = 2\sqrt{3}$.

    $\|\mathbf{v}\|^2 = (2-i)(2+i) + (5i)(-5i) = 4 + 1 + 25 = 30$, so $\|\mathbf{v}\| = \sqrt{30}$.

    $d(\mathbf{u},\mathbf{v})^2 = \|\mathbf{u}-\mathbf{v}\|^2 = \|(-1-2i, 1-4i)\|^2 = (-1-2i)(-1+2i) + (1-4i)(1+4i) = 22$,

    so $d(\mathbf{u},\mathbf{v}) = \sqrt{22}$. $\mathbf{u}$ and $\mathbf{v}$ are not orthogonal since $\langle \mathbf{u},\mathbf{v}\rangle \neq 0$.

23. $\mathbf{u} = (x_1, \ldots, x_n)$, $\mathbf{v} = (y_1, \ldots, y_n)$, $\mathbf{w} = (z_1, \ldots, z_n)$, and c is a scalar.

    $\langle \mathbf{u},\mathbf{v}\rangle = x_1 \overline{y_1} + \ldots + x_n \overline{y_n} = \overline{\overline{y_1} x_1 + \ldots + \overline{y_n} x_n} = \overline{y_1 \overline{x_1} + \ldots + y_n \overline{x_n}} = \overline{\langle \mathbf{v},\mathbf{u}\rangle}$
    $= \overline{\langle \mathbf{v},\mathbf{u}\rangle}$,

    $\langle \mathbf{u}+\mathbf{v},\mathbf{w}\rangle = (x_1 + y_1)\overline{z_1} + \ldots + (x_n + y_n)\overline{z_n} = x_1 \overline{z_1} + y_1 \overline{z_1} + \ldots + x_n \overline{z_n} + y_n \overline{z_n}$

    $= x_1 \overline{z_1} + \ldots + x_n \overline{z_n} + y_1 \overline{z_1} + \ldots + y_n \overline{z_n} = \langle \mathbf{u},\mathbf{w}\rangle + \langle \mathbf{v},\mathbf{w}\rangle$,

    $\langle c\mathbf{u},\mathbf{v}\rangle = cx_1 \overline{y_1} + \ldots + cx_n \overline{y_n} = c(x_1 \overline{y_1} + \ldots + x_n \overline{y_n}) = c\langle \mathbf{u},\mathbf{v}\rangle$, and

    $\langle \mathbf{u},\mathbf{u}\rangle = x_1 \overline{x_1} + \ldots + x_n \overline{x_n} \geq 0$ since all $x_i \overline{x_i} \geq 0$, and equality holds if and only if all $x_i = 0$.

    Thus the given function is an inner product on $\mathbf{C}^n$.

24. $\langle u, kv \rangle = x_1 \overline{k} \overline{y}_1 + \ldots + x_n \overline{k} \overline{y}_n = \overline{k} x_1 \overline{y}_1 + \ldots + \overline{k} x_n \overline{y}_n =$

    $\overline{k}(x_1 \overline{y}_1 + \ldots + x_n \overline{y}_n) = \overline{k} \langle u,v \rangle.$

25. (a) Let **u** be any nonzero vector in the inner product space. Then using axiom 1, the fact that $0\mathbf{u} = \mathbf{0}$, axiom 3, and the fact that zero times any real number is zero we have $\langle v,0 \rangle = \langle 0,v \rangle = \langle 0u,v \rangle = 0\langle u,v \rangle = 0$.

26. (a) $\langle u,v \rangle = uAv^t = (uA) \cdot v = v \cdot (uA) = v(uA)^t = vAu^t = \langle v,u \rangle$,

    $\langle u+v, w \rangle = (u+v)Aw^t = uAw^t + vAw^t = \langle u,w \rangle + \langle v,w \rangle$,

    $\langle cu, v \rangle = (cu)Av^t = c(uAv^t) = c\langle u,v \rangle$, and

    $\langle u,u \rangle = uAu^t > 0$ if $\mathbf{u} \neq \mathbf{0}$ (given), and $uAu^t = 0$ if $\mathbf{u} = \mathbf{0}$.

    (c) $\langle u,v \rangle = uAv^t = [1\ 0]\begin{bmatrix} 2 & 0 \\ 0 & 3 \end{bmatrix}\begin{bmatrix} 0 \\ 1 \end{bmatrix} = [2\ 0]\begin{bmatrix} 0 \\ 1 \end{bmatrix} = 0.$

    $\|u\|^2 = uAu^t = [1\ 0]\begin{bmatrix} 2 & 0 \\ 0 & 3 \end{bmatrix}\begin{bmatrix} 1 \\ 0 \end{bmatrix} = [2\ 0]\begin{bmatrix} 1 \\ 0 \end{bmatrix} = 2$, so $\|u\| = \sqrt{2}$.

    $\|v\|^2 = vAv^t = [0\ 1]\begin{bmatrix} 2 & 0 \\ 0 & 3 \end{bmatrix}\begin{bmatrix} 0 \\ 1 \end{bmatrix} = [0\ 3]\begin{bmatrix} 0 \\ 1 \end{bmatrix} = 3$, so $\|v\| = \sqrt{3}$.

    $d(u,v)^2 = \|u-v\|^2 = [1\ -1]\begin{bmatrix} 2 & 0 \\ 0 & 3 \end{bmatrix}\begin{bmatrix} 1 \\ -1 \end{bmatrix} = [2\ -3]\begin{bmatrix} 1 \\ -1 \end{bmatrix} = 5$, so $d(u,v) = \sqrt{5}$.

    Similarly, using B, $\langle u,v \rangle = 2$, $\|u\| = 1$, $\|v\| = \sqrt{3}$, and $d(u,v) = 0$.
    Using C, $\langle u,v \rangle = 3$, $\|u\| = \sqrt{2}$, $\|v\| = \sqrt{5}$, and $d(u,v) = 1$.

    (d) $u = (x_1, x_2)$, and $v = (y_1, y_2)$. Let $\langle u,v \rangle = x_1 y_1 + 4 x_2 y_2 = [x_1\ x_2]\begin{bmatrix} a & b \\ c & d \end{bmatrix}\begin{bmatrix} y_1 \\ y_2 \end{bmatrix}$

    $= [ax_1 + cx_2 \quad bx_1 + dx_2]\begin{bmatrix} y_1 \\ y_2 \end{bmatrix} = (ax_1 + cx_2)y_1 + (bx_1 + dx_2)y_2 = ax_1 y_1 + cx_2 y_1 + bx_1 y_2 +$

    $dx_2 y_2$. Equating coefficients, $a=1$, $b=0$, $c=0$, $d=4$. Thus $A = \begin{bmatrix} 1 & 0 \\ 0 & 4 \end{bmatrix}$.

Section 6.2

28. (a) True: $\langle u,v \rangle = 0$, Thus $c\langle u,v \rangle = 0$, $\langle u,cv \rangle = 0$.

(c) False: $\langle f, g \rangle = \int_0^1 f(x)g(x)dx$. $\langle 3x, 3x \rangle = \int_0^1 9x^2 dx = [3x^3]_0^1 = 3$. $\|3x\| = \sqrt{3}$.

Exercise Set 6.2

1. $d((x_1,x_2),(0,0))^2 = \|(x_1,x_2)\|^2 = x_1^2 + 4x_2^2$, so the equation of the circle with radius 1 and
center at the origin is $x_1^2 + 4x_2^2 = 1$.

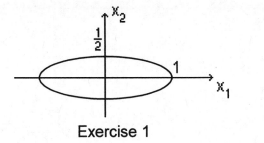
Exercise 1

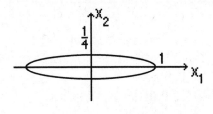
Exercise 3 (d)

2. (a) $\|(1,0)\| = \sqrt{4 \times 1 \times 1 + 9 \times 0 \times 0} = 2$, $\|(0,1)\| = \sqrt{4 \times 0 \times 0 + 9 \times 1 \times 1} = 3$,

$\|(1,1)\| = \sqrt{4 \times 1 \times 1 + 9 \times 1 \times 1} = \sqrt{13}$, $\|(2,3)\| = \sqrt{4 \times 2 \times 2 + 9 \times 3 \times 3} = \sqrt{97}$.

(c) $d((1,0),(0,1)) = \|(1,-1)\| = \sqrt{4 \times 1 \times 1 + 9 \times -1 \times -1} = \sqrt{13}$.

3. (a) $\|(1,0)\| = \sqrt{1 \times 1 + 16 \times 0 \times 0} = 1$, $\|(0,1)\| = \sqrt{0 \times 0 + 16 \times 1 \times 1} = 4$, and

$\|(1,1)\| = \sqrt{1 \times 1 + 16 \times 1 \times 1} = \sqrt{17}$.

(c) $d((5,0),(0,4)) = \|(5,-4)\| = \sqrt{5 \times 5 + 16 \times -4 \times -4} = \sqrt{281}$.
In Euclidean space the distance is $\sqrt{5^2 + 4^2} = \sqrt{41}$.

Section 6.2

(d) $d((x_1,x_2),(0,0))^2 = \|(x_1,x_2)\|^2 = x_1^2 + 16x_2^2$, so the equation of the circle with radius 1 and center at the origin is $x_1^2 + 16x_2^2 = 1$.

4. $\langle (x_1,x_2),(y_1,y_2)\rangle = \dfrac{1}{4}x_1y_1 + \dfrac{1}{25}x_2y_2$.

6. $d(R,Q)^2 = \|(4,0,0,-5)\|^2 = |-16 - 0 - 0 + 25| = 9$, so $d(R,Q) = 3$.

8. $\langle (2,0,0,1),(1,0,0,2)\rangle = -2 - 0 - 0 + 2 = 0$, so the vectors are orthogonal.

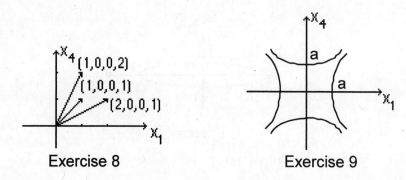

Exercise 8   Exercise 9

$\langle (a,0,0,b),(b,0,0,a)\rangle = -ab - 0 - 0 + ba = 0$, so the vectors are orthogonal.

9. $d((x_1,0,0,x_4),(0,0,0,0))^2 = \|(x_1,0,0,x_4)\|^2 = |-x_1^2 + x_4^2|$, so the equations of the circles with radii $a = 1,2,3$ and center at the origin are $|-x_1^2 + x_4^2| = a^2$.

We use the following illustration for the remaining exercises in this section.

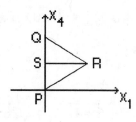

10. $PQ = (0,0,0,20)$, so $PS = (0,0,0,10)$ and $PR = (8,0,0,10)$.

$\|PR\| = \sqrt{-64-0-0+100} = 6$, so the duration of the voyage for a person on the space ship is 2x6 = 12 years.

Duration of voyage relative to Earth = $\frac{\text{distance in light years}}{\text{speed}}$, so speed = $\frac{16}{20}$ = 0.8 speed of light.

12. Let PS = (0,0,0,t). Then PR = (410,0,0,t) and $\|PR\|^2 = |-(410)^2 - 0 - 0 + t^2| = 400$. We assume the speed of the traveler is less than the speed of light, so t > 410.

    $-(410)^2 + t^2 = 400$, so $t^2 = 168{,}500$ and t = 410.49 years. Therefore the duration of the voyage from Earth's point of view is 820.98 years. More than 8 centuries will have passed on Earth.

Exercise Set 6.3

1. The set $\left\{\frac{1}{\sqrt{2}}, \frac{\sqrt{3}}{\sqrt{2}} x\right\}$ is an orthonormal basis for $P_1 [-1,1]$ (see the text).

   $\langle x^2, \frac{1}{\sqrt{2}}\rangle = \frac{1}{\sqrt{2}} \int_{-1}^{1} x^2\, dx = \left[\frac{1}{3\sqrt{2}} x^3\right]_{-1}^{1} = \frac{2}{3\sqrt{2}} = \frac{\sqrt{2}}{3}$ and

   $\langle x^2, \frac{\sqrt{3}}{\sqrt{2}} x\rangle = \frac{\sqrt{3}}{\sqrt{2}} \int_{-1}^{1} x^3\, dx = \left[\frac{\sqrt{3}}{\sqrt{2}} \frac{x^4}{4}\right]_{-1}^{1} = 0$, so that $\text{proj}_{P_1[0,1]} x^2 = \frac{\sqrt{2}}{3} \frac{1}{\sqrt{2}} = \frac{1}{3}$

   is the least squares linear approximation to $f(x) = x^2$ over the interval $[-1,1]$.

2. The set $\left\{1, x - \frac{1}{2}\right\}$ is an orthogonal basis for $P_1 [0,1]$, $\|1\| = 1$, and

   $\|x - \frac{1}{2}\|^2 = \int_0^1 \left(x^2 - x + \frac{1}{4}\right) dx = \left[\frac{1}{3} x^3 - \frac{1}{2} x^2 + \frac{1}{4} x\right]_0^1 = \frac{1}{3} - \frac{1}{2} + \frac{1}{4} = \frac{1}{12}$, so the set

   $\left\{1, 2\sqrt{3}\left(x - \frac{1}{2}\right)\right\}$ is an orthonormal basis for $P_1 [0,1]$.

$<e^x, 1> = \int_0^1 e^x \, dx = [e^x]_0^1 = e - 1$, and $<e^x, 2\sqrt{3} \, x - \sqrt{3}> = \int_0^1 (2\sqrt{3} \, xe^x - \sqrt{3} \, e^x) \, dx$

$= [2\sqrt{3}(xe^x - e^x) - \sqrt{3} \, e^x]_0^1 = -\sqrt{3} \, e + 3\sqrt{3}$, so

$\text{proj}_{P_1[0,1]} e^x = e - 1 + (-\sqrt{3} \, e + 3\sqrt{3})2\sqrt{3}\left(x - \frac{1}{2}\right) = 4e - 10 + (18 - 6e)x$ is the least

squares linear approximation to e^x over the interval $[0,1]$.

4. The set $\left\{1, x - \frac{\pi}{2}\right\}$ is an orthogonal basis for $P_1[0,\pi]$, $\|1\| = \pi$, and

$\left\|x - \frac{\pi}{2}\right\| = \int_0^\pi \left(x^2 - \pi x + \frac{\pi^2}{4}\right) dx = \left[\frac{1}{3}x^3 - \frac{1}{2}\pi x^2 + \frac{\pi^2}{4}x\right]_0^\pi = \left(\frac{1}{3} - \frac{1}{2} + \frac{1}{4}\right)\pi^3 = \frac{\pi^3}{12}$, so

the set $\left\{\pi^{-\frac{1}{2}}, 2\sqrt{3} \, \pi^{-\frac{3}{2}}\left(x - \frac{\pi}{2}\right)\right\}$ is an orthonormal basis for $P_1[0,\pi]$.

$<\cos x, \pi^{-\frac{1}{2}}> = \pi^{-\frac{1}{2}} \int_0^\pi \cos x \, dx = \pi^{-\frac{1}{2}} [\sin x]_0^\pi = 0$, and

$<\cos x, 2\sqrt{3} \, \pi^{-\frac{3}{2}}\left(x - \frac{\pi}{2}\right)> = 2\sqrt{3} \, \pi^{-\frac{3}{2}} \int_0^\pi \left(x \cos x - \frac{\pi}{2} \cos x\right) dx$

$= 2\sqrt{3} \, \pi^{-\frac{3}{2}} \left[x \sin x + \cos x - \frac{\pi}{2} \sin x\right]_0^\pi = 2\sqrt{3} \, \pi^{-\frac{3}{2}} [-1-1] = -4\sqrt{3} \, \pi^{-\frac{3}{2}}$, so that

$\text{proj}_{P_1[0,\pi]} \cos x = -4\sqrt{3} \, \pi^{-\frac{3}{2}} \, 2\sqrt{3} \, \pi^{-\frac{3}{2}}\left(x - \frac{\pi}{2}\right) = -24\pi^{-3} x + 12\pi^{-2}$ is the least

squares linear approximation to $\cos x$ over the interval $[0,\pi]$.

5. (a) The set $\left\{\frac{1}{\sqrt{2}}, \frac{\sqrt{3}}{\sqrt{2}} x, \frac{3\sqrt{5}}{2\sqrt{2}}\left(x^2 - \frac{1}{3}\right)\right\}$ is an orthonormal basis for $P_2[-1,1]$.

$<e^x, \frac{1}{\sqrt{2}}> = \frac{1}{\sqrt{2}} \int_{-1}^1 e^x \, dx = \left[\frac{1}{\sqrt{2}} e^x\right]_{-1}^1 = \frac{1}{\sqrt{2}}(e - e^{-1})$, $<e^x, \frac{\sqrt{3}}{\sqrt{2}} x>$

$$= \frac{\sqrt{3}}{\sqrt{2}} \int_{-1}^{1} xe^x \, dx = \frac{\sqrt{3}}{\sqrt{2}} [xe^x - e^x]_{-1}^{1} = \frac{\sqrt{3}}{\sqrt{2}} (2e^{-1}), \text{ and } \left\langle e^x, \frac{3\sqrt{5}}{2\sqrt{2}} \left(x^2 - \frac{1}{3}\right) \right\rangle$$

$$= \frac{3\sqrt{5}}{2\sqrt{2}} \int_{-1}^{1} \left(x^2 e^x - \frac{1}{3} e^x\right) dx = \frac{3\sqrt{5}}{2\sqrt{2}} \left[x^2 e^x - 2xe^x + 2e^x - \frac{1}{3} e^x\right]_{-1}^{1}$$

$$= \frac{3\sqrt{5}}{2\sqrt{2}} \left(\frac{2}{3} e - \frac{14}{3} e^{-1}\right), \text{ so that } \text{proj}_{P_2[-1,1]} e^x$$

$$= \frac{1}{\sqrt{2}} (e - e^{-1}) \frac{1}{\sqrt{2}} + \frac{\sqrt{3}}{\sqrt{2}} (2e^{-1}) \frac{\sqrt{3}}{\sqrt{2}} x + \frac{3\sqrt{5}}{2\sqrt{2}} \left(\frac{2}{3} e - \frac{14}{3} e^{-1}\right) \frac{3\sqrt{5}}{2\sqrt{2}} \left(x^2 - \frac{1}{3}\right)$$

$$= -\frac{3}{4} e + \frac{33}{4} e^{-1} + 3e^{-1} x + \frac{15}{4} (e - 7e^{-1}) x^2 \text{ is the least squares quadratic}$$

approximation to $f(x) = e^x$ over the interval $[-1,1]$.

6. The set $\left\{1, 2\sqrt{3}\left(x - \frac{1}{2}\right), 6\sqrt{5}\left(x^2 - x + \frac{1}{6}\right)\right\}$ is an orthonormal basis for $P_2 [0,1]$.

$$\langle \sqrt{x}, 1 \rangle = \frac{2}{3}, \quad \langle \sqrt{x}, 2\sqrt{3} x - \sqrt{3} \rangle = \frac{2\sqrt{3}}{15}, \text{ and } \left\langle \sqrt{x}, 6\sqrt{5}\left(x^2 - x + \frac{1}{6}\right) \right\rangle$$

$$= 6\sqrt{5} \int_0^1 \left(x^{\frac{5}{2}} - x^{\frac{3}{2}} + \frac{1}{6} x^{\frac{1}{2}}\right) dx = 6\sqrt{5} \left[\frac{2}{7} x^{\frac{7}{2}} - \frac{2}{5} x^{\frac{5}{2}} + \frac{1}{9} x^{\frac{3}{2}}\right]_0^1 = 6\sqrt{5}\left(\frac{2}{7} - \frac{2}{5} + \frac{1}{9}\right)$$

$$= -\frac{2\sqrt{5}}{105}, \text{ so that } \text{proj}_{P_2[0,1]} \sqrt{x} = \frac{2}{3} + \frac{2\sqrt{3}}{15} 2\sqrt{3}\left(x - \frac{1}{2}\right) - \frac{2\sqrt{5}}{105} 6\sqrt{5}\left(x^2 - x + \frac{1}{6}\right)$$

$$= -\frac{4}{7} x^2 + \frac{48}{35} x + \frac{6}{35} \text{ is the least squares quadratic approximation to } f(x) = \sqrt{x} \text{ over the}$$

interval $[0,1]$.

8. The set $\left\{\pi^{-\frac{1}{2}}, 2\sqrt{3}\, \pi^{-\frac{3}{2}}\left(x - \frac{\pi}{2}\right), 6\sqrt{5}\, \pi^{-\frac{5}{2}}\left(x^2 - \pi x + \frac{\pi^2}{6}\right)\right\}$ is an orthonormal

basis for $P_2 [0,\pi]$. $\langle \sin x, \pi^{-\frac{1}{2}} \rangle = \pi^{-\frac{1}{2}} \int_0^{\pi} \sin x \, dx = \pi^{-\frac{1}{2}} [-\cos x]_0^{\pi} = 2\pi^{-\frac{1}{2}}$,

$$\langle \sin x, 2\sqrt{3}\, \pi^{-\frac{3}{2}}\left(x - \frac{\pi}{2}\right)\rangle = 2\sqrt{3}\, \pi^{-\frac{3}{2}} \int_0^\pi \left(x\sin x - \frac{\pi}{2}\sin x\right)dx$$

$$= 2\sqrt{3}\, \pi^{-\frac{3}{2}} \left[-x\cos x + \sin x + \frac{\pi}{2}\cos x\right]_0^\pi = 0, \text{ and}$$

$$\langle \sin x, 6\sqrt{5}\, \pi^{-\frac{5}{2}}\left(x^2 - \pi x + \frac{\pi^2}{6}\right)\rangle = 6\sqrt{5}\, \pi^{-\frac{5}{2}} \int_0^\pi \left(x^2\sin x - \pi x \sin x + \frac{\pi^2}{6}\sin x\right)dx$$

$$= 6\sqrt{5}\, \pi^{-\frac{5}{2}} \left[-x^2\cos x + 2x\sin x + 2\cos x + \pi x\cos x - \pi\sin x - \frac{\pi^2}{6}\cos x\right]_0^\pi$$

$$= 6\sqrt{5}\, \pi^{-\frac{5}{2}}\left(-4 + \frac{\pi^2}{3}\right), \text{ so}$$

$$\text{proj}_{P_2[0,\pi]} \sin x = 2\pi^{-\frac{1}{2}} \pi^{-\frac{1}{2}} + 6\sqrt{5}\, \pi^{-\frac{5}{2}}\left(-4 + \frac{\pi^2}{3}\right) 6\sqrt{5}\, \pi^{-\frac{5}{2}}\left(x^2 - \pi x + \frac{\pi^2}{6}\right)$$

$$= 180\pi^{-5}\left(-4 + \frac{\pi^2}{3}\right)x^2 - 180\pi^{-4}\left(-4 + \frac{\pi^2}{3}\right)x - 120\pi^{-3} + 12\pi^{-1} \text{ is the least squares}$$

quadratic approximation to cos x over the interval $[0,\pi]$.

9. The vectors that form an orthonormal basis over $[-\pi, \pi]$ also form an orthonormal basis over $[0, 2\pi]$, so the Fourier approximations can be found in the same way, only with integration over $[0, 2\pi]$.

$$a_0 = \frac{1}{2\pi}\int_0^{2\pi} x\, dx = \left[\frac{1}{4\pi}x^2\right]_0^{2\pi} = \pi,$$

$$a_k = \frac{1}{\pi}\int_0^{2\pi} x\cos kx\, dx = \frac{1}{\pi}[\frac{x}{k}\sin kx + \frac{1}{k^2}\cos kx]_0^{2\pi} = 0, \text{ and}$$

$$b_k = \frac{1}{\pi}\int_0^{2\pi} x\sin kx\, dx = \frac{1}{\pi}[-\frac{x}{k}\cos kx + \frac{1}{k^2}\sin kx]_0^{2\pi} = \frac{1}{\pi}(-\frac{2\pi}{k}\cos 2k\pi) = \frac{-2}{k},$$

so the fourth-order Fourier approximation to f(x) over $[0, 2\pi]$ is

$$g(x) = \pi + \sum_{k=1}^{4} \frac{-2}{k} \sin kx = \pi - 2\left(\sin x + \frac{1}{2}\sin 2x + \frac{1}{3}\sin 3x + \frac{1}{4}\sin 4x\right).$$

11. $a_0 = \dfrac{1}{2\pi}\int_0^{2\pi} x^2\,dx = \left[\dfrac{1}{6\pi}x^3\right]_0^{2\pi} = \dfrac{4}{3}\pi^2,$

$a_k = \dfrac{1}{\pi}\int_0^{2\pi} x^2 \cos kx\,dx = \dfrac{1}{\pi}[\dfrac{x^2}{k}\sin kx - \dfrac{2}{k}(\dfrac{-x}{k}\cos kx + \dfrac{1}{k^2}\sin kx)]_0^{2\pi} = \dfrac{4}{k^2},$ and

$b_k = \dfrac{1}{\pi}\int_0^{2\pi} x^2 \sin kx\,dx = \dfrac{1}{\pi}[\dfrac{-x^2}{k}\cos kx - \dfrac{2}{k}(\dfrac{x}{k}\sin kx + \dfrac{1}{k^2}\cos kx)]_0^{2\pi} = -\dfrac{4\pi}{k},$ so

$$g(x) = \frac{4}{3}\pi^2 + \sum_{k=1}^{4}\left(\frac{4}{k^2}\cos kx - \frac{4\pi}{k}\sin kx\right)$$

$$= \frac{4}{3}\pi^2 + 4\left(\cos x + \frac{1}{4}\cos 2x + \frac{1}{9}\cos 3x + \frac{1}{16}\cos 4x\right)$$

$$- 4\pi\left(\sin x + \frac{1}{2}\sin 2x + \frac{1}{3}\sin 3x + \frac{1}{4}\sin 4x\right).$$

13. (1,0,0,0,0,1,1), (0,1,0,0,1,0,1), (0,0,1,0,1,1,0), (0,0,0,1,1,1,1),
 (0,1,1,1,1,0,0), (1,0,1,1,0,1,0), (1,1,0,1,0,0,1), (1,1,1,0,0,0,0),
 (1,1,0,0,1,1,0), (1,0,1,0,1,0,1), (1,0,0,1,1,0,0), (1,1,1,1,1,1,1),
 (0,0,1,1,0,0,1), (0,1,0,1,0,1,0), (0,1,1,0,0,1,1), (0,0,0,0,0,0,0)

14. (a) center = (0,0,1,0,1,1,0)
 (1,0,1,0,1,1,0), (0,1,1,0,1,1,0), (0,0,0,0,1,1,0), (0,0,1,1,1,1,0), (0,0,1,0,0,1,0),
 (0,0,1,0,1,0,0), (0,0,1,0,1,1,1)

 (b) center = (1,1,0,1,0,0,1)
 (0,1,0,1,0,0,1), (1,0,0,1,0,0,1), (1,1,1,1,0,0,1), (1,1,0,0,0,0,1), (1,1,0,1,1,0,1),
 (1,1,0,1,0,1,1), (1,1,0,1,0,0,0)

15. (a) (0,0,0,0,0,0,0) (c) (0,0,1,0,1,1,0)

16. (a) Since each vector in V_{23} has 23 components and there are 2 possible values (zero and 1) for each component, there are 2^{23} vectors.

 (c) There are 23 ways to change exactly one component of the center vector, 23x22/2 = 253 ways to change exactly two components, and 23x22x21/6 = 1771 ways to change exactly three components. 1 + 23 + 253 + 1771 = 2048 vectors.

Exercise Set 6.4

Section 6.4

1. $\text{Pinv} \begin{bmatrix} 1 & 3 \\ 0 & 1 \\ -1 & 2 \end{bmatrix} = (\begin{bmatrix} 1 & 0 & -1 \\ 3 & 1 & 2 \end{bmatrix} \begin{bmatrix} 1 & 3 \\ 0 & 1 \\ -1 & 2 \end{bmatrix})^{-1} \begin{bmatrix} 1 & 0 & -1 \\ 3 & 1 & 2 \end{bmatrix} = \begin{bmatrix} 2 & 1 \\ 1 & 14 \end{bmatrix}^{-1} \begin{bmatrix} 1 & 0 & -1 \\ 3 & 1 & 2 \end{bmatrix}$

$= \frac{1}{27} \begin{bmatrix} 14 & -1 \\ -1 & 2 \end{bmatrix} \begin{bmatrix} 1 & 0 & -1 \\ 3 & 1 & 2 \end{bmatrix} = \frac{1}{27} \begin{bmatrix} 11 & -1 & -16 \\ 5 & 2 & 5 \end{bmatrix}.$

3. The pseudoinverse does not exist because $(\begin{bmatrix} 1 & 2 & 3 \\ 2 & 4 & 6 \end{bmatrix} \begin{bmatrix} 1 & 2 \\ 2 & 4 \\ 3 & 6 \end{bmatrix})^{-1}$ does not exist.

5. $\text{Pinv} \begin{bmatrix} 1 & 3 \\ 2 & 0 \\ 1 & -1 \end{bmatrix} = (\begin{bmatrix} 1 & 2 & 1 \\ 3 & 0 & -1 \end{bmatrix} \begin{bmatrix} 1 & 3 \\ 2 & 0 \\ 1 & -1 \end{bmatrix})^{-1} \begin{bmatrix} 1 & 2 & 1 \\ 3 & 0 & -1 \end{bmatrix} = \frac{1}{56} \begin{bmatrix} 4 & 20 & 12 \\ 16 & -4 & -8 \end{bmatrix}$

$= \frac{1}{14} \begin{bmatrix} 1 & 5 & 3 \\ 4 & -1 & -2 \end{bmatrix}.$

6. There is no pseudoinverse. This is not the coefficient matrix of an overdetermined system of equations.

8. $\text{Pinv} \begin{bmatrix} 1 & 2 \\ -3 & 5 \end{bmatrix} = (\begin{bmatrix} 1 & -3 \\ 2 & 5 \end{bmatrix} \begin{bmatrix} 1 & 2 \\ -3 & 5 \end{bmatrix})^{-1} \begin{bmatrix} 1 & -3 \\ 2 & 5 \end{bmatrix} = \frac{1}{11} \begin{bmatrix} 5 & -2 \\ 3 & 1 \end{bmatrix}.$

9. The equation of the line will be $y = a + bx$. The data points give $0 = a + b$, $4 = a + 2b$, and $7 = a + 3b$. Thus the system of equations is given by $A \begin{bmatrix} a \\ b \end{bmatrix} = \begin{bmatrix} 0 \\ 4 \\ 7 \end{bmatrix}$, where $A = \begin{bmatrix} 1 & 1 \\ 1 & 2 \\ 1 & 3 \end{bmatrix}$

$\text{Pinv } A = (\begin{bmatrix} 1 & 1 & 1 \\ 1 & 2 & 3 \end{bmatrix} \begin{bmatrix} 1 & 1 \\ 1 & 2 \\ 1 & 3 \end{bmatrix})^{-1} \begin{bmatrix} 1 & 1 & 1 \\ 1 & 2 & 3 \end{bmatrix} = \frac{1}{6} \begin{bmatrix} 8 & 2 & -4 \\ -3 & 0 & 3 \end{bmatrix}.$

$\text{Pinv } A \begin{bmatrix} 0 \\ 4 \\ 7 \end{bmatrix} = \frac{1}{6} \begin{bmatrix} -20 \\ 21 \end{bmatrix}$, so $a = \frac{-10}{3}$, $b = \frac{7}{2}$, and the least squares line is $y = \frac{-10}{3} + \frac{7}{2}x$.

Section 6.4

11. The system of equations is given by $A\begin{bmatrix} a \\ b \end{bmatrix} = \begin{bmatrix} 1 \\ 5 \\ 9 \end{bmatrix}$, with A given in Exercise 9.

$\text{Pinv } A \begin{bmatrix} 1 \\ 5 \\ 9 \end{bmatrix} = \frac{1}{6} \begin{bmatrix} 8 & 2 & -4 \\ -3 & 0 & 3 \end{bmatrix} \begin{bmatrix} 1 \\ 5 \\ 9 \end{bmatrix} = \frac{1}{6} \begin{bmatrix} -18 \\ 24 \end{bmatrix}$, so $a = -3$, $b = 4$, and the least

squares line is $y = -3 + 4x$.

13. The system of equations is given by $A\begin{bmatrix} a \\ b \end{bmatrix} = \begin{bmatrix} 7 \\ 2 \\ 0 \end{bmatrix}$, with A given in Exercise 9.

$\text{Pinv } A \begin{bmatrix} 7 \\ 2 \\ 0 \end{bmatrix} = \frac{1}{6} \begin{bmatrix} 8 & 2 & -4 \\ -3 & 0 & 3 \end{bmatrix} \begin{bmatrix} 7 \\ 2 \\ 0 \end{bmatrix} = \frac{1}{6} \begin{bmatrix} 60 \\ -21 \end{bmatrix}$, so

$a = 10$, $b = -7/2$, and the least squares line is $y = 10 - 7x/2$.

15. The equation of the line will be $y = a + bx$. The data points give $0 = a + b$, $3 = a + 2b$,

$5 = a + 3b$, and $6 = a + 4b$. Thus the system of equations is given by $A \begin{bmatrix} a \\ b \end{bmatrix} = \begin{bmatrix} 0 \\ 3 \\ 5 \\ 6 \end{bmatrix}$,

where $A = \begin{bmatrix} 1 & 1 \\ 1 & 2 \\ 1 & 3 \\ 1 & 4 \end{bmatrix}$. $\text{Pinv } A = (\begin{bmatrix} 1 & 1 & 1 & 1 \\ 1 & 2 & 3 & 4 \end{bmatrix} \begin{bmatrix} 1 & 1 \\ 1 & 2 \\ 1 & 3 \\ 1 & 4 \end{bmatrix})^{-1} \begin{bmatrix} 1 & 1 & 1 & 1 \\ 1 & 2 & 3 & 4 \end{bmatrix}$

$= \frac{1}{10} \begin{bmatrix} 10 & 5 & 0 & -5 \\ -3 & -1 & 1 & 3 \end{bmatrix}$. $\text{Pinv } A \begin{bmatrix} 0 \\ 3 \\ 5 \\ 6 \end{bmatrix} = \frac{1}{10} \begin{bmatrix} -15 \\ 20 \end{bmatrix}$, so

$a = -3/2$, $b = 2$, and the least squares line is $y = -3/2 + 2x$.

Section 6.4

17. The system of equations is given by $A\begin{bmatrix} a \\ b \end{bmatrix} = \begin{bmatrix} 9 \\ 7 \\ 3 \\ 2 \end{bmatrix}$, with A given in Exercise 15.

$$\text{Pinv } A \begin{bmatrix} 9 \\ 7 \\ 3 \\ 2 \end{bmatrix} = \frac{1}{10} \begin{bmatrix} 10 & 5 & 0 & -5 \\ -3 & -1 & 1 & 3 \end{bmatrix} \begin{bmatrix} 9 \\ 7 \\ 3 \\ 2 \end{bmatrix} = \frac{1}{2} \begin{bmatrix} 23 \\ -5 \end{bmatrix}, \text{ so}$$

$a = 23/2$, $b = -5/2$, and the least squares line is $y = 23/2 - 5x/2$.

19. The equation of the line will be $y = a + bx$. The data points give $0 = a + b$, $1 = a + 2b$, $4 = a + 3b$, $7 = a + 4b$, and $9 = a + 5b$. Thus the system of equations is given by

$$A\begin{bmatrix} a \\ b \end{bmatrix} = \begin{bmatrix} 0 \\ 1 \\ 4 \\ 7 \\ 9 \end{bmatrix}, \text{ where } A = \begin{bmatrix} 1 & 1 \\ 1 & 2 \\ 1 & 3 \\ 1 & 4 \\ 1 & 5 \end{bmatrix}.$$

$$\text{Pinv } A = \left(\begin{bmatrix} 1 & 1 & 1 & 1 & 1 \\ 1 & 2 & 3 & 4 & 5 \end{bmatrix} \begin{bmatrix} 1 & 1 \\ 1 & 2 \\ 1 & 3 \\ 1 & 4 \\ 1 & 5 \end{bmatrix}\right)^{-1} \begin{bmatrix} 1 & 1 & 1 & 1 & 1 \\ 1 & 2 & 3 & 4 & 5 \end{bmatrix}$$

$$= \frac{1}{10} \begin{bmatrix} 8 & 5 & 2 & -1 & -4 \\ -2 & -1 & 0 & 1 & 2 \end{bmatrix}. \quad \text{Pinv } A \begin{bmatrix} 0 \\ 1 \\ 4 \\ 7 \\ 9 \end{bmatrix} = \frac{1}{10} \begin{bmatrix} -30 \\ 24 \end{bmatrix}, \text{ so}$$

$a = -3$, $b = 12/5$, and the least squares line is $y = -3 + 12x/5$.

21. The equation of the parabola will be $y = a + bx + cx^2$. The data points give $5 = a + b + c$, $2 = a + 2b + 4c$, $3 = a + 3b + 9c$, and $8 = a + 4b + 16c$. Thus the system of equations is

Section 6.4

given by $A \begin{bmatrix} a \\ b \\ c \end{bmatrix} = \begin{bmatrix} 5 \\ 2 \\ 3 \\ 8 \end{bmatrix}$, where $A = \begin{bmatrix} 1 & 1 & 1 \\ 1 & 2 & 4 \\ 1 & 3 & 9 \\ 1 & 4 & 16 \end{bmatrix}$.

$\text{Pinv } A = \left(\begin{bmatrix} 1 & 1 & 1 & 1 \\ 1 & 2 & 3 & 4 \\ 1 & 4 & 9 & 16 \end{bmatrix} \begin{bmatrix} 1 & 1 & 1 \\ 1 & 2 & 4 \\ 1 & 3 & 9 \\ 1 & 4 & 16 \end{bmatrix} \right)^{-1} \begin{bmatrix} 1 & 1 & 1 & 1 \\ 1 & 2 & 3 & 4 \\ 1 & 4 & 9 & 16 \end{bmatrix}$

$= \begin{bmatrix} 4 & 10 & 30 \\ 10 & 30 & 100 \\ 30 & 100 & 354 \end{bmatrix}^{-1} \begin{bmatrix} 1 & 1 & 1 & 1 \\ 1 & 2 & 3 & 4 \\ 1 & 4 & 9 & 16 \end{bmatrix} = \frac{1}{80} \begin{bmatrix} 620 & -540 & 100 \\ -540 & 516 & -100 \\ 100 & -100 & 20 \end{bmatrix} \begin{bmatrix} 1 & 1 & 1 & 1 \\ 1 & 2 & 3 & 4 \\ 1 & 4 & 9 & 16 \end{bmatrix}$

$= \frac{1}{20} \begin{bmatrix} 45 & -15 & -25 & 15 \\ -31 & 23 & 27 & -19 \\ 5 & -5 & -5 & 5 \end{bmatrix}$. $\text{Pinv } A \begin{bmatrix} 5 \\ 2 \\ 3 \\ 8 \end{bmatrix} = \begin{bmatrix} 12 \\ -9 \\ 2 \end{bmatrix}$, so

$a = 12$, $b = -9$, $c = 2$, and the least squares parabola is $y = 12 - 9x + 2x^2$.

23. The system of equations is given by $A \begin{bmatrix} a \\ b \\ c \end{bmatrix} = \begin{bmatrix} 2 \\ 5 \\ 7 \\ 1 \end{bmatrix}$ with A given in Exercise 21.

$\text{Pinv } A \begin{bmatrix} 2 \\ 5 \\ 7 \\ 1 \end{bmatrix} = \frac{1}{20} \begin{bmatrix} 45 & -15 & -25 & 15 \\ -31 & 23 & 27 & -19 \\ 5 & -5 & -5 & 5 \end{bmatrix} \begin{bmatrix} 2 \\ 5 \\ 7 \\ 1 \end{bmatrix} = \frac{1}{20} \begin{bmatrix} -145 \\ 223 \\ -45 \end{bmatrix}$, so $a = \frac{-29}{4}$, $b = \frac{223}{20}$,

$c = \frac{-9}{4}$, and the least squares parabola is $y = \frac{-29}{4} + \frac{223}{20} x - \frac{9}{4} x^2$.

25. (a) Let line be $L = a + bF$ (see example 5). Data points give $5.9 = a + 2b$, $8 = a + 4b$, $10.3 = a + 6b$, and $12.2 = a + 8b$. Thus the system of equations is given

by $A\begin{bmatrix}a\\b\end{bmatrix} = \begin{bmatrix}5.9\\8\\10.3\\12.2\end{bmatrix}$, where $A = \begin{bmatrix}1 & 2\\1 & 4\\1 & 6\\1 & 8\end{bmatrix}$. $\text{pinv}(A) = \begin{bmatrix}1 & .5 & 0 & -.5\\-.15 & -.05 & .05 & .15\end{bmatrix}$,

as in example 5. $\text{pinv}(A)\begin{bmatrix}5.9\\8\\10.3\\12.2\end{bmatrix} = \begin{bmatrix}3.8\\1.06\end{bmatrix}$, so a = 3.8, b = 1.06, and the least

squares equation is L = 3.8 + 1.06F. If the force is 15 ounces, then the predicted length of the spring is L = 3.8 + 1.06x15 = 19.7 inches.

(b) Let line be L = a + bF. Data points give 7.4 = a + 2b, 10.3 = a + 4b, 13.7 = a + 6b, and 16.7 = a + 8b. Thus the system of equations is

given by $A\begin{bmatrix}a\\b\end{bmatrix} = \begin{bmatrix}7.4\\10.3\\13.7\\16.7\end{bmatrix}$, where $A = \begin{bmatrix}1 & 2\\1 & 4\\1 & 6\\1 & 8\end{bmatrix}$.

$\text{pinv}(A) = \begin{bmatrix}1 & .5 & 0 & -.5\\-.15 & -.05 & .05 & .15\end{bmatrix}$, as in example 5.

$\text{pinv}(A)\begin{bmatrix}7.4\\10.3\\13.7\\16.7\end{bmatrix} = \begin{bmatrix}4.2\\1.565\end{bmatrix}$, so a = 4.2, b = 1.565, and the least squares equation

is L = 4.2 + 1.565F. If the force is 15 ounces, then the predicted length of the spring is L = 4.2 + 1.565x15 = 27.675 inches.

26. Let line be G = a + bS. The data points give 18.25 = a + 30b, 20 = a + 40b, 16.32 = a + 50b, 15.77 = a + 60b, and 13.61 = a + 70b. Thus the system of

equations is given by $A\begin{bmatrix}a\\b\end{bmatrix} = \begin{bmatrix}18.25\\20.00\\16.32\\15.77\\13.61\end{bmatrix}$, where $A = \begin{bmatrix}1 & 30\\1 & 40\\1 & 50\\1 & 60\\1 & 70\end{bmatrix}$. $\text{pinv } A = (A^t A)^{-1} A^t$

$$= \frac{1}{5000} \begin{bmatrix} 13500 & -250 \\ -250 & 5 \end{bmatrix} \begin{bmatrix} 1 & 1 & 1 & 1 & 1 \\ 30 & 40 & 50 & 60 & 70 \end{bmatrix} = \frac{1}{50} \begin{bmatrix} 60 & 35 & 10 & -15 & -40 \\ 1 & .5 & 0 & .5 & 1 \end{bmatrix}.$$

$$\text{pinv } A \begin{bmatrix} 18.25 \\ 20.00 \\ 16.32 \\ 15.77 \\ 13.61 \end{bmatrix} = \frac{1}{50} \begin{bmatrix} 1177.25 \\ -6.755 \end{bmatrix}, \text{ so } a = 23.545, b = -.1351, \text{ and the least squares}$$

line is G = 23.545 − .1351S. The predicted mileage per gallon of this car at 55 mph is

G = 23.545 − .1351×55 = 16.1145 miles per gallon.

28. Let line be U = a + bD. The data points give 520 = a + 1000b, 540 = a + 1500b, 582 = a + 2000b, 600 = a + 2500b, 610 = a + 3000b, and 615 = a + 3500b.

Thus the system of equations is given by $A \begin{bmatrix} a \\ b \end{bmatrix} = \begin{bmatrix} 520 \\ 540 \\ 582 \\ 600 \\ 610 \\ 615 \end{bmatrix}$, where $A = \begin{bmatrix} 1 & 1000 \\ 1 & 1500 \\ 1 & 2000 \\ 1 & 2500 \\ 1 & 3000 \\ 1 & 3500 \end{bmatrix}$.

pinv $A = (A^t A)^{-1} A^t$

$$= \frac{1}{26250000} \begin{bmatrix} 34750000 & -13500 \\ -13500 & 6 \end{bmatrix} \begin{bmatrix} 1 & 1 & 1 & 1 & 1 & 1 \\ 1000 & 1500 & 2000 & 2500 & 3000 & 3500 \end{bmatrix}$$

$$= \frac{1}{262500} \begin{bmatrix} 212500 & 145000 & 77500 & 10000 & -57500 & -125000 \\ -75 & -45 & -15 & 15 & 45 & 75 \end{bmatrix}.$$

$$\text{pinv } A \begin{bmatrix} 520 \\ 540 \\ 582 \\ 600 \\ 610 \\ 615 \end{bmatrix} = \frac{1}{262500} \begin{bmatrix} 127955000 \\ 10545 \end{bmatrix}, \text{ so } a = \frac{127955000}{262500}, b = \frac{10545}{262500},$$

and the least squares line is $U = \frac{127955000 + 10545D}{262500}$. Predicted sales when

$5000 is spent on advertising is U = $\frac{127955000 + 10545 \times 5000}{262500}$ = 688 units.

30. Let the line be % = a + bY. The system of equations is

given by $A \begin{bmatrix} a \\ b \end{bmatrix} = C$, where $C = \begin{bmatrix} .18 \\ .19 \\ .21 \\ .25 \\ .35 \\ .54 \\ .83 \end{bmatrix}$ and $A = \begin{bmatrix} 1 & 20 \\ 1 & 25 \\ 1 & 30 \\ 1 & 35 \\ 1 & 40 \\ 1 & 45 \\ 1 & 50 \end{bmatrix}$. pinv $A = (A^t A)^{-1} A^t$

$= \frac{1}{4900} \begin{bmatrix} 4375 & 3150 & 1925 & 700 & -525 & -1750 & -2975 \\ -105 & -70 & -35 & 0 & 35 & 70 & 105 \end{bmatrix}$, as in Exercise 27.

(pinv A) C $= \frac{1}{4900} \begin{bmatrix} -1632.75 \\ 97.65 \end{bmatrix}$, so the least squares line is given by

% = $\frac{-1632.75 + 97.65Y}{4900}$. The predicted percentage of deaths at 23 years of

age is $\frac{-1632.75 + 97.65 \times 23}{4900} = 0.125$.

It is clear from the flowing drawing that the least squares line does not fit the data well.

The parabola fits better. The equation of the least squares parabola will be

% = $a + bY + cY^2$. The system of equations is given by $A \begin{bmatrix} a \\ b \\ c \end{bmatrix} = C$, where

$A = \begin{bmatrix} 1 & 20 & 400 \\ 1 & 25 & 625 \\ 1 & 30 & 900 \\ 1 & 35 & 1225 \\ 1 & 40 & 1600 \\ 1 & 45 & 2025 \\ 1 & 50 & 2500 \end{bmatrix}$ and C is given above. (pinv A)C $= \begin{bmatrix} .9364 \\ -.0591 \\ .0011 \end{bmatrix}$, so the least squares parabola is $\% = .9364 - .0591Y + .0011Y^2$. The predicted

percentage of deaths at 23 years of age is $.9364 - .0591 \times 23 + .0011 \times 529 = .159$.

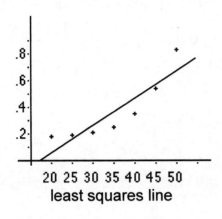
least squares line

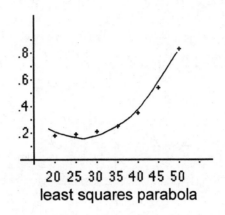
least squares parabola

32. Use example 6 as the model for handling both sets of data.

$$A = \begin{bmatrix} 1 & 0 & 1 \\ 1 & 10 & 100 \\ 1 & 20 & 400 \\ 1 & 30 & 900 \\ 1 & 31 & 961 \end{bmatrix}, y_1 = \begin{bmatrix} 45.550 \\ 41.651 \\ 40.543 \\ 46.857 \\ 47.051 \end{bmatrix}, \text{ and } y_2 = \begin{bmatrix} 5.500 \\ 5.000 \\ 5.198 \\ 6.018 \\ 5.851 \end{bmatrix}$$

Get $[(A^tA)^{-1} A^t][y_1 \ y_2] = \begin{bmatrix} 2850.428571 & 12175 \\ 128.4285714 & 634 \end{bmatrix}$

The least squares parabolas are thus
Public: $y = 2850.4286 + 128.4286x$, Private: $y = 12175 + 634x$.
For 2005 (x=36), Public enrollment=51.5903 million, Private=6.6326 million.
For 2010 (x=41), Public enrollment=56.9953 million, Private=7.3871 million.

33. (a) Let W be the plane given by the equation $x - y - z = 0$. For all points in this plane

$x = y + z$, so $W = \{(y + z, y, z)\} = \{y(1,1,0) + z(1,0,1)\}$. Thus a basis for W is the set

$\{(1,1,0), (1,0,1)\}$ and $A = \begin{bmatrix} 1 & 1 \\ 1 & 0 \\ 0 & 1 \end{bmatrix}$. $(A^tA)^{-1} = \frac{1}{3}\begin{bmatrix} 2 & -1 \\ -1 & 2 \end{bmatrix}$, and the projection

matrix $P = A(A^tA)^{-1}A^t = \frac{1}{3}\begin{bmatrix} 2 & 1 & 1 \\ 1 & 2 & -1 \\ 1 & -1 & 2 \end{bmatrix}$. $P\begin{bmatrix} 1 \\ 2 \\ 0 \end{bmatrix} = \frac{1}{3}\begin{bmatrix} 4 \\ 5 \\ -1 \end{bmatrix}$, so the projection

of the vector (1,2,0) onto the plane $x - y - z = 0$ is the vector (4/3, 5/3, -1/3).

(c) Let W be the plane given by the equation $x - 2y + z = 0$. For all points in this plane $x = 2y - z$, so $W = \{(2y - z, y, z)\} = \{y(2,1,0) + z(-1,0,1)\}$. Thus a basis for W is the set $\{(2,1,0), (-1,0,1)\}$ and $A = \begin{bmatrix} 2 & -1 \\ 1 & 0 \\ 0 & 1 \end{bmatrix}$. $(A^t A)^{-1} = \frac{1}{6}\begin{bmatrix} 2 & 2 \\ 2 & 5 \end{bmatrix}$, and the projection matrix $P = A(A^t A)^{-1} A^t = \frac{1}{6}\begin{bmatrix} 5 & 2 & -1 \\ 2 & 2 & 2 \\ -1 & 2 & 5 \end{bmatrix}$. $P\begin{bmatrix} 0 \\ 3 \\ 0 \end{bmatrix} = \frac{1}{6}\begin{bmatrix} 6 \\ 6 \\ 6 \end{bmatrix}$, so the projection of the vector $(0,3,0)$ onto the plane $x - 2y + z = 0$ is the vector $(1,1,1)$.

34. (a) $A = \begin{bmatrix} 1 & 1 \\ -1 & 1 \\ 1 & -1 \end{bmatrix}$ and $(A^t A)^{-1} = \frac{1}{8}\begin{bmatrix} 3 & 1 \\ 1 & 3 \end{bmatrix}$. Thus the projection matrix

$P = A(A^t A)^{-1} A^t = \frac{1}{8}\begin{bmatrix} 8 & 0 & 0 \\ 0 & 4 & -4 \\ 0 & -4 & 4 \end{bmatrix}$. $P\begin{bmatrix} -2 \\ 1 \\ 3 \end{bmatrix} = \frac{1}{8}\begin{bmatrix} -16 \\ -8 \\ 8 \end{bmatrix}$, so the projection of

the vector $(-2,1,3)$ onto W is the vector $(-2,-1,1)$.

36. $A\mathbf{x} = \mathbf{y}$, so $A^t A\mathbf{x} = A^t \mathbf{y}$, and if $(A^t A)^{-1}$ exists then $\mathbf{x} = (A^t A)^{-1} A^t A\mathbf{x} = (A^t A)^{-1} A^t \mathbf{y}$.

$\mathbf{x} = (A^t A)^{-1} A^t \mathbf{y}$ solves the system $A^t A\mathbf{x} = A^t \mathbf{y}$ but does not solve the original system unless A^t (and therefore A) is an invertible matrix. The first step of multiplying by A^t is not reversible unless A^t is invertible. Least squares solution will be a solution if A is invertible.

39. (a) $Pinv(cA) = ((cA)^t(cA))^{-1}(cA)^t = (c^2 A^t A)^{-1} cA^t = \frac{1}{c^2}(A^tA)^{-1} cA^t = \frac{1}{c}(A^tA)^{-1} A^t$.

41. $P = A(A^t A)^{-1} A^t$, where the columns of A are a basis for the vector space.

(a) $P^t = (A(A^t A)^{-1} A^t)^t = (A^t)^t ((A^tA)^{-1})^t A^t = A((A^t A)^t)^{-1} A^t = A(A^t A)^{-1} A^t = P$.

Chapter 6 Review Exercises

1. $u = (x_1, x_2)$, $v = (y_1, y_2)$, $w = (z_1, z_2)$, and c is a scalar.

   $<u,v> = 2x_1 y_1 + 3x_2 y_2 = 2y_1 x_1 + 3y_2 x_2 = <v,u>$,

   $<u+v,w> = 2(x_1 + y_1)z_1 + 3(x_2 + y_2)z_2 = 2x_1 z_1 + 2y_1 z_1 + 3x_2 z_2 + 3y_2 z_2$

   $= 2x_1 z_1 + 3x_2 z_2 + 2y_1 z_1 + 3y_2 z_2 = <u,w> + <v,w>$,

   $<cu,v> = 2cx_1 y_1 + 3cx_2 y_2 = c(2x_1 y_1 + 3x_2 y_2) = c<u,v>$, and

   $<u,u> = 2x_1 x_1 + 3x_2 x_2 = 2x_1^2 + 3x_2^2 \geq 0$ and equality holds if and only if $2x_1^2 = 0$

   and $3x_2^2 = 0$, i.e., if and only if $x_1 = x_2 = 0$. Thus the given function is an inner product on.

2. $<f,g> = \int_0^1 (3x-1)(5x+3)\,dx = \int_0^1 (15x^2+4x-3)\,dx = [5x^3 + 2x^2 - 3x]_0^1 = 4.$

   $\|f\|^2 = \int_0^1 (3x-1)^2\,dx = \int_0^1 (9x^2-6x+1)\,dx = [3x^3 - 3x^2 + x]_0^1 = 1$, so $\|f\| = 1$.

   $\|g\|^2 = \int_0^1 (5x+3)^2\,dx = \int_0^1 (25x^2+30x+9)\,dx = \left[\frac{25}{3}x^3 + 15x^2 + 9x\right]_0^1 = \frac{97}{3}$,

   so $\|g\| = \frac{\sqrt{97}}{\sqrt{3}}$.

   $d(f,g)^2 = \|f-g\|^2 = \|-2x-4\|^2 = \int_0^1 (-2x-4)^2\,dx = 4\int_0^1 (x^2+4x+4)\,dx$

   $= 4\left[\frac{x^3}{3} + 2x^2 + 4x\right]_0^1 = 4(\frac{19}{3})$, so $d(f,g) = 2\frac{\sqrt{19}}{\sqrt{3}}$.

3. $\|(1,-2)\| = \sqrt{2(1)+3(4)} = \sqrt{14}$, $\|(3,2)\| = \sqrt{2(9)+3(4)} = \sqrt{30}$, and

   $d((1,-2),(3,2)) = \|(-2,-4)\| = \sqrt{2(4)+3(16)} = \sqrt{56} = 2\sqrt{14}$.

4. $d((x_1, x_2), (0,0))^2 = \|(x_1, x_2)\|^2 = 2x_1^2 + 3x_2^2$, so the equation of the circle with radius 1 and center at the origin is $2x_1^2 + 3x_2^2 = 1$. In the sketch below, $a = 1/\sqrt{2}$ and $b = 1/\sqrt{3}$.

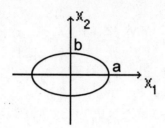

5. The set $\left\{\dfrac{1}{\sqrt{2}}, \dfrac{\sqrt{3}}{\sqrt{2}}x\right\}$ is an orthonormal basis for $P_1[-1,1]$ (see the text).

$\langle x^2 + 2x - 1, \dfrac{1}{\sqrt{2}}\rangle = \dfrac{1}{\sqrt{2}} \int_{-1}^{1} (x^2 + 2x - 1)\, dx = \dfrac{1}{\sqrt{2}}\left[\dfrac{x^3}{3} + x^2 - x\right]_{-1}^{1} = -\dfrac{4}{3\sqrt{2}}$ and

$\langle x^2 + 2x - 1, \dfrac{\sqrt{3}}{\sqrt{2}}x\rangle = \dfrac{\sqrt{3}}{\sqrt{2}} \int_{-1}^{1} (x^3 + 2x^2 - x)\, dx = \dfrac{\sqrt{3}}{\sqrt{2}}\left[\dfrac{x^4}{4} + 2\dfrac{x^3}{3} - \dfrac{x^2}{2}\right]_{-1}^{1}$

$= \dfrac{\sqrt{3}}{\sqrt{2}}\dfrac{4}{3}$, so that $\text{proj}_{P_1[-1,1]} x^2 + 2x - 1 = -\dfrac{4}{3\sqrt{2}}\dfrac{1}{\sqrt{2}} + \dfrac{\sqrt{3}}{\sqrt{2}}\dfrac{4}{3}\dfrac{\sqrt{3}}{\sqrt{2}}x = 2x - \dfrac{2}{3}$

is the least squares linear approximation to $f(x) = x^2 + 2x - 1$ over the interval $[-1,1]$.

6. $a_0 = \dfrac{1}{2\pi}\int_0^{2\pi}(2x-1)dx = \dfrac{1}{2\pi}[x^2 - x]_0^{2\pi} = 2\pi - 1$,

$a_k = \dfrac{1}{\pi}\int_0^{2\pi}(2x-1)\cos kx\, dx = \dfrac{1}{\pi}[\dfrac{2x}{k}\sin kx + \dfrac{2}{k^2}\cos kx - \dfrac{1}{k}\sin kx)]_0^{2\pi} = 0$, and

$b_k = \dfrac{1}{\pi}\int_0^{2\pi}(2x-1)\sin kx\, dx = \dfrac{1}{\pi}[-\dfrac{2x}{k}\cos kx + \dfrac{2}{k^2}\sin kx + \dfrac{1}{k}\cos kx)]_0^{2\pi} = \dfrac{-4}{k}$, so the

fourth-order Fourier approximation to $f(x) = 2x - 1$ over $[0, 2\pi]$ is

Chapter 6 Review Exercises

$$g(x) = 2\pi - 1 + \sum_{k=1}^{4} \frac{-4}{k} \sin kx = 2\pi - 1 - 4\left(\sin x + \frac{1}{2}\sin 2x + \frac{1}{3}\sin 3x + \frac{1}{4}\sin 4x\right).$$

7. (1,1,1,0,0,1,1), (0,0,1,0,0,1,1), (0,1,0,0,0,1,1), (0,1,1,1,0,1,1), (0,1,1,0,1,1,1), (0,1,1,0,0,0,1), (0,1,1,0,0,1,0)

8. $\text{Pinv}\begin{bmatrix} 1 & 2 \\ 3 & 1 \\ 4 & 2 \end{bmatrix} = \left(\begin{bmatrix} 1 & 3 & 4 \\ 2 & 1 & 2 \end{bmatrix}\begin{bmatrix} 1 & 2 \\ 3 & 1 \\ 4 & 2 \end{bmatrix}\right)^{-1}\begin{bmatrix} 1 & 3 & 4 \\ 2 & 1 & 2 \end{bmatrix} = \frac{1}{65}\begin{bmatrix} -17 & 14 & 10 \\ 39 & -13 & 0 \end{bmatrix}.$

9. The equation of the parabola will be $y = a + bx + cx^2$. The data points give $6 = a + b + c$, $2 = a + 2b + 4c$, $5 = a + 3b + 9c$, and $9 = a + 4b + 16c$. Thus the system of equations is

given by $A\begin{bmatrix} a \\ b \\ c \end{bmatrix} = \begin{bmatrix} 6 \\ 2 \\ 5 \\ 9 \end{bmatrix}$, where $A = \begin{bmatrix} 1 & 1 & 1 \\ 1 & 2 & 4 \\ 1 & 3 & 9 \\ 1 & 4 & 16 \end{bmatrix}.$

$\text{Pinv } A = \left(\begin{bmatrix} 1 & 1 & 1 & 1 \\ 1 & 2 & 3 & 4 \\ 1 & 4 & 9 & 16 \end{bmatrix}\begin{bmatrix} 1 & 1 & 1 \\ 1 & 2 & 4 \\ 1 & 3 & 9 \\ 1 & 4 & 16 \end{bmatrix}\right)^{-1}\begin{bmatrix} 1 & 1 & 1 & 1 \\ 1 & 2 & 3 & 4 \\ 1 & 4 & 9 & 16 \end{bmatrix}$

$= \begin{bmatrix} 4 & 10 & 30 \\ 10 & 30 & 100 \\ 30 & 100 & 354 \end{bmatrix}^{-1}\begin{bmatrix} 1 & 1 & 1 & 1 \\ 1 & 2 & 3 & 4 \\ 1 & 4 & 9 & 16 \end{bmatrix} = \frac{1}{80}\begin{bmatrix} 620 & -540 & 100 \\ -540 & 516 & -100 \\ 100 & -100 & 20 \end{bmatrix}\begin{bmatrix} 1 & 1 & 1 & 1 \\ 1 & 2 & 3 & 4 \\ 1 & 4 & 9 & 16 \end{bmatrix}$

$= \frac{1}{20}\begin{bmatrix} 45 & -15 & -25 & 15 \\ -31 & 23 & 27 & -19 \\ 5 & -5 & -5 & 5 \end{bmatrix}.$ $\text{Pinv } A\begin{bmatrix} 6 \\ 2 \\ 5 \\ 9 \end{bmatrix} = \begin{bmatrix} 12.5 \\ -8.8 \\ 2 \end{bmatrix}$, so $a = 12.5$, $b = -8.8$, $c = 2$,

and the least squares parabola is $y = 12.5 - 8.8x + 2x^2$.

10. $B = \text{Pinv } A = (A^t A)^{-1} A^t$. If A is nxm, then B is mxn.

   (a) $ABA = A(A^t A)^{-1} A^t A = AI_m = A.$ (b) $BAB = (A^t A)^{-1} A^t AB = I_m B = B.$

(c) AB is the projection matrix for the subspace spanned by the columns of A. This matrix was shown to be symmetric in Exercise 44(a) of Section 6.4.

(d) $BA = (A^t A)^{-1} A^t A = I_m$ and is therefore symmetric.

Chapter 7

Exercise Set 7.1

1. (a) Yes. (c) Yes.

2. (a) Yes. (b) No. The leading 1 in row 3 is not to the right of the leading 1 in row 2.

3. $\begin{bmatrix} 1 & 1 & 1 & 6 \\ 1 & -1 & 1 & 2 \\ 1 & 2 & 3 & 14 \end{bmatrix}$ $\begin{matrix} \\ R2+(-1)R1 \\ R3+(-1)R1 \end{matrix}$ $\approx \begin{bmatrix} 1 & 1 & 1 & 6 \\ 0 & -2 & 0 & -4 \\ 0 & 1 & 2 & 8 \end{bmatrix}$ $\begin{matrix} \\ (-1/2)R2 \\ \end{matrix}$ $\approx \begin{bmatrix} 1 & 1 & 1 & 6 \\ 0 & 1 & 0 & 2 \\ 0 & 1 & 2 & 8 \end{bmatrix}$

$\approx \atop R3+(-1)R2$ $\begin{bmatrix} 1 & 1 & 1 & 6 \\ 0 & 1 & 0 & 2 \\ 0 & 0 & 2 & 6 \end{bmatrix}$ $\approx \atop (1/2)R3$ $\begin{bmatrix} 1 & 1 & 1 & 6 \\ 0 & 1 & 0 & 2 \\ 0 & 0 & 1 & 3 \end{bmatrix}$

(a) $x_1 + x_2 + x_3 = 6$, $x_2 = 2$, and $x_3 = 3$. Back substituting $x_2 = 2$ and $x_3 = 3$ into the first equation, $x_1 = 1$.

(b) $\begin{bmatrix} 1 & 1 & 1 & 6 \\ 0 & 1 & 0 & 2 \\ 0 & 0 & 1 & 3 \end{bmatrix}$ $\approx \atop R1+(-1)R3$ $\begin{bmatrix} 1 & 1 & 0 & 3 \\ 0 & 1 & 0 & 2 \\ 0 & 0 & 1 & 3 \end{bmatrix}$ $\approx \atop R1+(-1)R2$ $\begin{bmatrix} 1 & 0 & 0 & 1 \\ 0 & 1 & 0 & 2 \\ 0 & 0 & 1 & 3 \end{bmatrix}$, so again

$x_1 = 1$, $x_2 = 2$, $x_3 = 3$.

5. $\begin{bmatrix} 1 & -1 & 2 & 3 \\ 2 & -2 & 5 & 4 \\ 1 & 2 & -1 & -3 \\ 0 & 2 & 2 & 1 \end{bmatrix}$ $\begin{matrix} \approx \\ R2+(-2)R1 \\ R3+(-1)R1 \end{matrix}$ $\begin{bmatrix} 1 & -1 & 2 & 3 \\ 0 & 0 & 1 & -2 \\ 0 & 3 & -3 & -6 \\ 0 & 2 & 2 & 1 \end{bmatrix}$ $\approx \atop R2 \Leftrightarrow R3$ $\begin{bmatrix} 1 & -1 & 2 & 3 \\ 0 & 3 & -3 & -6 \\ 0 & 0 & 1 & -2 \\ 0 & 2 & 2 & 1 \end{bmatrix}$

$\approx \atop (1/3)R2$ $\begin{bmatrix} 1 & -1 & 2 & 3 \\ 0 & 1 & -1 & -2 \\ 0 & 0 & 1 & -2 \\ 0 & 2 & 2 & 1 \end{bmatrix}$ $\approx \atop R4+(-2)R2$ $\begin{bmatrix} 1 & -1 & 2 & 3 \\ 0 & 1 & -1 & -2 \\ 0 & 0 & 1 & -2 \\ 0 & 0 & 4 & 5 \end{bmatrix}$. There is no reason to

Section 7.1

continue - the last two rows give inconsistent equations, so there is no solution.

6. $\begin{bmatrix} 1 & -1 & 1 & 2 & -2 & 1 \\ 2 & -1 & -1 & 3 & -1 & 3 \\ -1 & -1 & 5 & 0 & -4 & -3 \end{bmatrix} \underset{R3+R1}{\overset{R2+(-2)R1}{\approx}} \begin{bmatrix} 1 & -1 & 1 & 2 & -2 & 1 \\ 0 & 1 & -3 & -1 & 3 & 1 \\ 0 & -2 & 6 & 2 & -6 & -2 \end{bmatrix}$

$\underset{R3+2R2}{\approx} \begin{bmatrix} 1 & -1 & 1 & 2 & -2 & 1 \\ 0 & 1 & -3 & -1 & 3 & 1 \\ 0 & 0 & 0 & 0 & 0 & 0 \end{bmatrix}$

(a) $x_1 - x_2 + x_3 + 2x_4 - 2x_5 = 1$ and $x_2 - 3x_3 - x_4 + 3x_5 = 1$.
Back substituting $x_3 = r$, $x_4 = s$, $x_5 = t$ into the second equation, $x_2 = 1 + 3r + s - 3t$, and substituting for x_2, x_3, x_4, and x_5 in the first equation, $x_1 = 2 + 2r - s - t$.

(b) $\begin{bmatrix} 1 & -1 & 1 & 2 & -2 & 1 \\ 0 & 1 & -3 & -1 & 3 & 1 \\ 0 & 0 & 0 & 0 & 0 & 0 \end{bmatrix} \underset{R1+R2}{\approx} \begin{bmatrix} 1 & 0 & -2 & 1 & 1 & 2 \\ 0 & 1 & -3 & -1 & 3 & 1 \\ 0 & 0 & 0 & 0 & 0 & 0 \end{bmatrix}$, and again the general

solution is $x_1 = 2 + 2r - s - t$, $x_2 = 1 + 3r + s - 3t$, $x_3 = r$, $x_4 = s$, $x_5 = t$.

7 and 8. The augmented matrix is $4 \times (n+1)$, where n is the number of variables.

Gauss-Jordan elimination:

$\begin{bmatrix} * & * & * & * & * & \ldots & * \\ * & * & * & * & * & \ldots & * \\ * & * & * & * & * & \ldots & * \\ * & * & * & * & * & \ldots & * \end{bmatrix} \underset{n\ mults}{\approx} \begin{bmatrix} 1 & * & * & * & * & \ldots & * \\ * & * & * & * & * & \ldots & * \\ * & * & * & * & * & \ldots & * \\ * & * & * & * & * & \ldots & * \end{bmatrix} \underset{3n\ adds}{\overset{3n\ mults}{\approx}} \begin{bmatrix} 1 & * & * & * & * & \ldots & * \\ 0 & * & * & * & * & \ldots & * \\ 0 & * & * & * & * & \ldots & * \\ 0 & * & * & * & * & \ldots & * \end{bmatrix}$

$\underset{n-1\ mults}{\approx} \begin{bmatrix} 1 & * & * & * & * & \ldots & * \\ 0 & 1 & * & * & * & \ldots & * \\ 0 & * & * & * & * & \ldots & * \\ 0 & * & * & * & * & \ldots & * \end{bmatrix} \underset{3(n-1)\ adds}{\overset{3(n-1)\ mults}{\approx}} \begin{bmatrix} 1 & 0 & * & * & * & \ldots & * \\ 0 & 1 & * & * & * & \ldots & * \\ 0 & 0 & * & * & * & \ldots & * \\ 0 & 0 & * & * & * & \ldots & * \end{bmatrix}$

Section 7.1

$$\approx \underset{n-2\ mults}{\begin{bmatrix} 1 & 0 & * & * & * & \ldots & * \\ 0 & 1 & * & * & * & \ldots & * \\ 0 & 0 & 1 & * & * & \ldots & * \\ 0 & 0 & * & * & * & \ldots & * \end{bmatrix}} \begin{matrix} \approx \\ 3(n-2)\ mults \\ 3(n-2)\ adds \end{matrix} \begin{bmatrix} 1 & 0 & 0 & * & * & \ldots & * \\ 0 & 1 & 0 & * & * & \ldots & * \\ 0 & 0 & 1 & * & * & \ldots & * \\ 0 & 0 & 0 & * & * & \ldots & * \end{bmatrix}$$

$$\approx \underset{n-3\ mults}{\begin{bmatrix} 1 & 0 & 0 & * & * & \ldots & * \\ 0 & 1 & 0 & * & * & \ldots & * \\ 0 & 0 & 1 & * & * & \ldots & * \\ 0 & 0 & 0 & 1 & * & \ldots & * \end{bmatrix}} \begin{matrix} \approx \\ 3(n-3)\ mults \\ 3(n-3)\ adds \end{matrix} \begin{bmatrix} 1 & 0 & 0 & 0 & * & \ldots & * \\ 0 & 1 & 0 & 0 & * & \ldots & * \\ 0 & 0 & 1 & 0 & * & \ldots & * \\ 0 & 0 & 0 & 1 & * & \ldots & * \end{bmatrix}.$$

number of mults: n + (n−1) + (n−2) + (n−3) + 3[n + (n−1) + (n−2) + (n−3)]
number of adds: 3[n + (n−1) + (n−2) + (n−3)]
total number of operations: 7[n + (n−1) + (n−2) + (n−3)] = 7(4n−6)

Gaussian elimination:

$$\begin{bmatrix} * & * & * & * & * & \ldots & * \\ * & * & * & * & * & \ldots & * \\ * & * & * & * & * & \ldots & * \\ * & * & * & * & * & \ldots & * \end{bmatrix} \underset{n\ mults}{\approx} \begin{bmatrix} 1 & * & * & * & * & \ldots & * \\ * & * & * & * & * & \ldots & * \\ * & * & * & * & * & \ldots & * \\ * & * & * & * & * & \ldots & * \end{bmatrix} \begin{matrix} \approx \\ 3n\ mults \\ 3n\ adds \end{matrix} \begin{bmatrix} 1 & * & * & * & * & \ldots & * \\ 0 & * & * & * & * & \ldots & * \\ 0 & * & * & * & * & \ldots & * \\ 0 & * & * & * & * & \ldots & * \end{bmatrix}$$

$$\approx \underset{n-1\ mults}{\begin{bmatrix} 1 & * & * & * & * & \ldots & * \\ 0 & 1 & * & * & * & \ldots & * \\ 0 & * & * & * & * & \ldots & * \\ 0 & * & * & * & * & \ldots & * \end{bmatrix}} \begin{matrix} \approx \\ 2(n-1)\ mults \\ 2(n-1)\ adds \end{matrix} \begin{bmatrix} 1 & * & * & * & * & \ldots & * \\ 0 & 1 & * & * & * & \ldots & * \\ 0 & 0 & * & * & * & \ldots & * \\ 0 & 0 & * & * & * & \ldots & * \end{bmatrix}$$

$$\approx \underset{n-2\ mults}{\begin{bmatrix} 1 & * & * & * & * & \ldots & * \\ 0 & 1 & * & * & * & \ldots & * \\ 0 & 0 & 1 & * & * & \ldots & * \\ 0 & 0 & * & * & * & \ldots & * \end{bmatrix}} \begin{matrix} \approx \\ n-2\ mults \\ n-2\ adds \end{matrix} \begin{bmatrix} 1 & * & * & * & * & \ldots & * \\ 0 & 1 & * & * & * & \ldots & * \\ 0 & 0 & 1 & * & * & \ldots & * \\ 0 & 0 & 0 & * & * & \ldots & * \end{bmatrix}$$

$$\approx \underset{n-3\ mults}{\begin{bmatrix} 1 & * & * & * & * & \ldots & * \\ 0 & 1 & * & * & * & \ldots & * \\ 0 & 0 & 1 & * & * & \ldots & * \\ 0 & 0 & 0 & 1 & * & \ldots & * \end{bmatrix}}.$$

number of mults: n + (n−1) + (n−2) + (n−3) + 3n + 2(n−1) + (n−2)
number of adds: 3n + 2(n−1) + (n−2)

total number of operations: 16n − 14

Back substitution:

$$\begin{bmatrix} 1 & * & * & * & * & \ldots & * \\ 0 & 1 & * & * & * & \ldots & * \\ 0 & 0 & 1 & * & * & \ldots & * \\ 0 & 0 & 0 & * & * & \ldots & * \end{bmatrix} \underset{3(n-3)\ adds}{\overset{3(n-3)\ mults}{\approx}} \begin{bmatrix} 1 & * & * & 0 & * & \ldots & * \\ 0 & 1 & * & 0 & * & \ldots & * \\ 0 & 0 & 1 & 0 & * & \ldots & * \\ 0 & 0 & 0 & 1 & * & \ldots & * \end{bmatrix}$$

$$\underset{2(n-3)\ adds}{\overset{2(n-3)\ mults}{\approx}} \begin{bmatrix} 1 & * & 0 & 0 & * & \ldots & * \\ 0 & 1 & 0 & 0 & * & \ldots & * \\ 0 & 0 & 1 & 0 & * & \ldots & * \\ 0 & 0 & 0 & 1 & * & \ldots & * \end{bmatrix} \underset{n-3\ adds}{\overset{n-3\ mults}{\approx}} \begin{bmatrix} 1 & 0 & 0 & 0 & * & \ldots & * \\ 0 & 1 & 0 & 0 & * & \ldots & * \\ 0 & 0 & 1 & 0 & * & \ldots & * \\ 0 & 0 & 0 & 1 & * & \ldots & * \end{bmatrix}$$

number of mults: 3(n−3) + 2(n−3) + (n−3)   number of adds: 3(n−3) + 2(n−3) + (n−3)
total number of operations: 12(n−3)

In both exercises, eight operations are saved using Gaussian elimination. One addition and one multiplication are saved in getting zeros in each of the positions above the diagonal in column 3 and two additions and two multiplications are saved in getting the zero above the diagonal in column 2. The basic reason for the savings is that in back substituting, one is working from right to left. This provides the same savings in operations above the diagonal that one has below the diagonal working from left to right.

Let n = 5 (Exercise 7).
For Gauss-Jordan elimination the number of operations is 7(4n−6) = 98.
For Gaussian elimination the total number of operations is 16n − 14 + 12(n−3) = 90.

Let n = 6 (Exercise 8).
For Gauss-Jordan elimination the number of operations is 7(4n−6) = 126.
For Gaussian elimination the total number of operations is 16n − 14 + 12(n−3) = 118.

9. Yes. Consider a 2x3 matrix with no zeros in the first column. Find the echelon form leaving the rows in the original order, then do it switching the order of the rows first.

Exercise Set 7.2

1. From the first equation $x_1 = 1$, and from the second equation $2 - x_2 = -2$, so $x_2 = 4$.

Section 7.2

From the third equation $3 + 4 - x_3 = 8$, so $x_3 = -1$.

3. From the first equation $x_1 = -2$, and from the second equation $-6 + x_2 = -5$, so $x_2 = 1$.

   From the third equation $-2 + 4 + 2x_3 = 4$, so $x_3 = 1$.

4. From the third equation $x_3 = 2$, and from the second equation $2x_2 + 2 = 3$, so $x_2 = 1/2$.

   From the first equation $x_1 + 2 + 1/2 = 3$, so $x_1 = 1/2$.

6. From the third equation $x_3 = 7$, and from the second equation $2x_2 + 28 = 26$, so $x_2 = -1$.

   From the first equation $3x_1 - 2 - 7 = -6$, so $x_1 = 1$.

7. The "rule" is Ri− aRj ; causes $a_{ij} = a$, where a_{ij} is the (i,j)th position in L.

   (a) $L = \begin{bmatrix} 1 & 0 & 0 \\ 1 & 1 & 0 \\ -1 & -1 & 1 \end{bmatrix}$.

   (c) $L = \begin{bmatrix} 1 & 0 & 0 \\ -1/2 & 1 & 0 \\ -1/5 & 1 & 1 \end{bmatrix}$.

8. (a) R2 − 2R1, R3 + 3R1, R3 − 5R2

   (c) R3 − $\frac{1}{7}$ R1, R3 + $\frac{3}{4}$ R2

9. The matrix equation $A\mathbf{x} = \mathbf{b}$ is $\begin{bmatrix} 1 & 2 & -1 \\ -2 & -1 & 3 \\ 1 & -1 & -4 \end{bmatrix} \begin{bmatrix} x_1 \\ x_2 \\ x_3 \end{bmatrix} = \begin{bmatrix} 2 \\ 3 \\ -7 \end{bmatrix}$.

$\begin{bmatrix} 1 & 2 & -1 \\ -2 & -1 & 3 \\ 1 & -1 & -4 \end{bmatrix} \underset{R3+(-1)R1}{\overset{R2+2R1}{\approx}} \begin{bmatrix} 1 & 2 & -1 \\ 0 & 3 & 1 \\ 0 & -3 & -3 \end{bmatrix} \underset{R3+R2}{\approx} \begin{bmatrix} 1 & 2 & -1 \\ 0 & 3 & 1 \\ 0 & 0 & -2 \end{bmatrix} = U$, and

$L = \begin{bmatrix} 1 & 0 & 0 \\ -2 & 1 & 0 \\ 1 & -1 & 1 \end{bmatrix}$. $L\mathbf{y} = \begin{bmatrix} 2 \\ 3 \\ -7 \end{bmatrix}$ gives $\mathbf{y} = \begin{bmatrix} 2 \\ 7 \\ -2 \end{bmatrix}$, and $U\mathbf{x} = \mathbf{y}$ gives $\mathbf{x} = \begin{bmatrix} -1 \\ 2 \\ 1 \end{bmatrix}$.

11. The matrix equation $A\mathbf{x} = \mathbf{b}$ is $\begin{bmatrix} 3 & -1 & 1 \\ -3 & 2 & 1 \\ 9 & 5 & -3 \end{bmatrix} \begin{bmatrix} x_1 \\ x_2 \\ x_3 \end{bmatrix} = \begin{bmatrix} 10 \\ -8 \\ 24 \end{bmatrix}$.

$\begin{vmatrix} 3 & -1 & 1 \\ -3 & 2 & 1 \\ 9 & 5 & -3 \end{vmatrix} \begin{matrix} \approx \\ R2+R1 \\ R3+(-3)R1 \end{matrix} \begin{vmatrix} 3 & -1 & 1 \\ 0 & 1 & 2 \\ 0 & 8 & -6 \end{vmatrix} \begin{matrix} \approx \\ R3+(-8)R2 \end{matrix} \begin{vmatrix} 3 & -1 & 1 \\ 0 & 1 & 2 \\ 0 & 0 & -22 \end{vmatrix} = U$, and

$L = \begin{bmatrix} 1 & 0 & 0 \\ -1 & 1 & 0 \\ 3 & 8 & 1 \end{bmatrix}$. $L\mathbf{y} = \begin{bmatrix} 10 \\ -8 \\ 24 \end{bmatrix}$ gives $\mathbf{y} = \begin{bmatrix} 10 \\ 2 \\ -22 \end{bmatrix}$, and $U\mathbf{x} = \mathbf{y}$ gives $\mathbf{x} = \begin{bmatrix} 3 \\ 0 \\ 1 \end{bmatrix}$.

14. The matrix equation $A\mathbf{x} = \mathbf{b}$ is $\begin{bmatrix} -2 & 0 & 3 \\ -4 & 3 & 5 \\ 8 & 9 & -11 \end{bmatrix} \begin{bmatrix} x_1 \\ x_2 \\ x_3 \end{bmatrix} = \begin{bmatrix} 3 \\ 11 \\ 7 \end{bmatrix}$.

$\begin{vmatrix} -2 & 0 & 3 \\ -4 & 3 & 5 \\ 8 & 9 & -11 \end{vmatrix} \begin{matrix} \approx \\ R2+(-2)R1 \\ R3+4R1 \end{matrix} \begin{vmatrix} -2 & 0 & 3 \\ 0 & 3 & -1 \\ 0 & 9 & 1 \end{vmatrix} \begin{matrix} \approx \\ R3+(-3)R2 \end{matrix} \begin{vmatrix} -2 & 0 & 3 \\ 0 & 3 & -1 \\ 0 & 0 & 4 \end{vmatrix} = U$, and

$L = \begin{bmatrix} 1 & 0 & 0 \\ 2 & 1 & 0 \\ -4 & 3 & 1 \end{bmatrix}$. $L\mathbf{y} = \begin{bmatrix} 3 \\ 11 \\ 7 \end{bmatrix}$ gives $\mathbf{y} = \begin{bmatrix} 3 \\ 5 \\ 4 \end{bmatrix}$, and $U\mathbf{x} = \mathbf{y}$ gives $\mathbf{x} = \begin{bmatrix} 0 \\ 2 \\ 1 \end{bmatrix}$.

16. The matrix equation $A\mathbf{x} = \mathbf{b}$ is $\begin{bmatrix} 2 & -3 & 1 \\ 4 & -5 & 6 \\ -10 & 19 & 9 \end{bmatrix} \begin{bmatrix} x_1 \\ x_2 \\ x_3 \end{bmatrix} = \begin{bmatrix} -5 \\ 2 \\ 55 \end{bmatrix}$.

$$\begin{vmatrix} 2 & -3 & 1 \\ 4 & -5 & 6 \\ -10 & 19 & 9 \end{vmatrix} \begin{matrix} \\ R2+(-2)R1 \\ R3+5R1 \end{matrix} \approx \begin{vmatrix} 2 & -3 & 1 \\ 0 & 1 & 4 \\ 0 & 4 & 14 \end{vmatrix} \begin{matrix} \\ R3+(-4)R2 \\ \end{matrix} \approx \begin{vmatrix} 2 & -3 & 1 \\ 0 & 1 & 4 \\ 0 & 0 & -2 \end{vmatrix} = U, \text{ and}$$

$$L = \begin{bmatrix} 1 & 0 & 0 \\ 2 & 1 & 0 \\ -5 & 4 & 1 \end{bmatrix}. \; L\mathbf{y} = \begin{bmatrix} -5 \\ 2 \\ 55 \end{bmatrix} \text{ gives } \mathbf{y} = \begin{bmatrix} -5 \\ 12 \\ -18 \end{bmatrix}, \text{ and } U\mathbf{x} = \mathbf{y} \text{ gives } \mathbf{x} = \begin{bmatrix} -43 \\ -24 \\ 9 \end{bmatrix}.$$

18. The matrix equation $A\mathbf{x} = \mathbf{b}$ is $\begin{bmatrix} 1 & 2 & -1 \\ 2 & 5 & 1 \\ -1 & -1 & 4 \end{bmatrix} \begin{bmatrix} x_1 \\ x_2 \\ x_3 \end{bmatrix} = \begin{bmatrix} 2 \\ 3 \\ -3 \end{bmatrix}$.

$$\begin{vmatrix} 1 & 2 & -1 \\ 2 & 5 & 1 \\ -1 & -1 & 4 \end{vmatrix} \begin{matrix} \\ R2+(-2)R1 \\ R3+R1 \end{matrix} \approx \begin{vmatrix} 1 & 2 & -1 \\ 0 & 1 & 3 \\ 0 & 1 & 3 \end{vmatrix} \begin{matrix} \\ R3+(-1)R2 \\ \end{matrix} \approx \begin{vmatrix} 1 & 2 & -1 \\ 0 & 1 & 3 \\ 0 & 0 & 0 \end{vmatrix} = U, \text{ and}$$

$$L = \begin{bmatrix} 1 & 0 & 0 \\ 2 & 1 & 0 \\ -1 & 1 & 1 \end{bmatrix}. \; L\mathbf{y} = \begin{bmatrix} 2 \\ 3 \\ -3 \end{bmatrix} \text{ gives } \mathbf{y} = \begin{bmatrix} 2 \\ -1 \\ 0 \end{bmatrix}, \text{ and } U\mathbf{x} = \mathbf{y} \text{ gives } \mathbf{x} = \begin{bmatrix} 4+7r \\ -1-3r \\ r \end{bmatrix}.$$

19. The matrix equation $A\mathbf{x} = \mathbf{b}$ is $\begin{bmatrix} 4 & 1 & -2 \\ -4 & 2 & 3 \\ 8 & -7 & -7 \end{bmatrix} \begin{bmatrix} x_1 \\ x_2 \\ x_3 \end{bmatrix} = \begin{bmatrix} 3 \\ 1 \\ -2 \end{bmatrix}$.

$$\begin{vmatrix} 4 & 1 & -2 \\ -4 & 2 & 3 \\ 8 & -7 & -7 \end{vmatrix} \begin{matrix} \\ R2+R1 \\ R3+(-2)R1 \end{matrix} \approx \begin{vmatrix} 4 & 1 & -2 \\ 0 & 3 & 1 \\ 0 & -9 & -3 \end{vmatrix} \begin{matrix} \\ R3+3R2 \\ \end{matrix} \approx \begin{vmatrix} 4 & 1 & -2 \\ 0 & 3 & 1 \\ 0 & 0 & 0 \end{vmatrix} = U, \text{ and}$$

$$L = \begin{bmatrix} 1 & 0 & 0 \\ -1 & 1 & 0 \\ 2 & -3 & 1 \end{bmatrix}. \; L\mathbf{y} = \begin{bmatrix} 3 \\ 1 \\ -2 \end{bmatrix} \text{ gives } \mathbf{y} = \begin{bmatrix} 3 \\ 4 \\ 4 \end{bmatrix}, \text{ and } U\mathbf{x} = \mathbf{y} \text{ is a system with no solution.}$$

20. The matrix equation $A\mathbf{x} = \mathbf{b}$ is $\begin{bmatrix} 1 & 1 & -1 & 2 \\ 1 & 3 & 2 & 2 \\ -1 & -3 & -4 & 6 \\ 0 & 4 & 7 & -2 \end{bmatrix} \begin{bmatrix} x_1 \\ x_2 \\ x_3 \\ x_4 \end{bmatrix} = \begin{bmatrix} 7 \\ 6 \\ 12 \\ -7 \end{bmatrix}$.

$\begin{vmatrix} 1 & 1 & -1 & 2 \\ 1 & 3 & 2 & 2 \\ -1 & -3 & -4 & 6 \\ 0 & 4 & 7 & -2 \end{vmatrix} \underset{R3+R1}{\overset{R2+(-1)R1}{\approx}} \begin{vmatrix} 1 & 1 & -1 & 2 \\ 0 & 2 & 3 & 0 \\ 0 & -2 & -5 & 8 \\ 0 & 4 & 7 & -2 \end{vmatrix} \underset{R4+(-2)R2}{\overset{R3+R2}{\approx}} \begin{vmatrix} 1 & 1 & -1 & 2 \\ 0 & 2 & 3 & 0 \\ 0 & 0 & -2 & 8 \\ 0 & 0 & 1 & -2 \end{vmatrix}$

$\underset{R4+(1/2)R3}{\approx} \begin{vmatrix} 1 & 1 & -1 & 2 \\ 0 & 2 & 3 & 0 \\ 0 & 0 & -2 & 8 \\ 0 & 0 & 0 & 2 \end{vmatrix} = U$, and $L = \begin{bmatrix} 1 & 0 & 0 & 0 \\ 1 & 1 & 0 & 0 \\ -1 & -1 & 1 & 0 \\ 0 & 2 & -1/2 & 1 \end{bmatrix}$.

$L\mathbf{y} = \begin{bmatrix} 7 \\ 6 \\ 12 \\ -7 \end{bmatrix}$ gives $\mathbf{y} = \begin{bmatrix} 7 \\ -1 \\ 18 \\ 4 \end{bmatrix}$, and $U\mathbf{x} = \mathbf{y}$ gives $\mathbf{x} = \begin{bmatrix} 1 \\ 1 \\ -1 \\ 2 \end{bmatrix}$.

24. $\begin{bmatrix} 6 & -2 \\ 12 & 8 \end{bmatrix} = \begin{bmatrix} 1 & 0 \\ 2 & 1 \end{bmatrix} \begin{bmatrix} 6 & -2 \\ 0 & 12 \end{bmatrix} = \begin{bmatrix} 2 & 0 \\ 4 & 2 \end{bmatrix} \begin{bmatrix} 3 & -1 \\ 0 & 6 \end{bmatrix}$.

26. The first pair of row operations below require three multiplications and two additions each. The last row operation requires two multiplications and one addition. Thus a total of thirteen arithmetic operations are required to obtain U.

$\begin{vmatrix} a & b & c \\ d & e & f \\ g & h & i \end{vmatrix} \underset{R3+(-g/a)R1}{\overset{R2+(-d/a)R1}{\approx}} \begin{vmatrix} a & b & c \\ 0 & j & k \\ 0 & m & n \end{vmatrix} \overset{R3+(-m/j)R2}{\approx} \begin{vmatrix} a & b & c \\ 0 & j & k \\ 0 & 0 & s \end{vmatrix} = U$. No arithmetic operations

are required for L since it can be written down with no additional calculation.

$L = \begin{bmatrix} 1 & 0 & 0 \\ -p & 1 & 0 \\ -q & -r & 0 \end{bmatrix}$, where $p = \dfrac{d}{a}$, $q = \dfrac{g}{a}$, and $r = \dfrac{m}{j}$.

To solve $L\mathbf{y} = \mathbf{b}$ requires six operations as follows: $y_1 = b_1$ requires no operations, $y_2 = b_2 + pb_1$ requires one multiplication and one addition, and $y_3 = b_3 + qy_1 + ry_2$

requires two multiplications and two additions.

To solve $U\mathbf{x} = \mathbf{y}$ requires nine operations because there is an additional multiplication at each stage: $x_3 = y_3 / s$ requires one multiplication, $x_2 = (y_2 - kx_3)/j$ requires two multiplications and one addition, and $x_1 = (y_1 - bx_2 - cx_3)/a$ requires three multiplications and two additions.

Exercise Set 7.3

1. (a) max{1+3, 2+4} = max{4,6} = 6

   (c) max{1+3+6, 2+5+1, 0+4+2} = max{10,8,6} = 10

2. (a) $A = \begin{bmatrix} 1 & 2 \\ 3 & 4 \end{bmatrix}$ and $A^{-1} = \begin{bmatrix} -2 & 1 \\ 3/2 & -1/2 \end{bmatrix}$, so $||A|| = $ max{4,6} = 6 and

   $||A^{-1}|| = $ max{7/2, 3/2} = 7/2. Thus $c(A) = 21$.

   (c) $A = \begin{bmatrix} 5 & 2 \\ 8 & 3 \end{bmatrix}$ and $A^{-1} = \begin{bmatrix} -3 & 2 \\ 8 & -5 \end{bmatrix}$, so $||A|| = $ max{13,5} = 13 and

   $||A^{-1}|| = $ max{11,7} = 11. Thus $c(A) = 143$.

   (e) $A = \begin{bmatrix} 5.2 & 3.7 \\ 3.8 & 2.6 \end{bmatrix}$ and $A^{-1} = \begin{bmatrix} -2.6/.54 & 3.7/.54 \\ 3.8/.54 & -5.2/.54 \end{bmatrix}$, so $||A|| = $ max{9,6.3} = 9 and

   $||A^{-1}|| = $ max{6.4/.54, 8.9/.54} = 8.9/.54. Thus $c(A) = 148\frac{1}{3}$.

3. (a) $A = \begin{bmatrix} 9 & 2 \\ 4 & 7 \end{bmatrix}$ and $A^{-1} = \begin{bmatrix} 7/55 & -2/55 \\ -4/55 & 9/55 \end{bmatrix}$, so $||A|| = $ max{13,9} = 13 and

   $||A^{-1}|| = $ max{1/5, 1/5} = 1/5. Thus $c(A) = 13/5 = 2.6 = .26 \times 10^1$.

   The solution of a system of equations AX = B can have one fewer significant digit of accuracy than the elements of A.

Section 7.3

(c) $A = \begin{bmatrix} 300 & 1001 \\ 75 & 250 \end{bmatrix}$ and $A^{-1} = \begin{bmatrix} -10/3 & 1001/75 \\ 1 & -4 \end{bmatrix}$, so $\|A\| = \max\{375, 1251\}$

$= 1251$ and $\|A^{-1}\| = \max\{13/3, 1301/75\} = 1301/75$. Thus $c(A) = 21700.7$
$= .217 \times 10^5$.

The solution of a system of equations $AX = B$ can have five fewer significant digits of accuracy than the elements of A.

(e) $A = \begin{bmatrix} 5 & 3 \\ 4 & 2 \end{bmatrix}$ and $A^{-1} = \begin{bmatrix} -1 & 3/2 \\ 2 & -5/2 \end{bmatrix}$, so $\|A\| = \max\{9, 5\} = 9$ and

$\|A^{-1}\| = \max\{3, 4\} = 4$. Thus $c(A) = 36 = .36 \times 10^2$.

The solution of a system of equations $AX = B$ can have two fewer significant digits of accuracy than the elements of A.

4. (a) $A = \begin{bmatrix} 1 & 1 & -1 \\ 1 & 0 & 2 \\ 1 & -2 & 0 \end{bmatrix}$ and $A^{-1} = \begin{bmatrix} 1/2 & 1/4 & 1/4 \\ 1/4 & 1/8 & -3/8 \\ -1/4 & 3/8 & -1/8 \end{bmatrix}$, so $\|A\| = \max\{3, 3, 3\} = 3$ and

$\|A^{-1}\| = \max\{1, 3/4, 3/4\} = 1$. Thus $c(A) = 3 = .3 \times 10^1$.

The solution of a system of equations $AX = B$ can have one fewer significant digit of accuracy than the elements of A.

5. $A = \begin{bmatrix} 1/3 & 1/4 & 1/5 \\ 1/4 & 1/5 & 1/6 \\ 1/5 & 1/6 & 1/7 \end{bmatrix}$ and $A^{-1} = \begin{bmatrix} 300 & -900 & 630 \\ -900 & 2880 & -2100 \\ 630 & -2100 & 1575 \end{bmatrix}$, so $\|A\| = 47/60$ and

$\|A^{-1}\| = 5880$. Thus $c(A) = 4606$.

6. $A = \begin{bmatrix} 1 & k \\ 1 & 1 \end{bmatrix}$, $k \neq 1$, and $A^{-1} = \begin{bmatrix} 1/(1-k) & -k/(1-k) \\ -1/(1-k) & 1/(1-k) \end{bmatrix}$, so $\|A\| = \max\{2, 1+|k|\}$ and

$\|A^{-1}\| = \max\{2/|1-k|, (1+|k|)/|1-k|\}$. Thus if $k > 1$, $c(A) = (1+k)^2/k-1$. Solutions to

$c(A) = 100$ are $k = 1.0417$ and $k = 96.9583$. $c(A) > 100$ if k is in the interval

(1, 1.0417) or k > 96.9583. If $-1 \leq k < 1$, c(A) = 4/(1−k), which equals 100 if k = .96. c(A) > 100 if .96 < k < 1. If k < −1, c(A) = 1− k, which is greater than 100 if k < −99.

8. (a) $I^{-1} = I$, so both have 1-norm of 1 and C(I) = 1.

   (b) $1 = \|AA^{-1}\| \leq \|A\| \|A^{-1}\| = c(A)$.

10. If A is a diagonal matrix with diagonal elements a_{ii}, then A^{-1} is a diagonal matrix with diagonal elements $1/a_{ii}$. $\|A\| = \max\{a_{ii}\}$ and $\|A^{-1}\| = \max\{1/a_{ii}\} = 1/\min\{a_{ii}\}$, so $c(A) = (\max\{a_{ii}\})(1/\min\{a_{ii}\})$.

11. $\begin{bmatrix} 0 & -1 & 2 \\ 1 & 2 & -1 \\ 1 & 2 & 2 \end{bmatrix} \begin{bmatrix} x_1 \\ x_2 \\ x_3 \end{bmatrix} = \begin{bmatrix} 4 \\ 1 \\ 4 \end{bmatrix}$. $\begin{vmatrix} 0 & -1 & 2 & 4 \\ 1 & 2 & -1 & 1 \\ 1 & 2 & 2 & 4 \end{vmatrix} \underset{R1 \Leftrightarrow R2}{\approx} \begin{vmatrix} 1 & 2 & -1 & 1 \\ 0 & -1 & 2 & 4 \\ 1 & 2 & 2 & 4 \end{vmatrix}$

$\underset{R3+(-1)R1}{\approx} \begin{vmatrix} 1 & 2 & -1 & 1 \\ 0 & -1 & 2 & 4 \\ 0 & 0 & 3 & 3 \end{vmatrix} \underset{\substack{(-1)R2 \\ (1/3)R3}}{\approx} \begin{vmatrix} 1 & 2 & -1 & 1 \\ 0 & 1 & -2 & -4 \\ 0 & 0 & 1 & 1 \end{vmatrix} \underset{R1+(2)R2}{\approx} \begin{vmatrix} 1 & 0 & 3 & 9 \\ 0 & 1 & -2 & -4 \\ 0 & 0 & 1 & 1 \end{vmatrix}$

$\underset{\substack{R1+(-3)R3 \\ R2+2R3}}{\approx} \begin{vmatrix} 1 & 0 & 0 & 6 \\ 0 & 1 & 0 & -2 \\ 0 & 0 & 1 & 1 \end{vmatrix}$, so the exact solution is $\begin{vmatrix} x_1 \\ x_2 \\ x_3 \end{vmatrix} = \begin{vmatrix} 6 \\ -2 \\ 1 \end{vmatrix}$.

12. $\begin{bmatrix} -1 & 1 & 2 \\ 2 & 4 & -1 \\ 1 & 2 & 2 \end{bmatrix} \begin{bmatrix} x_1 \\ x_2 \\ x_3 \end{bmatrix} = \begin{bmatrix} 8 \\ 10 \\ 2 \end{bmatrix}$. $\begin{vmatrix} -1 & 1 & 2 & 8 \\ 2 & 4 & -1 & 10 \\ 1 & 2 & 2 & 2 \end{vmatrix} \underset{R1 \Leftrightarrow R2}{\approx} \begin{vmatrix} 2 & 4 & -1 & 10 \\ -1 & 1 & 2 & 8 \\ 1 & 2 & 2 & 2 \end{vmatrix}$

$\underset{(1/2)R1}{\approx} \begin{vmatrix} 1 & 2 & -1/2 & 5 \\ -1 & 1 & 2 & 8 \\ 1 & 2 & 2 & 2 \end{vmatrix} \underset{\substack{R2+R1 \\ R3+(-1)R1}}{\approx} \begin{vmatrix} 1 & 2 & -1/2 & 5 \\ 0 & 3 & 3/2 & 13 \\ 0 & 0 & 5/2 & -3 \end{vmatrix}$

$$\approx \atop {(1/3)R2 \atop (2/5)R3} \begin{vmatrix} 1 & 2 & -1/2 & 5 \\ 0 & 1 & 1/2 & 4.33 \\ 0 & 0 & 1 & -6/5 \end{vmatrix} \underset{R1+(-2)R2}{\approx} \begin{vmatrix} 1 & 0 & -3/2 & -3.66 \\ 0 & 1 & 1/2 & 4.33 \\ 0 & 0 & 1 & -1.2 \end{vmatrix}$$

(Here is the first round-off error.) (The round-off error gets multiplied here.)

$$\approx \atop {R1+(1.5)R3 \atop R2+(-.5)R3} \begin{vmatrix} 1 & 0 & 0 & -5.46 \\ 0 & 1 & 0 & 4.93 \\ 0 & 0 & 1 & -1.2 \end{vmatrix}, \text{ so } \begin{vmatrix} x_1 \\ x_2 \\ x_3 \end{vmatrix} = \begin{vmatrix} -5.46 \\ 4.93 \\ -1.2 \end{vmatrix}. \text{ Substituting into the original}$$

equations $5.46 + 4.93 - 2.4 = 7.99$, $-10.92 + 19.72 + 1.2 = 10$, and $-5.46 + 9.86 - 2.4 = 2$. The exact solution is $x_1 = -82/15$, $x_2 = 74/15$, $x_3 = -6/5$.

15. First we multiply equation 2 by $1/.01$, then let $.1x_3 = y_3$, $x_2 = y_2$, $x_1 = y_1$. The matrix equation becomes $\begin{bmatrix} 0 & 1 & -1 \\ 2 & 1 & 0 \\ 1 & -4 & 1 \end{bmatrix} \begin{bmatrix} y_1 \\ y_2 \\ y_3 \end{bmatrix} = \begin{bmatrix} 2 \\ 1 \\ 2 \end{bmatrix}$.

$$\begin{vmatrix} 0 & 1 & -1 & 2 \\ 2 & 1 & 0 & 1 \\ 1 & -4 & 1 & 2 \end{vmatrix} \underset{R1 \Leftrightarrow R2}{\approx} \begin{vmatrix} 2 & 1 & 0 & 1 \\ 0 & 1 & -1 & 2 \\ 1 & -4 & 1 & 2 \end{vmatrix} \underset{(1/2)R1}{\approx} \begin{vmatrix} 1 & 1/2 & 0 & 1/2 \\ 0 & 1 & -1 & 2 \\ 1 & -4 & 1 & 2 \end{vmatrix}$$

$$\underset{R3+(-1)R1}{\approx} \begin{vmatrix} 1 & 1/2 & 0 & 1/2 \\ 0 & 1 & -1 & 2 \\ 0 & -9/2 & 1 & 3/2 \end{vmatrix} \underset{R2 \Leftrightarrow R3}{\approx} \begin{vmatrix} 1 & 1/2 & 0 & 1/2 \\ 0 & -9/2 & 1 & 3/2 \\ 0 & 1 & -1 & 2 \end{vmatrix}$$

$$\underset{(-2/9)R2}{\approx} \begin{vmatrix} 1 & 1/2 & 0 & 1/2 \\ 0 & 1 & -.2222 & -.3333 \\ 0 & 1 & -1 & 2 \end{vmatrix} \underset{R1+(-1/2)R2 \atop R3+(-1)R2}{\approx} \begin{vmatrix} 1 & 0 & .1111 & .6667 \\ 0 & 1 & -.2222 & -.3333 \\ 0 & 0 & -.7778 & 2.3333 \end{vmatrix}$$

(Four decimal places for **y** will result in three decimal places for **x**.)

$$\underset{(-1/.7778)R3}{\approx} \begin{vmatrix} 1 & 0 & .1111 & .6667 \\ 0 & 1 & -.2222 & -.3333 \\ 0 & 0 & 1 & -2.9999 \end{vmatrix} \underset{R1+(-.1111)R3 \atop R2+(.2222)R3}{\approx} \begin{vmatrix} 1 & 0 & 0 & 1.0000 \\ 0 & 1 & 0 & -.9999 \\ 0 & 0 & 1 & -2.9999 \end{vmatrix}$$

$\begin{bmatrix} y_1 \\ y_2 \\ y_3 \end{bmatrix} = \begin{bmatrix} 1.0000 \\ -.9999 \\ -2.9999 \end{bmatrix}$. Therefore $x_1 = 1.000$, $x_2 = -1.000$, and $x_3 = -29.999$.

The exact solution is $x_1 = 1$, $x_2 = -1$, and $x_3 = -30$.

17. $\begin{bmatrix} 1 & -2 & -1 \\ 1 & -.001 & -1 \\ 1 & 3 & -.002 \end{bmatrix} \begin{bmatrix} x_1 \\ x_2 \\ x_3 \end{bmatrix} = \begin{bmatrix} 1 \\ 2 \\ -1 \end{bmatrix}$.

$\begin{vmatrix} 1 & -2 & -1 & 1 \\ 1 & -.001 & -1 & 2 \\ 1 & 3 & -.002 & -1 \end{vmatrix} \begin{matrix} \\ R2+(-1)R1 \\ R3+(-1)R1 \end{matrix} \approx \begin{vmatrix} 1 & -2 & -1 & 1 \\ 0 & 1.999 & 0 & 1 \\ 0 & 5 & .998 & -2 \end{vmatrix}$

$\underset{R2 \Leftrightarrow R3}{\approx} \begin{vmatrix} 1 & -2 & -1 & 1 \\ 0 & 5 & .998 & -2 \\ 0 & 1.999 & 0 & 1 \end{vmatrix} \underset{(1/5)R2}{\approx} \begin{vmatrix} 1 & -2 & -1 & 1 \\ 0 & 1 & .200 & -.4 \\ 0 & 1.999 & 0 & 1 \end{vmatrix}$

(The first round-off error is here.)

$\underset{\substack{R1+2R2 \\ R3+(-1.999)R2}}{\approx} \begin{vmatrix} 1 & 0 & -.600 & .2 \\ 0 & 1 & .200 & -.4 \\ 0 & 0 & -.400 & 1.800 \end{vmatrix} \underset{(-1/.400)R3}{\approx} \begin{vmatrix} 1 & 0 & -.600 & .2 \\ 0 & 1 & .200 & -.4 \\ 0 & 0 & 1 & -4.500 \end{vmatrix}$

$\underset{\substack{R1+.600R3 \\ R2+(-.200)R3}}{\approx} \begin{vmatrix} 1 & 0 & 0 & -2.500 \\ 0 & 1 & 0 & .500 \\ 0 & 0 & 1 & -4.500 \end{vmatrix}$, so $\begin{bmatrix} x_1 \\ x_2 \\ x_3 \end{bmatrix} = \begin{bmatrix} -2.500 \\ .500 \\ -4.500 \end{bmatrix}$. Substituting in the original

equations $-2.500 - 1.000 + 4.500 = 1$, $-2.500 - .001 + 4.500 = 2 - .001 = 1.999$, and $-2.500 + 1.500 + .009 = -1 + .009 = -.991$.

Exercise Set 7.4

For Exercises 1–6 we give iterations found using a computer program. We stop when for all variables two successive iterations have given the same value to two decimal places.

1.
x	y	z
1	2	3
2.25	0	1.9375
2.484375	0.425	1.98515625
2.390039063	0.4059375	2.003974609
2.399509277	0.3984101562	1.99972522
2.400328766	0.4001099121	1.999945287

Thus to two decimal places x = 2.40, y = 0.40, and z = 2.00. In fact this is the exact solution.

3.

x	y	z
0	0	0
4	5.5	2.875
4.525	5.2375	2.678125
4.511875	5.2440625	2.683046875
4.512203125	5.243898438	2.682923828

Thus to two decimal places x = 4.51, y = 5.24, and z = 2.68. These values are the two-decimal-place approximations to the exact solution x = 185/41, y = 215/41, z = 110/41.

5.

x	y	z
20	30	−40
30	−22.5	11.3
−1.02	5.835	−0.571
9.3954	−2.34045	3.14717
6.273042	0.1502715	2.0245541
7.22023266	−0.603977805	2.364842093
6.933267602	−0.3754232776	2.261738176
7.020220074	−0.4446754931	2.292979113
6.993873256	−0.4236918496	2.283513021
7.001856422	−0.4300499555	2.286381275
6.999437499	−0.4281234305	2.285512186

Thus to two decimal places x = 7.00, y = −0.43, and z = 2.29. These values are the two-decimal-place approximations to the exact solution x = 7, y = −3/7, z = 16/7.

6.

x	y	z	w
0	0	0	0
3.333333333	3.333333333	6.666666667	2.333333333
2.388888888	1.784722222	5.989583333	2.319097222
2.246006944	1.971853299	5.939326534	2.332596571
2.283321699	1.979753154	5.939729234	2.32525443
2.285794915	1.979343327	5.942657121	2.325638153
2.285174675	1.978688885	5.942534914	2.325725539

Thus to two decimal places x = 2.29, y = 1.98, z = 5.94, and w = 2.33. These values are the two-decimal-place approximations to the exact solution x = 7310/3199, y = 6330/3199, z = 19010/3199, w = 7440/3199.

Exercise Set 7.5

In Exercises 1 and 3 we choose $\mathbf{x} = \begin{bmatrix} 1 \\ 2 \\ 1 \end{bmatrix}$. Results are recorded to five decimal places. The process is stopped when successive results agree to three decimal places.

1.

$\dfrac{A\mathbf{x}\cdot\mathbf{x}}{\mathbf{x}\cdot\mathbf{x}}$	Scaled $A\mathbf{x}$
2	$\begin{bmatrix} 1 \\ 0.5 \\ -0.5 \end{bmatrix}$
8	$\begin{bmatrix} 1 \\ 0.125 \\ -0.875 \end{bmatrix}$
8.31579	$\begin{bmatrix} 1 \\ 0.03125 \\ -0.96875 \end{bmatrix}$
8.09063	$\begin{bmatrix} 1 \\ 0.00781 \\ -0.99219 \end{bmatrix}$
8.02325	$\begin{bmatrix} 1 \\ 0.00195 \\ -0.99805 \end{bmatrix}$
8.00585	$\begin{bmatrix} 1 \\ 0.00049 \\ -0.99951 \end{bmatrix}$
8.00146	$\begin{bmatrix} 1 \\ 0.00012 \\ -0.99988 \end{bmatrix}$
8.00037	$\begin{bmatrix} 1 \\ 0.00003 \\ -0.99997 \end{bmatrix}$

Hence $\lambda = 8$ and the dominant

3.

$\dfrac{A\mathbf{x}\cdot\mathbf{x}}{\mathbf{x}\cdot\mathbf{x}}$	Scaled $A\mathbf{x}$
6	$\begin{bmatrix} 1 \\ -0.1 \\ 1 \end{bmatrix}$
5.26866	$\begin{bmatrix} 1 \\ 0.01887 \\ 1 \end{bmatrix}$
6.13081	$\begin{bmatrix} 1 \\ -0.00308 \\ 1 \end{bmatrix}$
5.97843	$\begin{bmatrix} 1 \\ 0.00051 \\ 1 \end{bmatrix}$
6.00360	$\begin{bmatrix} 1 \\ -0.00008 \\ 1 \end{bmatrix}$
5.99940	$\begin{bmatrix} 1 \\ 0.00001 \\ 1 \end{bmatrix}$

Hence $\lambda = 6$ and the dominant eigenvector is $r\begin{bmatrix} 1 \\ 0 \\ 1 \end{bmatrix}$.

eigenvector is $r\begin{bmatrix} 1 \\ 0 \\ -1 \end{bmatrix}$.

In Exercises 5 and 7 we choose $\mathbf{x} = \begin{bmatrix} 1 \\ 2 \\ 1 \\ 2 \end{bmatrix}$. Results are recorded to five decimal places. The process is stopped when successive results agree to three decimal places.

5.

$\dfrac{A\mathbf{x}\cdot\mathbf{x}}{\mathbf{x}\cdot\mathbf{x}}$	Scaled $A\mathbf{x}$
4.8	$\begin{bmatrix} 0.28571 \\ 0.14286 \\ 0.85714 \\ 1 \end{bmatrix}$
5.46667	$\begin{bmatrix} 0.10526 \\ 0.05263 \\ 0.94737 \\ 1 \end{bmatrix}$
5.86087	$\begin{bmatrix} 0.03636 \\ 0.01818 \\ 0.98182 \\ 1 \end{bmatrix}$
5.95964	$\begin{bmatrix} 0.01227 \\ 0.00613 \\ 0.99387 \\ 1 \end{bmatrix}$
5.98728	$\begin{bmatrix} 0.00411 \\ 0.00205 \\ 0.99795 \\ 1 \end{bmatrix}$
5.99584	$\begin{bmatrix} 0.00137 \\ 0.00069 \\ 0.99931 \\ 1 \end{bmatrix}$

7.

$\dfrac{A\mathbf{x}\cdot\mathbf{x}}{\mathbf{x}\cdot\mathbf{x}}$	Scaled $A\mathbf{x}$
14.2	$\begin{bmatrix} 1 \\ 0 \\ 0.03030 \\ 0.20202 \end{bmatrix}$
82.22351	$\begin{bmatrix} 1 \\ 0.00976 \\ -0.00940 \\ 0.04785 \end{bmatrix}$
84.30649	$\begin{bmatrix} 1 \\ 0.01118 \\ -0.01117 \\ 0.04011 \end{bmatrix}$
84.31129	$\begin{bmatrix} 1 \\ 0.01125 \\ -0.01125 \\ 0.03976 \end{bmatrix}$
84.31129	$\begin{bmatrix} 1 \\ 0.01126 \\ -0.01126 \\ 0.03975 \end{bmatrix}$

Hence $\lambda = 84.311$ and the dominant

$$5.99862 \quad \begin{bmatrix} 0.00046 \\ 0.00023 \\ 0.99977 \\ 1 \end{bmatrix} \qquad \text{eigenvector is } r\begin{bmatrix} 1 \\ 0.011 \\ -0.011 \\ 0.040 \end{bmatrix}.$$

$$5.99954 \quad \begin{bmatrix} 0.00015 \\ 0.00008 \\ 0.99992 \\ 1 \end{bmatrix}$$

Hence $\lambda = 6$ and the dominant eigenvector is $r\begin{bmatrix} 0 \\ 0 \\ 1 \\ 1 \end{bmatrix}$.

In Exercises 9 and 11 we choose $\mathbf{x} = \begin{bmatrix} 1 \\ 2 \\ 1 \end{bmatrix}$. Results are recorded to five decimal places. The process is stopped when successive results agree to three decimal places.

9.

$\dfrac{A\mathbf{x}\cdot\mathbf{x}}{\mathbf{x}\cdot\mathbf{x}}$	9.16667	9.99083	9.99991	10.00000	10.00000
Scaled $A\mathbf{x}$	$\begin{bmatrix} 0.9375 \\ 1 \\ 0.5 \end{bmatrix}$	$\begin{bmatrix} 0.99359 \\ 1 \\ 0.5 \end{bmatrix}$	$\begin{bmatrix} 0.99936 \\ 1 \\ 0.5 \end{bmatrix}$	$\begin{bmatrix} 0.99994 \\ 1 \\ 0.5 \end{bmatrix}$	$\begin{bmatrix} 0.99999 \\ 1 \\ 0.5 \end{bmatrix}$

Thus the dominant eigenvalue is $\lambda = 10$ and the dominant eigenvector is $r\begin{bmatrix} 1 \\ 1 \\ 0.5 \end{bmatrix}$.

The unit eigenvector is $\mathbf{y} = \begin{bmatrix} 2/3 \\ 2/3 \\ 1/3 \end{bmatrix}$, and $B = A - \lambda \mathbf{y}\mathbf{y}^t = \dfrac{1}{9}\begin{bmatrix} 5 & -4 & -2 \\ -4 & 5 & -2 \\ -2 & -2 & 8 \end{bmatrix}$.

Let $C = 9B$.

$\dfrac{C\mathbf{x}\cdot\mathbf{x}}{\mathbf{x}\cdot\mathbf{x}}$	0.83333	9	9
$C\mathbf{x}$	$\begin{bmatrix} -1 \\ 0.8 \\ 0.4 \end{bmatrix}$	$\begin{bmatrix} -1 \\ 0.8 \\ 0.4 \end{bmatrix}$	$\begin{bmatrix} -1 \\ 0.8 \\ 0.4 \end{bmatrix}$

Section 7.5

Thus the dominant eigenvalue of C is $\lambda = 9$ with eigenvector $\begin{bmatrix} -1 \\ 0.8 \\ 0.4 \end{bmatrix}$, so the dominant eigenvalue of B (and therefore an eigenvalue of A) is 1 with eigenvector $\begin{bmatrix} -1 \\ 0.8 \\ 0.4 \end{bmatrix}$.

The eigenspace of $\lambda = 1$ has dimension 2 with basis $\begin{bmatrix} -1 \\ 1 \\ 0 \end{bmatrix}$ and $\begin{bmatrix} 0 \\ -1 \\ 2 \end{bmatrix}$, so there are no more eigenvalues.

11.

$\dfrac{Ax \cdot x}{x \cdot x}$	5.33333	11.47368	11.98459	11.99957	11.99999	12.00000
Scaled Ax	$\begin{bmatrix} 1 \\ 0.33333 \\ 1 \end{bmatrix}$	$\begin{bmatrix} 1 \\ 0.05556 \\ 1 \end{bmatrix}$	$\begin{bmatrix} 1 \\ 0.00926 \\ 1 \end{bmatrix}$	$\begin{bmatrix} 1 \\ 0.00154 \\ 1 \end{bmatrix}$	$\begin{bmatrix} 1 \\ 0.00026 \\ 1 \end{bmatrix}$	$\begin{bmatrix} 1 \\ 0.00004 \\ 1 \end{bmatrix}$

Thus $\lambda = 12$ with dominant eigenvector $r\begin{bmatrix} 1 \\ 0 \\ 1 \end{bmatrix}$. The unit eigenvector is $y = \begin{bmatrix} 1/\sqrt{2} \\ 0 \\ 1/\sqrt{2} \end{bmatrix}$, and

$B = A - \lambda yy^t = \begin{bmatrix} 1 & 0 & -1 \\ 0 & 2 & 0 \\ -1 & 0 & 1 \end{bmatrix}$. Three iterations of the process confirm that $\lambda = 2$ with dominant eigenvector $\begin{bmatrix} 0 \\ 1 \\ 0 \end{bmatrix}$. The eigenspace of $\lambda = 2$ has dimension 2 with basis vectors $\begin{bmatrix} 0 \\ 1 \\ 0 \end{bmatrix}$ and $\begin{bmatrix} 1 \\ 0 \\ -1 \end{bmatrix}$, so there are no additional eigenvalues of A.

12. Choose $x = \begin{bmatrix} 1 \\ 2 \\ 1 \\ 2 \end{bmatrix}$; record to five decimal places successive values of $\dfrac{Ax \cdot x}{x \cdot x}$.

$\dfrac{\mathbf{Ax \cdot x}}{\mathbf{x \cdot x}}$: 3.8, 9.36066, 9.92232, 9.97852, 9.99251, 9.99731, 9.99903, 9.99965.

$\lambda = 10$ and the dominant eigenvector is $r\begin{bmatrix} 1 \\ 0 \\ 0 \\ 1 \end{bmatrix}$. The unit eigenvector is $\mathbf{y} = \begin{bmatrix} 1/\sqrt{2} \\ 0 \\ 0 \\ 1/\sqrt{2} \end{bmatrix}$

and $B = A - \lambda \mathbf{yy}^t = \begin{bmatrix} -1 & 0 & 0 & 1 \\ 0 & 2 & -4 & 0 \\ 0 & -4 & 2 & 0 \\ 1 & 0 & 0 & -1 \end{bmatrix}$.

$\dfrac{\mathbf{Bx \cdot x}}{\mathbf{x \cdot x}}$: -0.7, 1.78947, 5.12088, 5.89175, 5.98783, 5.99865, 5.99985, 5.99998.

$\lambda = 6$ and the dominant eigenvector is $r\begin{bmatrix} 0 \\ 1 \\ -1 \\ 0 \end{bmatrix}$. The unit eigenvector is $\mathbf{z} = \begin{bmatrix} 0 \\ 1/\sqrt{2} \\ -1/\sqrt{2} \\ 0 \end{bmatrix}$

and $C = B - \lambda \mathbf{zz}^t = \begin{bmatrix} -1 & 0 & 0 & 1 \\ 0 & -1 & -1 & 0 \\ 0 & -1 & -1 & 0 \\ 1 & 0 & 0 & -1 \end{bmatrix}$. $\dfrac{\mathbf{Cx \cdot x}}{\mathbf{x \cdot x}}$: $-1, -2, -2$.

$\lambda = -2$ with dominant eigenvector $r\begin{bmatrix} -1/3 \\ 1 \\ 1 \\ 1/3 \end{bmatrix}$. The eigenspace of $\lambda = -2$ is two-

dimensional with basis vectors $\begin{bmatrix} -1 \\ 0 \\ 0 \\ 1 \end{bmatrix}$ and $\begin{bmatrix} 0 \\ 1 \\ 1 \\ 0 \end{bmatrix}$, so there are no more eigenvalues.

14. (a) $B = A + I = \begin{bmatrix} 1 & 1 & 0 & 0 \\ 1 & 1 & 1 & 0 \\ 0 & 1 & 1 & 1 \\ 0 & 0 & 1 & 1 \end{bmatrix}$ and $\mathbf{x} = \begin{bmatrix} 1 \\ 2 \\ 2 \\ 1 \end{bmatrix}$.

$\dfrac{B\mathbf{x}\cdot\mathbf{x}}{\mathbf{x}\cdot\mathbf{x}}$	2.6	2.6176	2.6180
Scaled B**x**	$\begin{bmatrix} 0.6 \\ 1 \\ 1 \\ 0.6 \end{bmatrix}$	$\begin{bmatrix} 0.615 \\ 1 \\ 1 \\ 0.615 \end{bmatrix}$	$\begin{bmatrix} 0.618 \\ 1 \\ 1 \\ 0.618 \end{bmatrix}$

The sum of the entries is 3.236, so the Gould accessibility indices are .618/3.236 = .191, 1/3.236 = .309, 1/3.236 = .309, and .618/3.236 = .191. The given initial vector yields three decimal place accuracy after only three iterations.

(b) $B = A + I = \begin{bmatrix} 1 & 0 & 1 & 0 & 0 & 0 \\ 0 & 1 & 1 & 0 & 0 & 0 \\ 1 & 1 & 1 & 1 & 0 & 0 \\ 0 & 0 & 1 & 1 & 1 & 1 \\ 0 & 0 & 0 & 1 & 1 & 0 \\ 0 & 0 & 0 & 1 & 0 & 1 \end{bmatrix}$ and $\mathbf{x} = \begin{bmatrix} 1 \\ 1 \\ 3 \\ 3 \\ 1 \\ 1 \end{bmatrix}$.

$\dfrac{B\mathbf{x}\cdot\mathbf{x}}{\mathbf{x}\cdot\mathbf{x}}$	2.90909	3	3
Scaled B**x**	$\begin{bmatrix} 0.5 \\ 0.5 \\ 1 \\ 1 \\ 0.5 \\ 0.5 \end{bmatrix}$	$\begin{bmatrix} 0.5 \\ 0.5 \\ 1 \\ 1 \\ 0.5 \\ 0.5 \end{bmatrix}$	$\begin{bmatrix} 0.5 \\ 0.5 \\ 1 \\ 1 \\ 0.5 \\ 0.5 \end{bmatrix}$

The sum of the entries is 4, so the Gould accessibility indices are

Chapter 7 Review Exercises

1/8, 1/8, 1/4, 1/4, 1/8, and 1/8. The given initial vector yields an eigenvector for the largest positive eigenvalue immediately.

Chapter 7 Review Exercises

1. From the first equation $x_1 = 2$, and from the second equation $6 - x_2 = 7$, so $x_2 = -1$.

   From the third equation $2 - 3 + 2x_3 = 1$, so $x_3 = 1$.

2. The "rule" is Ri − aRj causes the (i,j)th position in L to be a. $L = \begin{bmatrix} 1 & 0 & 0 \\ 3/2 & 1 & 0 \\ -2/7 & 4 & 1 \end{bmatrix}$.

3. The matrix equation $A\mathbf{x} = \mathbf{b}$ is $\begin{bmatrix} 6 & 1 & -1 \\ -6 & 1 & 1 \\ 12 & 12 & 1 \end{bmatrix} \begin{bmatrix} x_1 \\ x_2 \\ x_3 \end{bmatrix} = \begin{bmatrix} 5 \\ 1 \\ 52 \end{bmatrix}$.

$\begin{vmatrix} 6 & 1 & -1 \\ -6 & 1 & 1 \\ 12 & 12 & 1 \end{vmatrix} \underset{R2+R1}{\underset{R3+(-2)R1}{\approx}} \begin{vmatrix} 6 & 1 & -1 \\ 0 & 2 & 0 \\ 0 & 10 & 3 \end{vmatrix} \underset{R3+(-5)R2}{\approx} \begin{vmatrix} 6 & 1 & -1 \\ 0 & 2 & 0 \\ 0 & 0 & 3 \end{vmatrix} = U$, and

$L = \begin{bmatrix} 1 & 0 & 0 \\ -1 & 1 & 0 \\ 2 & 5 & 1 \end{bmatrix}$. $L\mathbf{y} = \begin{bmatrix} 5 \\ 1 \\ 52 \end{bmatrix}$ gives $\mathbf{y} = \begin{bmatrix} 5 \\ 6 \\ 12 \end{bmatrix}$, and $U\mathbf{x} = \mathbf{y}$ gives $\mathbf{x} = \begin{bmatrix} 1 \\ 3 \\ 4 \end{bmatrix}$.

4. The arrays below show the numbers of multiplications and additions needed to compute each entry in the matrix $LU = A$.

```
1 1 1 ... 1   1            0 0 0 ... 0   0
1 2 2 ... 2   2            0 1 1 ... 1   1
1 2 3 ... 3   3            0 1 2 ... 2   2
: : :     :   :            : : :     :   :
1 2 3 ... n−1 n−1          0 1 2 ... n−2 n−2
1 2 3 ... n−1 n            0 1 2 ... n−2 n−1
    multiplications                additions
```

216

Chapter 7 Review Exercises

In the multiplication array, for any i, the sum of the numbers in the ith column down to a_{ii} and the numbers in the ith row to and including a_{ii} is i^2:

$$a_{i1} + a_{1i} + a_{i2} + a_{2i} + \ldots + a_{i\,i-1} + a_{i-1\,i} + a_{ii} = 2\times1 + 2\times2 + \ldots + 2(i-1) + i$$

$= 2(1+2+\ldots+(i-1)) + i = 2\frac{(i-1)i}{2} + i = i^2$. Thus the number of multiplications needed to calculate LU is the sum of the squares of the numbers from 1 to n:

$$1^2 + 2^2 + \ldots + (n-1)^2 + n^2 = \frac{n(n+1)(2n+1)}{6} = \frac{2n^3+3n^2+n}{6}.$$ Likewise, the number of additions is the sum of the squares of the numbers from 1 to n−1:

$$1^2 + 2^2 + \ldots + (n-2)^2 + (n-1)^2 = \frac{(n-1)n(2n-1)}{6} = \frac{2n^3-3n^2+n}{6}.$$ Thus the total number of operations is $\frac{2n^3+3n^2+n}{6} + \frac{2n^3-3n^2+n}{6} = \frac{2n^3+n}{3}$.

If one assumes the elements on the diagonal of L are all 1, the number of multiplications for each term on or above the diagonal is decreased by 1. There are

$$n + (n-1) + \ldots + 2 + 1 = \frac{n(n+1)}{2}$$ such terms, so the number of multiplications in this

case is $\frac{2n^3+3n^2+n}{6} - \frac{n(n+1)}{2} = \frac{n^3-n}{3}$ and the total number of operations is

$$\frac{2n^3-3n^2+n}{6} + \frac{n^3-n}{3} = \frac{4n^3-3n^2-n}{6}.$$

5. $A = \begin{bmatrix} 250 & 401 \\ 125 & 201 \end{bmatrix}$ and $A^{-1} = \begin{bmatrix} 201/125 & -401/125 \\ -1 & 2 \end{bmatrix}$, so $\|A\| = \max\{375, 602\} = 602$ and

$\|A^{-1}\| = \max\{326/125, 651/125\} = 651/125$. Thus $c(A) = 3135.216 = .3135216 \times 10^4$.

The solution of a system of equations AX = B can have four fewer significant digits of accuracy than the elements of A or B.

6. $A = \begin{bmatrix} 1 & 1 & -1 \\ 1 & 0 & 2 \\ 0 & 3 & 2 \end{bmatrix}$ and $A^{-1} = \begin{bmatrix} 6/11 & 5/11 & -2/11 \\ 2/11 & -2/11 & 3/11 \\ -3/11 & 3/11 & 1/11 \end{bmatrix}$, so $\|A\| = \max\{2,4,5\} = 5$ and

$\|A^{-1}\| = \max\{1, 10/11, 6/11\} = 1$. Thus $c(A) = 5 = .5 \times 10^1$. The solution of a system of equations $AX = B$ can have one fewer significant digit of accuracy than the elements of A.

$A = \begin{bmatrix} 1 & -1 & -1 & 0 & 0 \\ 0 & 0 & 1 & -1 & -1 \\ 1 & 1 & 0 & 0 & 0 \\ 1 & 0 & 0 & 2 & 0 \\ 0 & 0 & 0 & 2 & 2 \end{bmatrix}$ and $A^{-1} = \begin{bmatrix} 1/2 & 1/2 & 1/2 & 0 & 1/4 \\ -1/2 & -1/2 & 1/2 & 0 & -1/4 \\ 0 & 1 & 0 & 0 & 1/2 \\ -1/4 & -1/4 & -1/4 & 1/2 & -1/8 \\ 1/4 & 1/4 & 1/4 & -1/2 & 5/8 \end{bmatrix}$,

so $\|A\| = \max\{3,2,2,5,3\} = 5$ and $\|A^{-1}\| = \max\{3/2, 5/2, 3/2, 1, 7/4\} = 5/2$. Thus $c(A) = 25/2 = 12.5 = .125 \times 10^2$. The solution of a system of equations $AX = B$ can have two fewer significant digits of accuracy than the elements of A.

7. $c(A) = \|A\| \|A^{-1}\| = \|A^{-1}\| \|A\| = \|A^{-1}\| \|(A^{-1})^{-1}\| = c(A^{-1})$.

8. $c(A)$ is defined only for nonsingular matrices, so it is not a linear mapping of M_{nn}.

9. (a) Multiply the first equation by 10, then let $100x_1 = y_1$, $x_2 = y_2$, $.01x_3 = y_3$. The matrix equation becomes $\begin{bmatrix} 0 & -4 & 2 \\ 1 & 1 & -1 \\ 2 & 2 & -3 \end{bmatrix} \begin{bmatrix} y_1 \\ y_2 \\ y_3 \end{bmatrix} = \begin{bmatrix} 2 \\ 1 \\ 1 \end{bmatrix}$.

$\begin{vmatrix} 0 & -4 & 2 & 2 \\ 1 & 1 & -1 & 1 \\ 2 & 2 & -3 & 1 \end{vmatrix} \underset{R1 \Leftrightarrow R3}{\approx} \begin{vmatrix} 2 & 2 & -3 & 1 \\ 1 & 1 & -1 & 1 \\ 0 & -4 & 2 & 2 \end{vmatrix} \underset{(1/2)R1}{\approx} \begin{vmatrix} 1 & 1 & -3/2 & 1/2 \\ 1 & 1 & -1 & 1 \\ 0 & -4 & 2 & 2 \end{vmatrix}$

$\underset{R2+(-1)R1}{\approx} \begin{vmatrix} 1 & 1 & -3/2 & 1/2 \\ 0 & 0 & 1/2 & 1/2 \\ 0 & -4 & 2 & 2 \end{vmatrix} \underset{R2 \Leftrightarrow R3}{\approx} \begin{vmatrix} 1 & 1 & -3/2 & 1/2 \\ 0 & -4 & 2 & 2 \\ 0 & 0 & 1/2 & 1/2 \end{vmatrix}$

Chapter 7 Review Exercises

$$\underset{(-1/4)R2}{\approx} \begin{vmatrix} 1 & 1 & -3/2 & 1/2 \\ 0 & 1 & -1/2 & -1/2 \\ 0 & 0 & 1/2 & 1/2 \end{vmatrix} \underset{R1+(-1)R2}{\approx} \begin{vmatrix} 1 & 0 & -1 & 1 \\ 0 & 1 & -1/2 & -1/2 \\ 0 & 0 & 1/2 & 1/2 \end{vmatrix}$$

$$\underset{2R3}{\approx} \begin{vmatrix} 1 & 0 & -1 & 1 \\ 0 & 1 & -1/2 & -1/2 \\ 0 & 0 & 1 & 1 \end{vmatrix} \underset{\substack{R1+R3 \\ R2+(1/2)R3}}{\approx} \begin{vmatrix} 1 & 0 & 0 & 2 \\ 0 & 1 & 0 & 0 \\ 0 & 0 & 1 & 1 \end{vmatrix}, \text{ so } \begin{vmatrix} y_1 \\ y_2 \\ y_3 \end{vmatrix} = \begin{vmatrix} 2 \\ 0 \\ 1 \end{vmatrix}.$$

Thus $x_1 = 1/50$, $x_2 = -0$, and $x_3 = 100$.

(b) Multiply the second equation by 10 and the third equation by 100, then let $.001x_3 = y_3$, $x_1 = y_1$, $x_2 = y_2$. The matrix equation becomes

$$\begin{bmatrix} 0 & -1 & 1 \\ 1 & 0 & 2 \\ 1 & 1 & 3 \end{bmatrix} \begin{bmatrix} y_1 \\ y_2 \\ y_3 \end{bmatrix} = \begin{bmatrix} 6 \\ -2 \\ 2 \end{bmatrix}. \quad \begin{vmatrix} 0 & -1 & 1 & 6 \\ 1 & 0 & 2 & -2 \\ 1 & 1 & 3 & 2 \end{vmatrix} \underset{R1 \Leftrightarrow R2}{\approx} \begin{vmatrix} 1 & 0 & 2 & -2 \\ 0 & -1 & 1 & 6 \\ 1 & 1 & 3 & 2 \end{vmatrix}$$

$$\underset{R3+(-1)R2}{\approx} \begin{vmatrix} 1 & 0 & 2 & -2 \\ 0 & -1 & 1 & 6 \\ 0 & 1 & 1 & 4 \end{vmatrix} \underset{(-1)R2}{\approx} \begin{vmatrix} 1 & 0 & 2 & -2 \\ 0 & 1 & -1 & -6 \\ 0 & 1 & 1 & 4 \end{vmatrix} \underset{R3+(-1)R2}{\approx} \begin{vmatrix} 1 & 0 & 2 & -2 \\ 0 & 1 & -1 & -6 \\ 0 & 0 & 2 & 10 \end{vmatrix}$$

$$\underset{(1/2)R3}{\approx} \begin{vmatrix} 1 & 0 & 2 & -2 \\ 0 & 1 & -1 & -6 \\ 0 & 0 & 1 & 5 \end{vmatrix} \underset{\substack{R1+(-2)R3 \\ R2+R3}}{\approx} \begin{vmatrix} 1 & 0 & 0 & -1/2 \\ 0 & 1 & 0 & -1 \\ 0 & 0 & 1 & 5 \end{vmatrix}, \text{ so } \begin{vmatrix} y_1 \\ y_2 \\ y_3 \end{vmatrix} = \begin{vmatrix} -12 \\ -1 \\ 5 \end{vmatrix}.$$

Thus $x_1 = -12$, $x_2 = -1$, and $x_3 = 5000$.

10. These iterations were found using a computer program. We stop when for all variables two successive iterations have given the same value to two decimal places.

x	y	z
1	2	-3
3.666666667	-1.047619048	3.845238095
5.31547619	1.414965986	2.817389456
4.733737245	1.140670554	3.03139805
4.815121249	1.20913595	2.9939357
4.797466625	1.198124836	3.001102135
4.800496217	1.200330567	2.999793304

Thus to two decimal places $x = 4.80$, $y = 1.20$, and $z = 3.00$. Substitution of these values into the given equations will show that, in fact, this is the exact solution.

11. We choose $\mathbf{x} = \begin{bmatrix} 1 \\ 2 \\ 1 \end{bmatrix}$. Results are recorded to 5 decimal places. The process is stopped when successive results agree to three significant digits.

$\dfrac{A\mathbf{x} \cdot \mathbf{x}}{\mathbf{x} \cdot \mathbf{x}}$	Scaled $A\mathbf{x}$
9.83333	$\begin{bmatrix} 0.61111 \\ 0.83333 \\ 1 \end{bmatrix}$
11.71045	$\begin{bmatrix} 0.64 \\ 1 \\ 0.955 \end{bmatrix}$
11.65458	$\begin{bmatrix} 0.64954 \\ 0.98520 \\ 1 \end{bmatrix}$
11.72116	$\begin{bmatrix} 0.65327 \\ 1 \\ 0.99933 \end{bmatrix}$
11.71197	$\begin{bmatrix} 0.65228 \\ 0.99646 \\ 1 \end{bmatrix}$
11.71629	$\begin{bmatrix} 0.65256 \\ 0.99752 \\ 1 \end{bmatrix}$
11.71567	$\begin{bmatrix} 0.65246 \\ 0.99723 \\ 1 \end{bmatrix}$
11.71594	$\begin{bmatrix} 0.65248 \\ 0.99731 \\ 1 \end{bmatrix}$

Hence $\lambda = 11.716$ and the dominant eigenvector is $r \begin{bmatrix} 0.652 \\ 0.997 \\ 1 \end{bmatrix}$.

Chapter 7 Review Exercises

12. We choose $\mathbf{x} = \begin{bmatrix} 1 \\ 2 \\ 1 \end{bmatrix}$. Values of $\dfrac{A\mathbf{x} \cdot \mathbf{x}}{\mathbf{x} \cdot \mathbf{x}}$ are 4, 5.5, 5.74194, 5.87645, 5.94314, 5.97432, 5.98851, 5.99487, 5.99772, 5.99899. Thus $\lambda = 6$. The dominant eigenvector is $r \begin{bmatrix} 1 \\ 2 \\ -1 \end{bmatrix}$ and the unit eigenvector is $\mathbf{y} = \begin{bmatrix} 1/\sqrt{6} \\ 2/\sqrt{6} \\ -1/\sqrt{6} \end{bmatrix}$.

$B = A - \lambda \mathbf{y}\mathbf{y}^t = \begin{bmatrix} 2 & 0 & 2 \\ 0 & 0 & 0 \\ 2 & 0 & 2 \end{bmatrix}$. Three iterations of the process confirm that $\lambda = 4$ with dominant eigenvector $s \begin{bmatrix} 1 \\ 0 \\ 1 \end{bmatrix}$. The unit eigenvector is $\mathbf{z} = \begin{bmatrix} 1/\sqrt{2} \\ 0 \\ 1/\sqrt{2} \end{bmatrix}$, and

$C = A - \lambda \mathbf{z}\mathbf{z}^t$ is the zero matrix. Thus the remaining eigenvalue is zero. The corresponding eigenvector is $t \begin{bmatrix} -1 \\ 1 \\ 1 \end{bmatrix}$.

Chapter 8

Exercise Set 8.1

For Exercises 1 - 14 in this section we refer to the drawing at the right. The points A, B, C, E, and F will be identified, and the objective function will be evaluated at the three nonzero vertices A, B, and C of the feasible region.

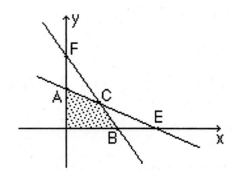

1. $4x + y = 36$ $F = (0,36)$ $B = (9,0)$

    $4x + 3y = 60$ $A = (0,20)$ $E = (15,0)$ $C = (6,12)$

    At A, $f = 2(0) + 20 = 20$; at B, $f = 2(9) + 0 = 18$; and at C, $f = 2(6) + 12 = 24$, so the maximum value of f is 24 and it occurs at the point C.

3. $x + 3y = 15$ $A = (0,5)$ $E = (15,0)$

    $2x + y = 10$ $F = (0,10)$ $B = (5,0)$ $C = (3,4)$

    At A, $f = 4(0) + 2(5) = 10$; at B, $f = 4(5) + 2(0) = 20$; and at C, $f = 4(3) + 2(4) = 20$, so the maximum value of f is 20 and it occurs at every point on the line segment joining B and C.

5. $2x + y = 4$ $A = (0,4)$ $E = (2,0)$

    $6x + y = 8$ $F = (0,8)$ $B = (4/3,0)$ $C = (1,2)$

    At A, $f = 4(0) + 4 = 4$; at B, $f = 4(4/3) + 0 = 16/3$; and at C, $f = 4(1) + 2 = 6$, so the maximum value of f is 6 and it occurs at the point C.

Section 8.1

6. $x + y = 150$ $A = (0,150)$ $E = (150,0)$

     $4x + y = 450$ $F = (0,450)$ $B = (112.5,0)$ $C = (100,50)$

At A, $-f = 3(0) + 150 = 150$; at B, $-f = 3(112.5) + 0 = 337.5$; and at C,

$-f = 3(100) + 50 = 350$, so the maximum value of $-f$ is 350 and it occurs at the point C.

Thus the minimum value of f is -350 and it occurs at the point C.

8. $x + 2y = 4$ $F = (0,2)$ $B = (4,0)$

     $x + 4y = 6$ $A = (0,3/2)$ $E = (6,0)$ $C = (2,1)$

At A, $-f = 0 - 2(3/2) = -3$; at B, $-f = 4 - 2(0) = 4$; and at C,

$-f = 2 - 2(1) = 0$, so the maximum value of $-f$ is 4 and it occurs at the point B.

Thus the minimum value of f is -4 and it occurs at the point B.

9.

	hours	cost($)	profit($)	number to manufacture
C1	1	30	10	x
C2	4	20	8	y
totals	≤1600	≤18000		

We are to maximize profit, $f = 10x + 8y$, subject to the constraints

$$x + 4y \leq 1600 \quad \text{(hours)},$$

$$30x + 20y \leq 18000 \text{ (divide by 10: } 3x + 2y \leq 1800) \text{ (cost)},$$

$x \geq 0$, and $y \geq 0$.

$x + 4y = 1600$ $A = (0,400)$ $E = (1600,0)$

$3x + 2y = 1800$ $F = (0,900)$ $B = (600,0)$ $C = (400,300)$

At A, $f = 10(0) + 8(400) = 3200$; at B, $f = 10(600) + 8(0) = 6000$; and at C,

$f = 10(400) + 8(300) = 6400$, so the maximum value of f is 6400 and it occurs at the point C. To ensure the maximum profit of $6400, the company should manufacture 400 of model C1 and 300 of model C2.

11.

	hours	cost($)	profit($)	number to ship
X	20	60	40	x
Y	10	10	20	y
totals	≤1200	≤2400		

We are to maximize profit, $f = 40x + 20y$, subject to the constraints

$20x + 10y \leq 1200$ (divide by 10: $2x + y \leq 120$) (hours),

$60x + 10y \leq 2400$ (divide by 10: $6x + y \leq 240$) (cost),

$x \geq 0$, and $y \geq 0$.

$2x + y = 120$ $A = (0, 120)$ $E = (60, 0)$

$6x + y = 240$ $F = (0, 240)$ $B = (40, 0)$ $C = (30, 60)$

At A, $f = 40(0) + 20(120) = 2400$; at B, $f = 40(40) + 20(0) = 1600$; and at C, $f = 40(30) + 20(60) = 2400$, so the maximum value of f is 2400 and it occurs at all points on the line segment joining points A and C. To ensure the maximum profit of $2400, the company should ship x refrigerators from the plant at town X and $120 - 2x$ refrigerators from the plant at town Y, where $0 \leq x \leq 30$.

13.

	cotton(sq. yd.)	wool(sq. yd.)	number to make	income($)
suit	2	1	x	90
dress	1	3	y	90
totals	≤80	≤120		

We are to maximize income, $f = 90x + 90y$, subject to the constraints

$2x + y \leq 80$ (sq. yd. cotton),

Section 8.1

$x + 3y \leq 120$ (sq. yd. wool),

$x \geq 0$, and $y \geq 0$.

$2x + y = 80$ $F = (0,80)$ $B = (40,0)$

$x + 3y = 120$ $A = (0,40)$ $E = (120,0)$ $C = (24,32)$

At A, $f = 90(0) + 90(40) = 3600$; at B, $f = 90(40) + 90(0) = 3600$; and at C,

$f = 90(24) + 90(32) = 5040$, so the maximum value of f is 5040 and it occurs at the point

C. To ensure the maximum income of $5040, the tailor should make 24 suits and 32

dresses.

15.

	from A	from B	time
cars to C	x	120 − x	2x + 6(120 − x)
cars to D	y	180 − y	4y + 3(180 − y)
totals	≤100	≤200	≤1030

We are to maximize $f = 120 - x$, subject to the constraints

$x + y \leq 100$,

$120 - x + 180 - y \leq 200$ (simplified: $x + y \geq 100$)

(the first two constraints imply $x + y = 0$),

$2x + 6(120 - x) + 4y + 3(180 - y) \leq 1030$ (simplified: $4x - y \geq 230$),

$x \geq 0$, and $y \geq 0$.

Section 8.1

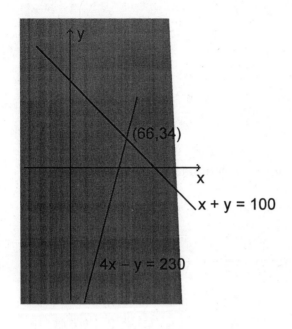

The only point in the feasible region is the point (66,34). Thus from port A 66 cars should be moved to city C and 34 cars should be moved to city D. From port B 54 cars should be moved to city C and 146 cars should be moved to city D.

17.

	A (tons)	B (tons)	tons of fertilizer
X	.8	.2	x
Y	.6	.4	y
totals	≤100	≤50	

We are to maximize the amount of fertilizer, $f = x + y$, subject to the constraints

$.8x + .6y \leq 100$ (multiply by 5: $4x + 3y \leq 500$) (amount of A),

$.2x + .4y \leq 50$ (multiply by 5: $x + 2y \leq 250$) (amount of B),

$x \geq 30$, and $y \geq 50$.

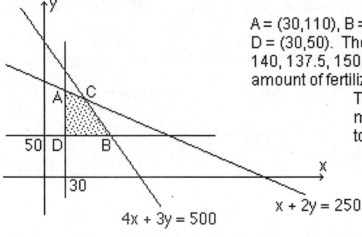

A = (30,110), B = (87.5,50), C = (50,100), and D = (30,50). The values of f at these points are 140, 137.5, 150, and 80. Thus, the maximum amount of fertilizer that can be made is 150 tons. To achieve this maximum, the manufacturer should make 50 tons of X and 100 tons of Y.

18.

	units of A per oz.	units of B per oz.	cost(cents per oz.)	oz.
M	1	2	8	x
N	1	1	12	y
totals	≥7	≥10		

We are to minimize the cost, $f = 8x + 12y$, subject to the constraints

$$x + y \geq 7 \quad \text{(units of A)},$$
$$2x + y \geq 10 \quad \text{(units of B)},$$

$x \geq 0$, and $y \geq 0$.

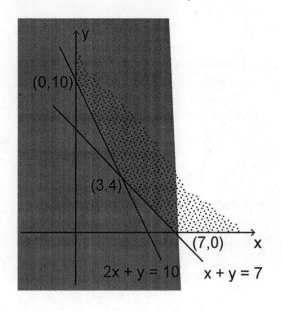

The values of f are $8(0) + 12(10) = 120$, $8(3) + 12(4) = 72$, and $8(7) + 12(0) = 56$. Thus the hospital can achieve the minimum cost of 56 cents by serving 7 oz. of item M and no item N.

20. (a)

	pounds	cu. ft.	profit($)	number of packages
Pringle	5	5	.30	x
Williams	6	3	.40	y
totals	≤12000	≤9000		

We are to maximize profit, $f = .3x + .4y$, subject to the constraints

$$5x + 6y \leq 12000 \quad \text{(weight in pounds)},$$
$$5x + 3y \leq 9000 \quad \text{(volume in cu. ft.)},$$

$x \geq 0$, and $y \geq 0$.

At A, B, and C, $f = 800, 540$, and 760. Thus, the profit is maximized if the shipper carries no packages for Pringle and 2000 packages for Williams.

Section 8.2

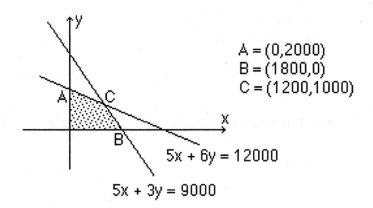

A = (0,2000)
B = (1800,0)
C = (1200,1000)

$5x + 6y = 12000$

$5x + 3y = 9000$

Exercise Set 8.2

1. We indicate the row and column of the initial pivot element with arrows.

$$\begin{array}{c} \ x\ \ y\ \ u\ \ v\ \ f \\ \rightarrow \begin{bmatrix} 4 & 1 & 1 & 0 & 0 & 36 \\ 4 & 3 & 0 & 1 & 0 & 60 \\ -2 & -1 & 0 & 0 & 1 & 0 \end{bmatrix} \\ \ \uparrow \end{array} \approx \begin{bmatrix} 1 & 1/4 & 1/4 & 0 & 0 & 9 \\ 4 & 3 & 0 & 1 & 0 & 60 \\ -2 & -1 & 0 & 0 & 1 & 0 \end{bmatrix} \approx \begin{bmatrix} 1 & 1/4 & 1/4 & 0 & 0 & 9 \\ 0 & 2 & -1 & 1 & 0 & 24 \\ 0 & -1/2 & 1/2 & 0 & 1 & 18 \end{bmatrix}$$

$$\approx \begin{bmatrix} 1 & 1/4 & 1/4 & 0 & 0 & 9 \\ 0 & 1 & -1/2 & 1/2 & 0 & 12 \\ 0 & -1/2 & 1/2 & 0 & 1 & 18 \end{bmatrix} \approx \begin{bmatrix} 1 & 0 & 3/8 & -1/8 & 0 & 6 \\ 0 & 1 & -1/2 & 1/2 & 0 & 12 \\ 0 & 0 & 1/4 & 1/4 & 1 & 24 \end{bmatrix}.$$ The elements in the

last row are all positive, so this is the final tableau. The maximum value of f is 24 when u and v are both zero. With u = v = 0, the first two rows give x = 6 and y = 12.

2. $$\begin{array}{c} \ x\ \ y\ \ u\ \ v\ \ f \\ \rightarrow \begin{bmatrix} 1 & 2 & 1 & 0 & 0 & 4 \\ 1 & 6 & 0 & 1 & 0 & 8 \\ -1 & 4 & 0 & 0 & 1 & 0 \end{bmatrix} \\ \ \uparrow \end{array} \approx \begin{bmatrix} 1 & 2 & 1 & 0 & 0 & 4 \\ 0 & 4 & -1 & 1 & 0 & 4 \\ 0 & 6 & 1 & 0 & 1 & 4 \end{bmatrix}.$$ The maximum value of f is 4 when

y = u = 0. The first row gives x = 4.

4.   x   y   u   v   f

$$\rightarrow \begin{bmatrix} 1 & 1 & 1 & 0 & 0 & 180 \\ 3 & 2 & 0 & 1 & 0 & 480 \\ -10 & -5 & 0 & 0 & 1 & 0 \end{bmatrix} \approx \begin{bmatrix} 1 & 1 & 1 & 0 & 0 & 180 \\ 1 & 2/3 & 0 & 1/3 & 0 & 160 \\ -10 & -5 & 0 & 0 & 1 & 0 \end{bmatrix}$$

↑

$$\approx \begin{bmatrix} 0 & 1/3 & 1 & -1/3 & 0 & 20 \\ 1 & 2/3 & 0 & 1/3 & 0 & 160 \\ 0 & 5/3 & 0 & 10/3 & 1 & 1600 \end{bmatrix}.$$ The maximum value of f is 1600 when y = v = 0. From the second row x = 160.

6.
$$\begin{array}{cccccccc} & x & y & z & u & v & w & f \\ & 5 & 5 & 10 & 1 & 0 & 0 & 0 & 1000 \\ & 10 & 8 & 5 & 0 & 1 & 0 & 0 & 2000 \\ \rightarrow & 10 & 5 & 0 & 0 & 0 & 1 & 0 & 500 \\ & -100 & -200 & -50 & 0 & 0 & 0 & 1 & 0 \end{array} \approx \begin{bmatrix} 5 & 5 & 10 & 1 & 0 & 0 & 0 & 1000 \\ 10 & 8 & 5 & 0 & 1 & 0 & 0 & 2000 \\ 2 & 1 & 0 & 0 & 0 & 1/5 & 0 & 100 \\ -100 & -200 & -50 & 0 & 0 & 0 & 1 & 0 \end{bmatrix}$$

↑

$$\approx \begin{bmatrix} -5 & 0 & 10 & 1 & 0 & -1 & 0 & 500 \\ -6 & 0 & 5 & 0 & 1 & -8/5 & 0 & 1200 \\ 2 & 1 & 0 & 0 & 0 & 1/5 & 0 & 100 \\ 300 & 0 & -50 & 0 & 0 & 40 & 1 & 20000 \end{bmatrix} \approx \begin{bmatrix} -1/2 & 0 & 1 & 1/10 & 0 & -1/10 & 0 & 50 \\ -6 & 0 & 5 & 0 & 1 & -8/5 & 0 & 1200 \\ 2 & 1 & 0 & 0 & 0 & 1/5 & 0 & 100 \\ 300 & 0 & -50 & 0 & 0 & 40 & 1 & 20000 \end{bmatrix}$$

$$\approx \begin{bmatrix} -1/2 & 0 & 1 & 1/10 & 0 & -1/10 & 0 & 50 \\ -7/2 & 0 & 0 & -1/2 & 1 & -11/10 & 0 & 950 \\ 2 & 1 & 0 & 0 & 0 & 1/5 & 0 & 100 \\ 275 & 0 & 0 & 5 & 0 & 35 & 1 & 22500 \end{bmatrix}.$$

The maximum value of f is 22500 when x = u = w = 0. Row 3 gives y = 100 and row 1 gives z = 50.

7.
$$\begin{array}{ccccccc} & x & y & z & u & v & w & f \\ & -1 & 2 & 3 & 1 & 0 & 0 & 0 & 6 \\ \rightarrow & -1 & 4 & 5 & 0 & 1 & 0 & 0 & 5 \\ & -1 & 5 & 7 & 0 & 0 & 1 & 0 & 7 \\ & -2 & -4 & -1 & 0 & 0 & 0 & 1 & 0 \end{array} \approx \begin{bmatrix} -1 & 2 & 3 & 1 & 0 & 0 & 0 & 6 \\ -1/4 & 1 & 5/4 & 0 & 1/4 & 0 & 0 & 5/4 \\ -1 & 5 & 7 & 0 & 0 & 1 & 0 & 7 \\ -2 & -4 & -1 & 0 & 0 & 0 & 1 & 0 \end{bmatrix}$$

↑

$$\approx \begin{bmatrix} -1/2 & 0 & 1/2 & 1 & -1/2 & 0 & 0 & 7/2 \\ -1/4 & 1 & 5/4 & 0 & 1/4 & 0 & 0 & 5/4 \\ 1/4 & 0 & 3/4 & 0 & -5/4 & 1 & 0 & 3/4 \\ -3 & 0 & 4 & 0 & 1 & 0 & 1 & 5 \end{bmatrix} \approx \begin{bmatrix} -1/2 & 0 & 1/2 & 1 & -1/2 & 0 & 0 & 7/2 \\ -1/4 & 1 & 5/4 & 0 & 1/4 & 0 & 0 & 5/4 \\ 1 & 0 & 3 & 0 & -5 & 4 & 0 & 3 \\ -3 & 0 & 4 & 0 & 1 & 0 & 1 & 5 \end{bmatrix}$$

$$\approx \begin{bmatrix} 0 & 0 & 2 & 1 & -3 & 2 & 0 & 5 \\ 0 & 1 & 2 & 0 & -1 & 1 & 0 & 2 \\ 1 & 0 & 3 & 0 & -5 & 4 & 0 & 3 \\ 0 & 0 & 13 & 0 & -14 & 12 & 1 & 14 \end{bmatrix}.$$

We can do no more. There are no positive terms in the pivot column. This means that the feasible region is unbounded and the objective function is unbounded. That is, there is no maximum.

10.

	I	II	III	profit($)	number to make
X	2	4		10	x
Y	3		6	8	y
Z	1	2	3	12	z
totals	≤360	≤360	≤360		

We are to maximize profit, $f = 10x + 8y + 12z$, subject to the constraints
$2x + 3y + z \leq 360$, $4x + 2z \leq 360$, $6y + 3z \leq 360$, $x \geq 0, y \geq 0, z \geq 0$.

$$\begin{array}{c} xyzuvwf \\ \begin{bmatrix} 2 & 3 & 1 & 1 & 0 & 0 & 0 & 360 \\ 4 & 0 & 2 & 0 & 1 & 0 & 0 & 360 \\ 0 & 6 & 3 & 0 & 0 & 1 & 0 & 360 \\ -10 & -8 & -12 & 0 & 0 & 0 & 1 & 0 \end{bmatrix} \\ \uparrow \end{array} \approx \begin{bmatrix} 2 & 3 & 1 & 1 & 0 & 0 & 0 & 360 \\ 4 & 0 & 2 & 0 & 1 & 0 & 0 & 360 \\ 0 & 2 & 1 & 0 & 0 & 1/3 & 0 & 120 \\ -10 & -8 & -12 & 0 & 0 & 0 & 1 & 0 \end{bmatrix}$$

$$\approx \begin{bmatrix} 2 & 1 & 0 & 1 & 0 & -1/3 & 0 & 240 \\ 4 & -4 & 0 & 0 & 1 & -2/3 & 0 & 120 \\ 0 & 2 & 1 & 0 & 0 & 1/3 & 0 & 120 \\ -10 & 16 & 0 & 0 & 0 & 4 & 1 & 1440 \end{bmatrix} \approx \begin{bmatrix} 2 & 1 & 0 & 1 & 0 & -1/3 & 0 & 240 \\ 1 & -1 & 0 & 0 & 1/4 & -1/6 & 0 & 30 \\ 0 & 2 & 1 & 0 & 0 & 1/3 & 0 & 120 \\ -10 & 16 & 0 & 0 & 0 & 4 & 1 & 1440 \end{bmatrix}$$

$$\approx \begin{bmatrix} 0 & 3 & 0 & 1 & -1/2 & 0 & 0 & 180 \\ 1 & -1 & 0 & 0 & 1/4 & -1/6 & 0 & 30 \\ 0 & 2 & 1 & 0 & 0 & 1/3 & 0 & 120 \\ 0 & 6 & 0 & 0 & 5/2 & 7/3 & 1 & 1740 \end{bmatrix}.$$ The maximum value of f is 1740 when

$y = v = w = 0$. Row 2 gives $x = 30$ and row 3 gives $z = 120$. So the company should produce 30 of item X, no item Y, and 120 of item Z to make maximum profit of $1740 per day.

12.

	cost($)	time(hrs)	profit($)	number to transport
A	10	6	12	x
B	20	4	20	y
C	40	2	16	z
totals	≤6000	≤4000		

We are to maximize profit, $f = 12x + 20y + 16z$, subject to the constraints

$10x + 20y + 40z \le 6000$, $6x + 4y + 2z \le 4000$, $x \ge 0, y \ge 0, z \ge 0$.

$$\rightarrow \begin{bmatrix} x & y & z & u & v & f & \\ 10 & 20 & 40 & 1 & 0 & 0 & 6000 \\ 6 & 4 & 2 & 0 & 1 & 0 & 4000 \\ -12 & -20 & -16 & 0 & 0 & 1 & 0 \end{bmatrix} \approx \begin{bmatrix} 1/2 & 1 & 2 & 1/20 & 0 & 0 & 300 \\ 6 & 4 & 2 & 0 & 1 & 0 & 4000 \\ -12 & -20 & -16 & 0 & 0 & 1 & 0 \end{bmatrix}$$

$$\approx \begin{bmatrix} 1/2 & 1 & 2 & 1/20 & 0 & 0 & 300 \\ 4 & 0 & -6 & -1/5 & 1 & 0 & 2800 \\ -2 & 0 & 24 & 1 & 0 & 1 & 6000 \end{bmatrix} \approx \begin{bmatrix} 1 & 2 & 4 & 1/10 & 0 & 0 & 600 \\ 4 & 0 & -6 & -1/5 & 1 & 0 & 2800 \\ -2 & 0 & 24 & 1 & 0 & 1 & 6000 \end{bmatrix}$$

$$\approx \begin{bmatrix} 1 & 2 & 4 & 1/10 & 0 & 0 & 600 \\ 0 & -8 & -22 & -3/5 & 1 & 0 & 400 \\ 0 & 4 & 32 & 6/5 & 0 & 1 & 7200 \end{bmatrix}$$. The maximum value of f is 7200 when

$y = z = u = 0$. Row 1 then gives $x = 600$. The maximum profit of $7200 is attained if 600 washing machines are transported from A to P and none are transported from B or C to P.

13.

	material (sq.yd.)	cost($)	profit	number to make
Aspen	60	32	12	x
Alpine	30	20	8	y
Cub	15	12	4	z
totals	≤7800	≤8320		

We are to maximize profit, $f = 12x + 8y + 4z$, subject to the constraints

$60x + 30y + 15z \le 7800$, $32x + 20y + 12z \le 8320$, $x \ge 0, y \ge 0, z \ge 0$.

$$\begin{array}{c} \begin{array}{cccccc} x & y & z & u & v & f \end{array} \\ \to \begin{bmatrix} 60 & 30 & 15 & 1 & 0 & 0 & 7800 \\ 32 & 20 & 12 & 0 & 1 & 0 & 8320 \\ -12 & -8 & -4 & 0 & 0 & 1 & 0 \end{bmatrix} \approx \begin{bmatrix} 1 & 1/2 & 1/4 & 1/60 & 0 & 0 & 130 \\ 32 & 20 & 12 & 0 & 1 & 0 & 8320 \\ -12 & -8 & -4 & 0 & 0 & 1 & 0 \end{bmatrix} \\ \uparrow \end{array}$$

$$\approx \begin{array}{c} \to \begin{bmatrix} 1 & 1/2 & 1/4 & 1/60 & 0 & 0 & 130 \\ 0 & 4 & 4 & -8/15 & 1 & 0 & 4160 \\ 0 & -2 & -1 & 1/5 & 0 & 1 & 1560 \end{bmatrix} \approx \begin{bmatrix} 2 & 1 & 1/2 & 1/30 & 0 & 0 & 260 \\ 0 & 4 & 4 & -8/15 & 1 & 0 & 4160 \\ 0 & -2 & -1 & 1/5 & 0 & 1 & 1560 \end{bmatrix} \\ \uparrow \end{array}$$

$$\approx \begin{bmatrix} 2 & 1 & 1/2 & 1/30 & 0 & 0 & 260 \\ -8 & 0 & 2 & -2/3 & 1 & 0 & 3120 \\ 4 & 0 & 0 & 4/15 & 0 & 1 & 2080 \end{bmatrix}.$$ The maximum value of f is 2080 when

$x = u = 0$. From row 1, $y + z/2 = 260$. Thus the maximum profit of $2080 will be achieved if no Aspens are manufactured and the number of Alpines manufactured plus one-half the number of Cubs manufactured is 260.

15. To minimize $f = -2x + y$, maximize $-f = 2x - y$.

$$\begin{array}{c} \begin{array}{ccccc} x & y & u & v & f \end{array} \\ \begin{bmatrix} 2 & 2 & 1 & 0 & 0 & 8 \\ 1 & -1 & 0 & 1 & 0 & 2 \\ -2 & 1 & 0 & 0 & 1 & 0 \end{bmatrix} \approx \begin{bmatrix} 0 & 4 & 1 & -2 & 0 & 4 \\ 1 & -1 & 0 & 1 & 0 & 2 \\ 0 & -1 & 0 & 2 & 1 & 4 \end{bmatrix} \approx \begin{bmatrix} 0 & 1 & 1/4 & -1/2 & 0 & 1 \\ 1 & -1 & 0 & 1 & 0 & 2 \\ 0 & -1 & 0 & 2 & 1 & 4 \end{bmatrix} \end{array}$$

$$\approx \begin{bmatrix} 0 & 1 & 1/4 & -1/2 & 0 & 1 \\ 1 & 0 & 1/4 & 1/2 & 0 & 3 \\ 0 & 0 & 1/4 & 3/2 & 1 & 5 \end{bmatrix}.$$ The maximum value of $-f$ is 5 when $u = v = 0$.

Row 2 gives $x = 3$ and row 1 gives $y = 1$. Thus the minimum value of f is -5 at $x = 3$, $y = 1$.

16. To minimize $f = 2x + y - z$, maximize $-f = -2x - y + z$.

$$\begin{array}{c} \begin{array}{ccccccc} x & y & z & u & v & w & f \end{array} \\ \begin{bmatrix} 1 & 2 & -2 & 1 & 0 & 0 & 0 & 20 \\ 2 & 1 & 0 & 0 & 1 & 0 & 0 & 10 \\ 1 & 3 & 4 & 0 & 0 & 1 & 0 & 15 \\ 2 & 1 & -1 & 0 & 0 & 0 & 1 & 0 \end{bmatrix} \approx \begin{bmatrix} 1 & 2 & -2 & 1 & 0 & 0 & 0 & 20 \\ 2 & 1 & 0 & 0 & 1 & 0 & 0 & 10 \\ 1/4 & 3/4 & 1 & 0 & 0 & 1/4 & 0 & 15/4 \\ 2 & 1 & -1 & 0 & 0 & 0 & 1 & 0 \end{bmatrix} \end{array}$$

233

Section 8.3

$$\approx \begin{bmatrix} 3/2 & 7/2 & 0 & 1 & 0 & 1/2 & 0 & 55/2 \\ 2 & 1 & 0 & 0 & 1 & 0 & 0 & 10 \\ 1/4 & 3/4 & 1 & 0 & 0 & 1/4 & 0 & 15/4 \\ 9/4 & 7/4 & 0 & 0 & 0 & 1/4 & 1 & 15/4 \end{bmatrix}.$$ The maximum value of $-f$ is 15/4 when

$x = y = w = 0$. Row 3 gives $z = 15/4$. Thus the minimum value of f is $-15/4$ at $x = 0$, $y = 0$, $z = 15/4$.

Exercise Set 8.3

1.
$$\begin{array}{c} \\ \rightarrow \end{array} \begin{bmatrix} x & y & u & v & f & \\ 4 & 1 & 1 & 0 & 0 & 36 \\ 4 & 3 & 0 & 1 & 0 & 60 \\ -2 & -1 & 0 & 0 & 1 & 0 \end{bmatrix} \approx \begin{bmatrix} 1 & 1/4 & 1/4 & 0 & 0 & 9 \\ 4 & 3 & 0 & 1 & 0 & 60 \\ -2 & -1 & 0 & 0 & 1 & 0 \end{bmatrix} \approx \begin{bmatrix} 1 & 1/4 & 1/4 & 0 & 0 & 9 \\ 0 & 2 & -1 & 1 & 0 & 24 \\ 0 & -1/2 & 1/2 & 0 & 1 & 18 \end{bmatrix}$$

basic:	u,v	x,v
nonbasic:	x,y	y,u
entering:	x	y
departing:	u	v

$$\approx \begin{bmatrix} 1 & 1/4 & 1/4 & 0 & 0 & 9 \\ 0 & 1 & -1/2 & 1/2 & 0 & 12 \\ 0 & -1/2 & 1/2 & 0 & 1 & 18 \end{bmatrix} \approx \begin{bmatrix} 1 & 0 & 3/8 & -1/8 & 0 & 6 \\ 0 & 1 & -1/2 & 1/2 & 0 & 12 \\ 0 & 0 & 1/4 & 1/4 & 1 & 24 \end{bmatrix}.$$

basic:	x,y
nonbasic:	u,v

The maximum value of f is 24 when u and v are both zero. With $u = v = 0$, the first two rows give $x = 6$ and $y = 12$. Thus the optimal solution is $f = 24$ at $x = 6$, $y = 12$.

3.
$$\begin{array}{c} \\ \rightarrow \end{array} \begin{bmatrix} x & y & z & u & v & f & \\ 3 & 1 & 1 & 1 & 0 & 0 & 3 \\ 1 & -10 & -4 & 0 & 1 & 0 & 20 \\ -1 & -2 & -1 & 0 & 0 & 1 & 0 \end{bmatrix} \approx \begin{bmatrix} 3 & 1 & 1 & 1 & 0 & 0 & 3 \\ 31 & 0 & 6 & 10 & 1 & 0 & 50 \\ 5 & 0 & 1 & 2 & 0 & 1 & 6 \end{bmatrix}.$$

basic:	u,v	y,v

nonbasic:	x,y,z	x,z,u
entering:	y	
departing:	u	

The maximum value of f is 6 when $x = z = u = 0$. The first two rows give $y = 3$ and $v = 50$. Thus the optimal solution is $f = 6$ at $x = 0$, $y = 3$, $z = 0$. (x and z are nonbasic variables.)

6. $\begin{array}{cccccccc} x & y & z & w & u & v & f & \end{array}$

$\rightarrow \begin{bmatrix} 5 & 0 & 4 & 6 & 1 & 0 & 0 & 20 \\ 4 & 2 & 2 & 8 & 0 & 1 & 0 & 40 \\ -1 & -2 & -4 & 1 & 0 & 0 & 1 & 0 \end{bmatrix} \approx \begin{bmatrix} 5/4 & 0 & 1 & 3/2 & 1/4 & 0 & 0 & 5 \\ 4 & 2 & 2 & 8 & 0 & 1 & 0 & 40 \\ -1 & -2 & -4 & 1 & 0 & 0 & 1 & 0 \end{bmatrix}$

$\phantom{\rightarrow \begin{bmatrix} 5 & 0 & 4 & 6 & 1 & 0 & 0 & 20 \\ 4 & 2 \end{bmatrix}} \uparrow$

basic:	u,v
nonbasic:	x,y,z,w
entering:	z
departing:	u

$\approx \begin{bmatrix} 5/4 & 0 & 1 & 3/2 & 1/4 & 0 & 0 & 5 \\ 3/2 & 2 & 0 & 5 & -1/2 & 1 & 0 & 30 \\ 4 & -2 & 0 & 7 & 1 & 0 & 1 & 20 \end{bmatrix} \approx \begin{bmatrix} 5/4 & 0 & 1 & 3/2 & 1/4 & 0 & 0 & 5 \\ 3/4 & 1 & 0 & 5/2 & -1/4 & 1/2 & 0 & 15 \\ 4 & -2 & 0 & 7 & 1 & 0 & 1 & 20 \end{bmatrix}$

basic:	z,v
nonbasic:	x,y,w,v
entering:	y
departing:	v

$\approx \begin{bmatrix} 5/4 & 0 & 1 & 3/2 & 1/4 & 0 & 0 & 5 \\ 3/4 & 1 & 0 & 5/2 & -1/4 & 1/2 & 0 & 15 \\ 11/2 & 0 & 0 & 12 & 1/2 & 1 & 1 & 50 \end{bmatrix}$.

basic:	z,y
nonbasic:	x,w,u,v

The maximum value of f is 50 when $x = w = u = v = 0$. The first row then yields $z = 5$ and the second row gives $y = 15$. Thus the optimal solution is $f = 50$ at $x = 0$, $y = 15$, $z = 5$, $w = 0$. (x and w are nonbasic variables.)

Chapter 8 Review Exercises

Chapter 8 Review Exercises

In Exercises 1 - 4 we refer to the drawing at the right. The points A, B, C, E, and F will be identified, and the objective function will be evaluated at the three nonzero vertices A, B, and C of the feasible region.

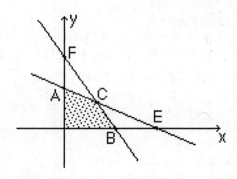

1. $2x + 4y = 16$ $A = (0,4)$ $E = (8,0)$
   $3x + 2y = 12$ $F = (0,6)$ $B = (4,0)$ $C = (2,3)$

   At A, $f = 2(0) + 3(4) = 12$; at B, $f = 2(4) + 3(0) = 8$; and at C, $f = 2(2) + 3(3) = 13$, so the maximum value of f is 13 and it occurs at the point C.

2. $x + 2y = 16$ $A = (0,8)$ $E = (16,0)$
   $3x + 2y = 24$ $F = (0,12)$ $B = (8,0)$ $C = (4,6)$

   At A, $f = 6(0) + 4(8) = 32$; at B, $f = 6(8) + 4(0) = 48$; and at C, $f = 6(4) + 4(6) = 48$, so the maximum value of f is 48 and it occurs at every point on the line segment joining B and C.

3. $3x + 2y = 21$ $F = (0,21/2)$ $B = (7,0)$
   $x + 5y = 20$ $A = (0,4)$ $E = (20,0)$ $C = (5,3)$

   At A, $-f = -4(0) - 4 = -4$; at B, $-f = -4(7) - 0 = -28$; and at C, $-f = -4(5) - 3 = -23$,

236

Chapter 8 Review Exercises

so the maximum value of –f is zero and it occurs at the origin. Thus, the minimum value of f is zero and it occurs at the origin.

4.

	acres	picking time(hrs)	profit($)
strawberries	x	8	700
tomatoes	y	6	600
total	≤40	≤300	

We are to maximize profit, f = 700x + 600y, subject to the constraints

$$x + y \leq 40,$$

$$8x + 6y \leq 300 \text{ (divide by 2: } 4x + 3y \leq 150\text{)},$$

$$x \geq 0, \text{ and } y \geq 0.$$

x + y = 40   A = (0,40)   E = (40,0)
4x + 3y = 150   F = (0,50)   B = (75/2,0)   C = (30,10)

At A, f = 700(0) + 600(40) = 24000; at B, f = 700(75/2) + 600(0) = 26250; and at C, f = 700(30) + 600(10) = 27000, so the maximum value of f is 27000 and it occurs at the point C. To ensure the maximum profit of $27000, the farmer should plant 30 acres of strawberries and 10 acres of tomatoes.

5.

	cu. ft.	sq. ft.	cost($)	number
X	36	6	54	x
Y	44	8	60	y
totals		≤256	≤2100	

We are to maximize volume, f = 36x + 44y, subject to the constraints

$$6x + 8y \leq 256 \text{ (divide by 2: } 3x + 4y \leq 128\text{)},$$

$$54x + 60y \leq 2100 \text{ (divide by 6: } 9x + 10y \leq 350\text{)},$$

$$x \geq 0, \text{ and } y \geq 20.$$

237

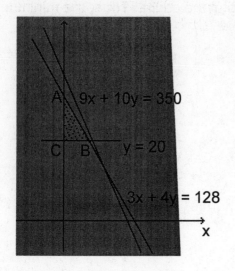

A = (0,32), B = (16,20), and C = (0,20). The values of f at these three points are 1408, 1456, and 880. Thus volume will be maximized if the company purchases 16 lockers of type X and 20 of type Y.

6.
$$\begin{array}{c} \begin{array}{cccccccc} x & y & z & u & v & w & f & \end{array} \\ \rightarrow \begin{bmatrix} 1 & 2 & 4 & 1 & 0 & 0 & 0 & 20 \\ 2 & 4 & 4 & 0 & 1 & 0 & 0 & 60 \\ 3 & 4 & 1 & 0 & 0 & 1 & 0 & 90 \\ -2 & -1 & -1 & 0 & 0 & 0 & 1 & 0 \end{bmatrix} \\ \begin{array}{c}\uparrow\end{array} \end{array} \approx \begin{bmatrix} 1 & 2 & 4 & 1 & 0 & 0 & 0 & 20 \\ 0 & 0 & -4 & -2 & 1 & 0 & 0 & 20 \\ 0 & -2 & -11 & -3 & 0 & 1 & 0 & 30 \\ 0 & 3 & 7 & 2 & 0 & 0 & 1 & 40 \end{bmatrix}.$$

The maximum value of f is 40 when y = z = u = 0. Row 1 gives x = 20.

7. Let x be the number of X tables and y be the number of Y tables. We are to maximize profit, f = 8x + 4y, subject to the constraints

$10x + 5y \leq 300$, $8x + 4y \leq 300$, $4x + 8y \leq 300$, $x \geq 0$, and $y \geq 0$.

$$\begin{array}{c} \begin{array}{cccccc} x & y & u & v & w & f \end{array} \\ \rightarrow \begin{bmatrix} 10 & 5 & 1 & 0 & 0 & 0 & 300 \\ 8 & 4 & 0 & 1 & 0 & 0 & 300 \\ 4 & 8 & 0 & 0 & 1 & 0 & 300 \\ -8 & -4 & 0 & 0 & 0 & 1 & 0 \end{bmatrix} \\ \begin{array}{c}\uparrow\end{array} \end{array} \approx \begin{bmatrix} 1 & 1/2 & 1/10 & 0 & 0 & 0 & 30 \\ 8 & 4 & 0 & 1 & 0 & 0 & 300 \\ 4 & 8 & 0 & 0 & 1 & 0 & 300 \\ -8 & -4 & 0 & 0 & 0 & 1 & 0 \end{bmatrix}$$

$$\approx \begin{bmatrix} 1 & 1/2 & 1/10 & 0 & 0 & 0 & 30 \\ 0 & 0 & -4/5 & 1 & 0 & 0 & 60 \\ 0 & 6 & -2/5 & 0 & 1 & 0 & 180 \\ 0 & 0 & 4/5 & 0 & 0 & 1 & 240 \end{bmatrix}.$$ The maximum value of f is 240 when u = 0.

238

Row 1 gives $x + y/2 = 30$. Thus the maximum daily profit of $240 is realized when the number of X tables plus one-half the number of Y tables finished is 30.

8. To minimize $f = x - 2y + 4z$, maximize $-f = -x + 2y - 4z$.

$$\begin{array}{c} \begin{array}{cccccccc} x & y & z & u & v & w & f & \end{array} \\ \to \begin{bmatrix} 1 & -1 & 3 & 1 & 0 & 0 & 0 & 4 \\ 2 & 2 & -3 & 0 & 1 & 0 & 0 & 6 \\ -1 & 2 & 3 & 0 & 0 & 1 & 0 & 2 \\ 1 & -2 & 4 & 0 & 0 & 0 & 1 & 0 \end{bmatrix} \\ \ \ \ \ \uparrow \end{array} \approx \begin{bmatrix} 1 & -1 & 3 & 1 & 0 & 0 & 0 & 4 \\ 2 & 2 & -3 & 0 & 1 & 0 & 0 & 6 \\ -1/2 & 1 & 3/2 & 0 & 0 & 1/2 & 0 & 1 \\ 1 & -2 & 4 & 0 & 0 & 0 & 1 & 0 \end{bmatrix}$$

$$\approx \begin{bmatrix} 1/2 & 0 & 9/2 & 1 & 0 & 1/2 & 0 & 5 \\ 3 & 0 & -6 & 0 & 1 & -1 & 0 & 4 \\ -1/2 & 1 & 3/2 & 0 & 0 & 1/2 & 0 & 1 \\ 0 & 0 & 7 & 0 & 0 & 1 & 1 & 2 \end{bmatrix}.$$ The maximum value of $-f$ is 2 when $z = w = 0$.

Row 3 then gives $-x/2 + y = 1$, and rows 1 and 2 give $x/2 + u = 5$ and $3x + v = 4$. Thus the minimum value of f is -2 for all x, y, z where $z = 0$ and $y = 1 + x/2$, with $0 \leq x \leq 4/3$.

Appendix A Cross Product

We use the symbol x to denote cross product of matrices.

1. (a) $\mathbf{u} \times \mathbf{v} = (2 \times 4 - 3 \times 0, 3 \times -1 - 1 \times 4, 1 \times 0 - 2 \times -1) = (8, -7, 2)$.

   (c) $\mathbf{u} \times \mathbf{w} = (2 \times -1 - 3 \times 2, 3 \times 1 - 1 \times -1, 1 \times 2 - 2 \times 1) = (-8, 4, 0)$.

   (e) $(\mathbf{u} \times \mathbf{v}) \times \mathbf{w} = (8, -7, 2) \times \mathbf{w} = (-7 \times -1 - 2 \times 2, 2 \times 1 - 8 \times -1, 8 \times 2 - (-7) \times 1) = (3, 10, 23)$.

2. (a) $\mathbf{u} \times \mathbf{v} = \begin{vmatrix} \mathbf{i} & \mathbf{j} & \mathbf{k} \\ -2 & 2 & 4 \\ 3 & 0 & 5 \end{vmatrix} = (10, 22, -6)$.   (c) $\mathbf{w} \times \mathbf{v} = \begin{vmatrix} \mathbf{i} & \mathbf{j} & \mathbf{k} \\ 4 & -2 & 1 \\ 3 & 0 & 5 \end{vmatrix} = (-10, -17, 6)$.

   (e) $(\mathbf{w} \times \mathbf{v}) \times \mathbf{u} = \begin{vmatrix} \mathbf{i} & \mathbf{j} & \mathbf{k} \\ -10 & -17 & 6 \\ -2 & 2 & 4 \end{vmatrix} = (-80, 28, -54)$.

3. (a) $\mathbf{u} \times \mathbf{v} = \begin{vmatrix} \mathbf{i} & \mathbf{j} & \mathbf{k} \\ 2 & 3 & 1 \\ -1 & 2 & 4 \end{vmatrix} = 10\mathbf{i} - 9\mathbf{j} + 7\mathbf{k}$.

   (c) $\mathbf{w} \times \mathbf{u} = \begin{vmatrix} \mathbf{i} & \mathbf{j} & \mathbf{k} \\ 3 & 0 & -7 \\ 2 & 3 & 1 \end{vmatrix} = 21\mathbf{i} - 17\mathbf{j} + 9\mathbf{k}$.

   (e) $(\mathbf{w} \times \mathbf{u}) \times \mathbf{v} = \begin{vmatrix} \mathbf{i} & \mathbf{j} & \mathbf{k} \\ 21 & -17 & 9 \\ -1 & 2 & 4 \end{vmatrix} = -86\mathbf{i} - 93\mathbf{j} + 25\mathbf{k}$.

4. (a) $\mathbf{u} \times \mathbf{v} = \begin{vmatrix} \mathbf{i} & \mathbf{j} & \mathbf{k} \\ 3 & 1 & -2 \\ 4 & -1 & 2 \end{vmatrix} = (0, -14, -7)$.

(c) $(\mathbf{w} \times \mathbf{u}) \cdot \mathbf{v} = \begin{vmatrix} i & j & k \\ 0 & 3 & -2 \\ 3 & 1 & -2 \end{vmatrix} \cdot \mathbf{v} = (-4,-6,-9) \cdot (4,-1,2) = -28.$

(d) $(\mathbf{w}+2\mathbf{u}) \times \mathbf{v} = \begin{vmatrix} i & j & k \\ 6 & 5 & -6 \\ 4 & -1 & 2 \end{vmatrix} = (4,-36,-26).$

(f) $(\mathbf{v} \times \mathbf{u}) \cdot (\mathbf{w} \times \mathbf{v}) = (0,14,7) \cdot (4,-8,-12) = -196.$

5. (a) $\vec{AB} = (-3,4,6) - (1,2,1) = (-4,2,5)$ and $\vec{AC} = (1,8,3) - (1,2,1) = (0,6,2).$

$\vec{AB} \times \vec{AC} = \begin{vmatrix} i & j & k \\ -4 & 2 & 5 \\ 0 & 6 & 2 \end{vmatrix} = (-26,8,-24),$ so area $= \frac{1}{2} \|(-26,8,-24)\| = \sqrt{329}.$

(c) $\vec{AB} = (0,5,2) - (1,0,0) = (-1,5,2)$ and $\vec{AC} = (3,-4,8) - (1,0,0) = (2,-4,8).$

$\vec{AB} \times \vec{AC} = \begin{vmatrix} i & j & k \\ -1 & 5 & 2 \\ 2 & -4 & 8 \end{vmatrix} = (48,12,-6),$ so area $= \frac{1}{2} \|(48,12,-6)\| = 3\sqrt{69}.$

6. (a) $\mathbf{u} = \vec{AB} = (4,8,1) - (1,2,5) = (3,6,-4), \mathbf{v} = \vec{AC} = (-3,2,3) - (1,2,5) = (-4,0,-2),$ and

$\mathbf{w} = \vec{AD} = (0,3,9) - (1,2,5) = (-1,1,4).$

$\mathbf{w} \cdot (\mathbf{u} \times \mathbf{v}) = \begin{vmatrix} 3 & 6 & -4 \\ -4 & 0 & -2 \\ -1 & 1 & 4 \end{vmatrix} = 130,$ so the volume $= |130| = 130.$

(c) $\mathbf{u} = \vec{AB} = (-3,1,4) - (0,1,2) = (-3,0,2), \mathbf{v} = \vec{AC} = (5,2,3) - (0,1,2) = (5,1,1),$

and $\mathbf{w} = \vec{AD} = (-3,-2,1) - (0,1,2) = (-3,-3,-1).$

$\mathbf{w} \cdot (\mathbf{u} \times \mathbf{v}) = \begin{vmatrix} -3 & 0 & 2 \\ 5 & 1 & 1 \\ -3 & -3 & -1 \end{vmatrix} = -30,$ so the volume $= |-30| = 30.$

8. $(\mathbf{i} \times \mathbf{j}) \cdot \mathbf{k} = (0 \times 0 - 0 \times 1, 0 \times 0 - 1 \times 0, 1 \times 1 - 0 \times 0) \cdot (0,0,1) = (0,0,1) \cdot (0,0,1) = 0+0+1 = 1$.

12. $c(\mathbf{u} \times \mathbf{v}) = c(u_2 v_3 - u_3 v_2, u_3 v_1 - u_1 v_3, u_1 v_2 - u_2 v_1)$
$= (c u_2 v_3 - c u_3 v_2, c u_3 v_1 - c u_1 v_3, c u_1 v_2 - c u_2 v_1) = c\mathbf{u} \times \mathbf{v}$
$= (u_2 c v_3 - u_3 c v_2, u_3 c v_1 - u_1 c v_3, u_1 c v_2 - u_2 c v_1) = \mathbf{u} \times c\mathbf{v}$.

14. $\mathbf{u} = (u_1, u_2, u_3)$, $\mathbf{v} = (v_1, v_2, v_3)$, and $\mathbf{w} = (w_1, w_2, w_3)$. From Exercise 11,
$\mathbf{u} \times (\mathbf{v} \times \mathbf{w}) = (\mathbf{u} \cdot \mathbf{w})\mathbf{v} - (\mathbf{u} \cdot \mathbf{v})\mathbf{w}$. Therefore $\mathbf{v} \times (\mathbf{w} \times \mathbf{u}) = (\mathbf{v} \cdot \mathbf{u})\mathbf{w} - (\mathbf{v} \cdot \mathbf{w})\mathbf{u}$ and
$\mathbf{w} \times (\mathbf{u} \times \mathbf{v}) = (\mathbf{w} \cdot \mathbf{v})\mathbf{u} - (\mathbf{w} \cdot \mathbf{u})\mathbf{v}$. Adding gives $\mathbf{u} \times (\mathbf{v} \times \mathbf{w}) + \mathbf{v} \times (\mathbf{w} \times \mathbf{u}) + \mathbf{w} \times (\mathbf{u} \times \mathbf{v})$
$= (\mathbf{u} \cdot \mathbf{w})\mathbf{v} - (\mathbf{u} \cdot \mathbf{v})\mathbf{w} + (\mathbf{v} \cdot \mathbf{u})\mathbf{w} - (\mathbf{v} \cdot \mathbf{w})\mathbf{u} + (\mathbf{w} \cdot \mathbf{v})\mathbf{u} - (\mathbf{w} \cdot \mathbf{u})\mathbf{v} = 0$.

15. $\mathbf{u} = (u_1, u_2, u_3)$, $\mathbf{v} = (v_1, v_2, v_3)$, and $\mathbf{w} = (w_1, w_2, w_3)$.

$$\mathbf{u} \cdot (\mathbf{v} \times \mathbf{w}) = \begin{vmatrix} u_1 & u_2 & u_3 \\ v_1 & v_2 & v_3 \\ w_1 & w_2 & w_3 \end{vmatrix} = 0$$ if and only if the row vectors $\mathbf{u}$, $\mathbf{v}$, and $\mathbf{w}$ are linearly dependent, i.e., if and only if one is a linear combination of the other two. So $\mathbf{u} \cdot (\mathbf{v} \times \mathbf{w}) = 0$ if and only if one vector lies in the plane of the other two.

Appendix B Equations of Lines in Three Space

1. (a) $P_0 = (x_0, y_0, z_0) = (1,-2,4)$ and $(a,b,c) = (1,1,1)$.

    point-normal form: $(x - 1) + (y + 2) + (z - 4) = 0$
    general form: $x + y + z - 3 = 0$

   (c) $P_0 = (x_0, y_0, z_0) = (0,0,0)$ and $(a,b,c) = (1,2,3)$.

    point-normal form: $x + 2y + 3z = 0$
    general form: $x + 2y + 3z = 0$

Appendix B

2. (a) $\overrightarrow{P_1P_2} = (1, 0, 2) - (1, -1, 3) = (0, 2, -1)$ and $\overrightarrow{P_1P_3} = (-1, 4, 6) - (1, -2, 3) = (-2, 6, 3)$.

$$\overrightarrow{P_1P_2} \times \overrightarrow{P_1P_3} = \begin{vmatrix} i & j & k \\ 0 & 2 & -1 \\ -2 & 6 & 3 \end{vmatrix} = (12, 2, 4) \text{ is normal to the plane.}$$

$P_0 = (x_0, y_0, z_0) = (1, -2, 3)$ and $(a, b, c) = (12, 2, 4)$.

point-normal form: $12(x - 1) + 2(y + 2) + 4(z - 3) = 0$
general form: $12x + 2y + 4z - 20 = 0$ or $6x + y + 2z - 10 = 0$

(c) $\overrightarrow{P_1P_2} = (3, 5, 4) - (-1, -1, 2) = (4, 6, 2)$ and $\overrightarrow{P_1P_3} = (1, 2, 5) - (-1, -1, 2) = (2, 3, 3)$.

$$\overrightarrow{P_1P_2} \times \overrightarrow{P_1P_3} = \begin{vmatrix} i & j & k \\ 4 & 6 & 2 \\ 2 & 3 & 3 \end{vmatrix} = (12, -8, 0) \text{ is normal to the plane.}$$

$P_0 = (x_0, y_0, z_0) = (-1, -1, 2)$ and $(a, b, c) = (12, -8, 0)$.

point-normal form: $12(x + 1) - 8(y + 1) = 0$
general form: $12x - 8y + 4 = 0$ or $3x - 2y + 1 = 0$

3. $(3, -2, 4)$ is normal to the plane $3x - 2y + 4z - 3 = 0$ and $(-6, 4, -8)$ is normal to the plane $-6x + 4y - 8z + 7 = 0$. $(-6, 4, -8) = -2(3, -2, 4)$, so the normals are parallel and therefore the planes are parallel.

5. $(2, -3, 1)$ is normal to the plane $2x - 3y + z + 4 = 0$ and therefore to the parallel plane passing through $(1, 2, -3)$.

$P_0 = (x_0, y_0, z_0) = (1, 2, -3)$ and $(a, b, c) = (2, -3, 1)$.

point-normal form: $2(x - 1) - 3(y - 2) + (z + 3) = 0$
general form: $2x - 3y + z + 7 = 0$

6. (a) $P_0 = (x_0, y_0, z_0) = (1, 2, 3)$ and $(a, b, c) = (-1, 2, 4)$.

parametric equations: $x = 1 - t,\ y = 2 + 2t,\ z = 3 + 4t,\ -\infty < t < \infty$

symmetric equations: $-x + 1 = \dfrac{y-2}{2} = \dfrac{z-3}{4}$

(c) $P_0 = (x_0, y_0, z_0) = (0,0,0)$ and $(a,b,c) = (-2,-3,5)$.

parametric equations: $x = -2t, \; y = -3t, \; z = 5t, \; -\infty < t < \infty$

symmetric equations: $-x/2 = -y/3 = z/5$

7. $P_0 = (x_0, y_0, z_0) = (1,2,-4)$ and $(a,b,c) = (2,3,1)$.

$(x - 1, y - 2, z + 4) = t(2,3,1)$, thus the parametric equations are

$x = 1 + 2t, \; y = 2 + 3t, \; z = -4 + t, \; -\infty < t < \infty$.

9. $P_0 = (x_0, y_0, z_0) = (4,-1,3)$ and $(a,b,c) = (2,-1,4)$.

$(x - 4, y + 1, z - 3) = t(2,-1,4)$, thus the parametric equations are

$x = 4 + 2t, \; y = -1 - t, \; z = 3 + 4t, \; -\infty < t < \infty$.

11. $\overrightarrow{P_1P_2} = (-1, 1, 3) - (3, -5, 5) = (-4, 6, -2)$ and $\overrightarrow{P_1P_3} = (5, -8, 6) - (3, -5, 5) = (2, -3, 1)$.

$\overrightarrow{P_1P_2} = -2 \overrightarrow{P_1P_3}$ so the points P_1, P_2, and P_3 are collinear. There are many planes through the line containing these points.

12. $(-1,2,-4)$ is normal to the plane perpendicular to the given line.

$P_0 = (x_0, y_0, z_0) = (4,-1,5)$ and $(a,b,c) = (-1,2,-4)$.

point-normal form: $-(x - 4) + 2(y + 1) - 4(z - 5) = 0$
general form: $-x + 2y - 4z + 26 = 0$

13. The points on the line are of the form $(1 + t, 14 - t, 2 - t)$. If the line lies in the plane the points will satisfy the equation of the plane. $2(1 + t) - (14 - t) + 3(2 - t) + 6$
$= 2 - 14 + 6 + 6 + 2t + t - 3t = 0$, so the line lies in the plane.

16. The directions of the two lines are $(-4,4,8)$ and $(3,-1,2)$. $(-4,4,8) \cdot (3,-1,2) = 0$, so the lines are orthogonal. To find the point of intersection equate the expressions for x, y, and z: $-1 - 4t = 4 + 3h, \; 4 + 4t = 1 - h, \; 7 + 8t = 5 + 2h$. This system of equations has

the unique solution $t = -1/2$, $h = -1$, so the point of intersection is $x = 1$, $y = 2$, $z = 3$.

17. The directions of the two lines are $(4,5,3)$ and $(1,-3,-2)$. $(4,5,3) \neq c(1,-3,-2)$, so the lines are not parallel. If the lines intersect there will be a solution to the system of equations $1 + 4t = 2 + h$, $2 + 5t = 1 - 3h$, $3 + 3t = -1 - 2h$. However the first equation gives $h = 4t - 1$ and substituting this into the other two equations gives two different values of t. Thus the system of equations has no solution and the lines do not intersect.

18. (a) Let (e,f,g) and (r,s,t) be two points on the plane and let h be any scalar. Then $2e + 3f - 4g = 0$ and $2r + 3s - 4t = 0$, so that $2(e+r) + 3(f+s) - 4(g+t) = 0$ and $2he + 3hf - 4hg = 0$; i.e., $(e,f,g) + (r,s,t) = (e+r, f+s, g+t)$ and $h(e,f,g) = (he,hf,hg)$ are also on the plane. Thus the set of all points on the plane is a subspace of $\mathbf{R}^3$.

A basis for the space must consist of two linearly independent vectors that are orthogonal to $(2,3,-4)$. Two such vectors are $(0,4,3)$ and $(2,0,1)$.

(b) The point $(0,0,0)$ is not on the plane so the set of all points on the plane is not a subspace of $\mathbf{R}^3$.

Appendix D MATLAB Manual

D2 Solving Systems of Linear Equations (Sections 1.1, 1.2, 1.6)

1. (a) $x = 2$, $y = -1$, $z = 1$ (b) $x = 1 - 2r$, $y = r$, $z = -2$.

2. (a) $x = 2$, $y = 5$ (b) no solution

3. (a) $x = 4$, $y = -3$, $z = -1$ (c) $x = 2$, $y = 3$, $x = -1$

9. (a) 8 mult, 9 add , 0 swap (b) 11 mult, 12 add, 0 swap.
   Creation of zeros and leading 1s are not counted as operations - they are substitutions. Gauss
   gains one multiplication and one addition in the back substitution. No operations take place on the (1,3) location when a zero is created in the (1,2) location.

11. (a) $y = 2x^2 + x + 5$

D3 Dot Product, Norm, Angle, Distance, Projection (Section 1.4)

1. $\mathbf{u} \cdot \mathbf{v} = 2$, $\|\mathbf{u}\| = 6.3246$, angle between $\mathbf{u}$ and $\mathbf{v}$ = 87.2031°, $d(X,Y) = 5.7446$.

3. $\|\mathbf{u}\| = 3.7417$, $\|\mathbf{v}\| = 11.0454$, $\|\mathbf{u} + \mathbf{v}\| = 11.5758 < 3.7417 + 11.0454$.

D4 Matrix Operations (Sections 2.1 - 2.3)

1. (a) $\begin{bmatrix} 4 & 5 \\ 3 & 1 \end{bmatrix}$ (c) $\begin{bmatrix} 1 & 0 \\ 2 & -1 \end{bmatrix}$, that is B   (d) $\begin{bmatrix} 3 & 5 \\ 5 & 8 \end{bmatrix}$

2. (a) $\begin{bmatrix} -9 & 35 \\ 1 & 10 \end{bmatrix}$ 4. 29

5. (a)
```
»X = A(3 , :);
»Y = A(: , 4);
» X * A' * Y
ans = 821
```

D5 Computational Considerations (Section 2.2)

3. (a) A(BC) 3,864; (AB)C 7,395

4. (a) (AB)C 4,320; A(BC) 6,345   (c) ((AB)B)B 12,150; $A(B^3)$ 186,300

D6 Inverse of a Matrix   (Section 2.4)

2. $\begin{bmatrix} 1 & 0 \\ 2 & -1 \end{bmatrix}^2 = \begin{bmatrix} 1 & 0 \\ 0 & 1 \end{bmatrix}, \begin{bmatrix} 1 & 0 \\ 2 & -1 \end{bmatrix}^3 = \begin{bmatrix} 1 & 0 \\ 2 & -1 \end{bmatrix}, \begin{bmatrix} 1 & 0 \\ 2 & -1 \end{bmatrix}^4 = \begin{bmatrix} 1 & 0 \\ 0 & 1 \end{bmatrix}.$

Further, $\begin{bmatrix} 1 & 0 \\ 2 & -1 \end{bmatrix}^n = \begin{bmatrix} 1 & 0 \\ 2 & -1 \end{bmatrix}$ if n is odd, $\begin{bmatrix} 1 & 0 \\ 2 & -1 \end{bmatrix}^n = \begin{bmatrix} 1 & 0 \\ 0 & 1 \end{bmatrix}$ if n is even.

(b) $(B^{194})^{-1} = I^{-1} = I$.

3. (a) $A^{-1} = \begin{bmatrix} 1 & 0 \\ -2 & 1 \end{bmatrix}$

(b) $B^{-1} = \begin{bmatrix} 0.15116279069767 & 0.10465116279070 \\ 0.12790697674419 & -0.01162790697674 \end{bmatrix} = \begin{bmatrix} -13/86 & 9/86 \\ 11/86 & -1/86 \end{bmatrix}$

4. (a) $B = \begin{bmatrix} 2 & 0 \\ 0 & 1 \end{bmatrix}$ (c) $B = \begin{bmatrix} 6 & 14 & -7 \\ -5 & -11 & 6 \\ -3 & -6 & 5 \end{bmatrix}$

D7 Solving Systems of Equations Using Matrix Inverse   (Section 2.4)

1. x = 10, y = -2   3. x = 9, y = -14

D8 Cryptography   (Section 2.4)

1. (a) $Y = \begin{vmatrix} -108 & -207 & -120 & -158 & -159 & -112 & -204 \\ 33 & 45 & 17 & 32 & 23 & 28 & 54 \\ 109 & 222 & 140 & 177 & 183 & 115 & 209 \end{vmatrix}$ = AX with $A = \begin{bmatrix} -3 & -3 & 4 \\ 0 & 1 & 1 \\ 4 & 3 & 4 \end{bmatrix}$

$X = inv(A)Y = \begin{vmatrix} 1 & 15 & 20 & 19 & 24 & 3 & 5 \\ 27 & 18 & 8 & 27 & 5 & 9 & 27 \\ 6 & 27 & 9 & 5 & 18 & 19 & 27 \end{vmatrix}$. Original message is;

```
1 27 6 15 18 27 20 8 9 19 27 5 24 5 18 3 9 19 5 27 27
A -  F  O  R  -  T  H I S  -  E  X  E  R C I  S  E -  -
```

D9 Transformations Defined by Matrices (Section 2.5, 2.6)

1. »map([cos(2 * pi / 3) -sin(2 * pi / 3); sin(2 * pi / 3) cos(2 * pi / 3)])

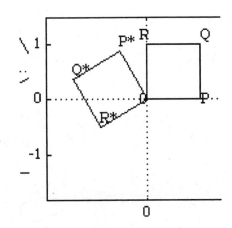

O* = (0, 0), P* = (-0.5000, 0.8600), Q* = (-1.3660, -1.5000)
R* = (-0.8660, -0.5000)

3. A = [3 0;0 3]
   O* = (0, 0), P* = (3, 0), Q* = (3, 3), R* = (0, 3)

5. (a) O* = (0, 0), P* = (3, 1), Q* = (3, 5), R* = (0, 4)

6. (a) A = [cos(pi/2) -sin(pi/2); sin(pi/2) cos(pi/2)], B = [2 0; 0 2]
   O# = (0, 0), P# = (0, 2), Q# = (-2, 2), R# = (-2, 0)

7. (a) A = [3 0;0 3], B = [1 2;0 1]
   O# = (0, 0), P# = (3, 0), Q# = (9, 3), R# = (6, 3)

9. (a) (2,2)

D10 Fractals (Section 2.6)

4. (a) Let $\begin{bmatrix} 0.86 & 0.03 \\ -0.03 & 0.86 \end{bmatrix} = \begin{bmatrix} k & 0 \\ 0 & k \end{bmatrix} \begin{bmatrix} \cos\alpha & -\sin\alpha \\ \sin\alpha & \cos\alpha \end{bmatrix}$. $k\cos\alpha = 0.86$, $k\sin\alpha = -0.03$.
   $k^2 = 0.86^2 + 0.03^2$. $k = 0.8605230967$. $\alpha = -1.998°$, to three decimal places.
   dilation factor = 0.8605230967, angle of rotation = -1.998°.

5. Tip of fern will be the point where $T_1(x,y) = (x,y)$.
   $\begin{bmatrix} 0.86 & 0.03 \\ -0.03 & 0.86 \end{bmatrix} \begin{bmatrix} x \\ y \end{bmatrix} + \begin{bmatrix} 0 \\ 1.5 \end{bmatrix} = \begin{bmatrix} x \\ y \end{bmatrix}$. $-0.14x + 0.03y = 0$
   $0.03x + 0.14y = 1.5$
   x = 2.1951, y = 10.2439

D11 Leontief I/O Model (Section 2.7)

1. $X = \begin{bmatrix} 165 \\ 480 \\ 250 \end{bmatrix}$ 3. $D = \begin{bmatrix} 4 \\ .9 \\ .65 \end{bmatrix}$

D12 Markov Chains (Sections 2.8, 3.5)

1. (a) $X_{2008} = \begin{bmatrix} 243.59 \\ 53.41 \end{bmatrix} \begin{matrix} City \\ Suburb \end{matrix}$, $X_{2009} = \begin{bmatrix} 242.2223 \\ 54.7777 \end{bmatrix}$, $X_{2010} = \begin{bmatrix} 240.8956 \\ 56.1044 \end{bmatrix}$, $X_{2011} = \begin{bmatrix} 239.6088 \\ 57.3912 \end{bmatrix}$,

$X_{2012} = \begin{bmatrix} 238.3605 \\ 58.6395 \end{bmatrix}$

(b) $\begin{bmatrix} 0.99 & 0.02 \\ 0.01 & 0.98 \end{bmatrix}^5 = \begin{bmatrix} .9529 & .0942 \\ .0471 & .9058 \end{bmatrix}$. $p_{11}^{(5)} = 0.9529$.

6. (a) $X_{2008} = \begin{bmatrix} 81.1300 \\ 162.4600 \\ 53.4100 \end{bmatrix} \begin{matrix} City \\ Suburb \\ Nonmetro \end{matrix}$, $X_{2009} = \begin{bmatrix} 80.3105 \\ 161.9117 \\ 54.7777 \end{bmatrix}$, $X_{2010} = \begin{bmatrix} 79.5389 \\ 161.3567 \\ 56.1044 \end{bmatrix}$

$X_{2011} = \begin{bmatrix} 78.8125 \\ 160.7963 \\ 57.3912 \end{bmatrix}$, $X_{2012} = \begin{bmatrix} 78.1288 \\ 160.2317 \\ 58.6395 \end{bmatrix}$

(b) $\begin{bmatrix} 69.3000 \\ 128.7000 \\ 99.0000 \end{bmatrix} \begin{matrix} City \\ Suburb \\ Nonmetro \end{matrix}$ (c) City: 0.2333, Suburb: 0.4333, Nonmetro: 0.3333.

D13 Digraphs (Section 2.9)

1. Distance = 3. Two paths $2 \rightarrow 4 \rightarrow 5 \rightarrow 1$ and $2 \rightarrow 4 \rightarrow 3 \rightarrow 1$.

2.

(a)

$$D = \begin{bmatrix} 0 & 1 & 2 & 3 & 1 \\ 3 & 0 & 1 & 2 & 4 \\ 2 & 3 & 0 & 1 & 3 \\ 1 & 2 & 3 & 0 & 2 \\ 4 & 1 & 2 & 3 & 0 \end{bmatrix} \begin{matrix} 7 \\ 10 \\ 9 \\ 8 \\ 10 \end{matrix}$$

Most to least influential: M_1, M_4, M_3, with M_2 and M_5 equally uninfluential. M_3 becomes most influential person by influencing M_1.

D14 Determinants (Section 3.1, 3.2, 3.3)

1. (a) $|A| = 7$, $M(a_{22}) = -5$, $M(a_{31}) = 5$.

2. All determinants are zero.
   (a) Row 3 is 3 times row 1. (c) Columns 2 and 3 are equal.

3. (a) $\begin{vmatrix} 1 & -1 & 0 & 2 \\ -1 & 1 & 0 & 0 \\ 2 & -2 & 0 & 1 \\ 3 & 1 & 5 & -1 \end{vmatrix} \begin{matrix} = \\ R2+R1 \\ R3+(-2)R1 \\ R4+(-3)R1 \end{matrix} \begin{vmatrix} 1 & -1 & 0 & 2 \\ 0 & 0 & 0 & 2 \\ 0 & 0 & 0 & -3 \\ 0 & 4 & 5 & -7 \end{vmatrix} \begin{matrix} = \\ R2 \times R4 \end{matrix} - \begin{vmatrix} 1 & -1 & 0 & 2 \\ 0 & 4 & 5 & -7 \\ 0 & 0 & 0 & -3 \\ 0 & 0 & 0 & 2 \end{vmatrix} = 0.$

D15 Cramer's Rule (Section 3.3)

1. (a) $\dfrac{-1}{3}\begin{bmatrix} -7 & 9 & 1 \\ 8 & -9 & -2 \\ -4 & 3 & 1 \end{bmatrix}$ (c) $\dfrac{-1}{4}\begin{bmatrix} -6 & 2 & -2 \\ -3 & 1 & 1 \\ -8 & 4 & 0 \end{bmatrix}$

2. (a) 1, 2, -1   (c) 0.5, 0.25, 0.25

D16 Eigenvalues, Eigenvectors, and Applications (Sections 3.4, 3.5)

1. $\lambda_1 = 1$, $v_1 = \begin{bmatrix} -.6017 \\ .7453 \\ -.2872 \end{bmatrix}$, $\lambda_2 = 1$, $v_2 = \begin{bmatrix} .4399 \\ .0091 \\ -.8980 \end{bmatrix}$, $\lambda_3 = 10$, $v_3 = \begin{bmatrix} .6667 \\ .6667 \\ .3333 \end{bmatrix}$.

4. The eigenvectors of $\lambda = 1$ are vectors of the form $r \begin{bmatrix} 2 \\ 1 \end{bmatrix}$. If there is no change in total population $2r + r = 245 + 52 = 297$, so $r = 297/3$. Thus the long-term prediction is that population in metropolitan areas will be $2r = 198$ million and population in nonmetropolitan areas will be $r = 99$ million.

D17 Linear Combinations, Dependence, Basis, Rank (Sections 1.3, 4.2 - 4.5)

1. (a) $(-3, 3, 7) = 2(1, -1, 2) - (2, 1, 0) + 3(-1, 2, 1)$ (b) not a combination

2. (a) $2(-1, 3, 2) - 3(1, -1, -3) - (-5, 9, 13) = 0$

3. (a) linearly independent, $\det(A) = 2268 \neq 0$. $\text{rank}(A) = 4$

5. (a) $\{(1, 0, 1), (0, 1, 1)\}$

D18 Projection, Gram-Schmidt Orthogonalization (Section 4.6)

1. $(0.1905, -0.2381)$.

3. (a) $\{(0.5345, 0.8018, 0.2673), (0.3841, -0.5121, 0.7682)\}$

D19 Kernel and Range (Section 4.7)

1. (a) kernel $\{(-2, -3, 1)^t\}$, range $\{(1, 0, 2)^t, (0, 1, -1)^t\}$
   (c) kernel is zero vector, range $\{(1, 0, 0)^t, (0, 1, 0)^t, (0, 0, 1)^t\}$

D20 Inner Product, Non-Euclidean Geometry (Sections 6.1, 6.2)

1. (a) $\|(0, 1)\| = 2$.   (b) $90°$. The vectors $(1,1)$, and $(-4, 1)$ are at right angles.

   (c) $\text{dist}((1, 0), (0, 1)) = \sqrt{5}$.

   (d) $\text{dist}((x, y), (0, 0)) = 1, 2, 3$; $\langle (x, y), (x, y) \rangle = 1, 4, 9$; $[x\ y]A[x\ y]^t = 1, 4, 9$; $x^2 + 4y^2 = 1, 4, 9$.

4. (a), (b) All vectors of form $a(1, 1)$ or $b(1, -1)$. i.e., lie on the cone through the origin.

   (c) Any two points of the form (x, y) and $(x+1, y+1)$; or (x, y) and $(x-1), (y+1)$.

   (d) $-x^2 + y^2 = 1, 4, 9$.

D21 Space-Time Travel (Section 6.2)

1. Earth time 120 yrs, spaceship time 79.3725 yrs.

D22 Pseudoinverse and Least Squares Curves (Section 6.4)

2. (a) $\begin{bmatrix} 0.3333 & 0 & 0.6667 \\ 0 & 0.1667 & -0.1667 \end{bmatrix}$

5. (a) x = 1.7333, y = 0.6

6. y = 4x - 3.

8. y = 0.0026x + 1.7323. When x = 670, y = 3.5.

D23 LU Decomposition (Section 7.2)

1. (a) $L = \begin{bmatrix} 1 & 0 \\ .3333 & 1 \end{bmatrix}$, $U = \begin{bmatrix} 3 & 5 \\ 0 & .3333 \end{bmatrix}$

2. (a) $X = \begin{bmatrix} 1.0000 & 1.0000 \\ 1.0000 & -1.0000 \\ 2.0000 & 1.0000 \end{bmatrix}$

D24 Condition Number of a Matrix (Section 7.3)

1. (a) 21 (c) 65

4. $y = 25 - 26\frac{1}{3}x + 9x^2 - \frac{2}{3}x^3$.

$A = \begin{bmatrix} 1 & 1 & 1 & 1 \\ 1 & 2 & 4 & 16 \\ 1 & 3 & 9 & 27 \\ 1 & 4 & 16 & 64 \end{bmatrix}$, a Vandermonde matrix. c(A) = 2000, system is ill-conditioned.

D25 Jacobi and Gauss-Seidel Iterative Methods (Section 7.4)

1. (a) Solution x = 1, y = 0.5, z = 0. With tolerance of .0001, Jacobi takes 11 iterations to converge; Gauss-Seidel takes 4 iterations.

Appendix D MATLAB

D26 The Simplex Method in Linear Programming   (Section 8.2)

1. $f = 24$ at $x = 6$, $y = 12$.   3. $f = 16.5$, at $x = 1.25$, $y = 2.25$

D27 Cross Product   (Appendix A)

1. (a) $(36, -27, -26)$ 2. (a) 108